高等学校电子信息类专业“十三五”规划教材

电子设计案例实践基础

陈世文　赵　闯　王功明　邢小鹏　胡文军　编著

西安电子科技大学出版社

内 容 简 介

本书是指导本科生科技创新课题和全国大学生电子设计竞赛的工作成果总结。全书共分6章，内容包括电子设计工程实践概述、基础知识与基本技能、基于MCS51单片机的温度显示报警器设计、FPGA系统设计与开发实例、基于GPS和GSM的放射源监控系统设计实例、电子设计竞赛获奖优秀作品。

本书可以作为电子信息类专业学生进行电子制作、课程设计、毕业设计实践的参考书，也可作为参加全国大学生电子设计竞赛、中国研究生电子设计竞赛学生的参考资料，对求职的毕业生和电子产品研发人员也具有一定的参考价值。

图书在版编目(CIP)数据

电子设计案例实践基础 / 陈世文等编著. —西安：西安电子科技大学出版社，2019.10
ISBN 978-7-5606-5490-4

Ⅰ. ①电…　Ⅱ. ①陈…　Ⅲ. ①电子电路—电路设计　Ⅳ. ①TN702

中国版本图书馆CIP数据核字(2019)第215261号

策划编辑　秦志峰
责任编辑　武伟婵　秦志峰
出版发行　西安电子科技大学出版社(西安市太白南路2号)
电　　话　(029)88242885　88201467　　邮　　编　710071
网　　址　www.xduph.com　　电子邮箱　xdupfxb001@163.com
经　　销　新华书店
印刷单位　陕西天意印务有限责任公司
版　　次　2019年10月第1版　2019年10月第1次印刷
开　　本　787毫米×1092毫米　1/16　印　张　13.75
字　　数　322千字
印　　数　1～2000册
定　　价　34.00元
ISBN 978-7-5606-5490-4 / TN
XDUP　5792001-1

前言

随着电子技术的飞速发展，EDA、MCU、FPGA、IP Core、SoC 等技术与相关开发工具不断发展、融合，为电子系统的设计与工程实践提供了方便。另一方面，电子设计所涉及的知识面广，内容多而杂，导致初学者很难建立起系统的概念，由于没有享受到设计成果所带来的成就感，导致一部分人中途放弃，从此不敢动手、不愿动手，制约了实践动手能力的提高。因此，我们结合指导本科生科技创新课题、组织指导学生参加全国大学生与研究生电子设计竞赛的工作经验，总结编写了本书。本书介绍了温度显示与报警、FPGA 设计开发实例、放射源监控系统等三个典型的电子设计作品案例，包括成果演示与软硬件完整实现过程的详细讲解，引导初学者体验利用单片机、FPGA 进行电子系统设计带来的乐趣。同时，本书还给出了战略支援部队信息工程大学获全国大学生电子设计竞赛一等奖、中国研究生电子设计竞赛全国总决赛一等奖等部分优秀参赛作品设计实例，作为指导本科生科技创新课题、全国大学生电子设计竞赛、中国研究生电子设计竞赛的工作成果总结，与读者分享。

本书注重内容的实践性和实用性。采用设计案例剖析法，通过典型电子设计案例的完整实现过程，给出利用单片机、FPGA 进行电子系统设计的方法、流程与具体实现步骤，目的在于帮助初学者建立系统的概念，明确需要具备的基础知识、基本技能，引导初学者系统地学习并掌握相关的开发工具，在确立自己的设计目标后，锻炼进行整体构架设计、规划的能力，并通过具体的软硬件设计及调试，提升自己的工程实践能力。

本书是一本综合性较强的实例教程，内容涉及模拟电路、数字电路、单片机技术、C 语言程序开发、EDA 技术、硬件描述语言等方面的知识，对所涉及的课程知识与工具的基本情况进行了简要介绍，读者在了解概貌的基础上，可根据自己的需求参考相关书籍、资料进行深入研究。本书中用到的代码开发工具软件(Source Insight 3.5)、编译调试工具软件(Keil μVision4)、FPGA 开发工具(ISE Design Suite 14.7)、FPGA 开发仿真工具软件(Modelsim)及逻辑分析仪(ChipScope Pro)等软件没有汉化版本，故书中软件的界面均为英文版本界面。书中部分案例的源代码可通过出版社网站下载。

本书各章节具体内容如下:

第 1 章讲述现代电子设计理念与工程应用问题，探讨工程实践能力的培养问题，主要包括 EDA 技术与现代电子设计，工程实践能力的培养，电子设计中的 EMC 与抗干扰、可靠性设计、可测性分析、电子系统的故障诊断与排除等内容。

第 2 章讲述基础知识与基本技能，包括常见基本单元电路，模拟、数字电路仿真工具 EWB、Multisim，单片机仿真工具 Proteus，FPGA 开发工具 ISE/Vivado 与 QuartusⅡ，PCB 设计工具 Protel、Altium Designer，PCB 热转印方法，信号发生器、示波器、频谱分析仪、逻辑分析仪等测试仪器的功能与主要技术指标等。

第 3 章讲述基于 MCS51 单片机的温度显示报警器设计，从硬件设计、源代码开发、编译调试过程、芯片烧录到作品功能演示、改进美化，详细讲解了一个单片机应用系统设计开发的完整过程，给出了设计文件组织结构和 Source Insight 编码方法以及主程序、DS18B20 程序、中断程序、按键处理程序、液晶显示程序等详细源代码及其说明。

第 4 章讲述 FPGA 系统设计与开发实例。首先介绍了 EDA 的概念、FPGA/CPLD 器件、FPGA 开发工具、开发板等基础知识，然后基于 AX545 平台详细讲述了一个基于 FPGA 的 EEPROM 读写实例，包括系统设计、I^2C 控制模块、顶层文件设计以及利用 ChipScope Pro 进行分析、下载实现的完整过程。

第 5 章讲述基于 GPS 和 GSM 的放射源监控系统设计实例，包括总体方案设计，GPS 模块、GSM 模块、单片机模块等硬件设计，单片机终端和远程监控 Windows 端软件设计，给出了完整的硬件电路图与程序源代码。

第 6 章介绍电子设计竞赛获奖优秀作品，包括全国大学生电子设计竞赛简介、全国大学生电子设计竞赛部分获奖优秀作品的完整设计报告、中国研究生电子设计竞赛简介及部分获奖优秀作品实例。

本书由陈世文、赵闯、王功明、邢小鹏、胡文军等共同编写完成，其中，陈世文编写第 1 章～第 3 章，第 5 章(5.1、5.2 节)，第 6 章部分内容，并负责全书的统稿工作；赵闯编写第 6 章(6.4.2、6.7.5 节)；王功明编写第 4 章，第 6 章(6.7.1 节)，并做了大量文字校对与图表整理工作；邢小鹏编写第 5 章(5.3 节)，第 6 章(6.7.2、6.7.3、6.7.4 节)；胡文军编写第 6 章(6.5.2、6.7.6 节)。

本书的编写得到了许多人的支持与帮助。陈雨林编写调试了第 3 章中的程序并撰写了详细的技术资料；第 4 章的作品实例参考了芯驿电子科技(上海)有限公司的技术文档；第 5 章的作品参考了本科生科技创新课题中张东升、张战韬、张俊等学生的课题成果总结；第 6 章引用了战略支援部队信息工程大学全国大学生电子设计竞赛部分获奖作品的设计报告，在此向组织开展该活动并给予大力支持的战略支援部队信息工程大学与学院机关的领导、参赛的同学和指导老师们表示衷心的感谢！此外，本书的编写参考了国内外相关著作与文献，苑军见、韩卓茜、吕世鑫、秦鑫、胡雪若白等在本书的文档整理、编辑、校对过程中做了大量工作，在此一并表示诚挚的感谢。

由于作者水平有限，书中难免存在一些疏漏之处，敬请各位专家、同行和读者批评指正。

编著者
2019 年 6 月

目 录 CONTENTS

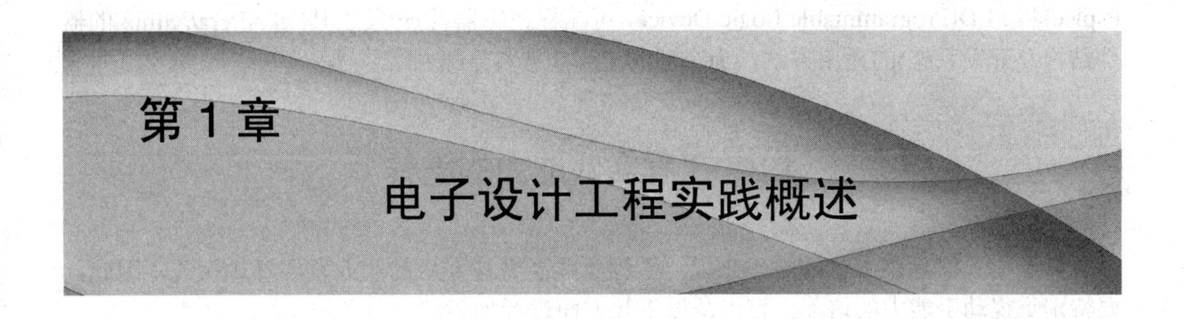

1.1　EDA 技术与现代电子设计

EDA 技术是在 CAD 技术的基础上发展起来的，是指以计算机为工作平台，融合了应用电子技术、计算机技术、信息处理及智能化技术的最新成果，用于电子产品自动设计的技术。利用 EDA 工具，电子设计师可以从概念、算法、协议等开始设计电子系统，通过计算机完成大量工作，并可以将电子产品从电路设计、性能分析到设计出 IC 版图或 PCB 版图的整个过程在计算机上自动处理完成。目前，EDA 技术发展迅速，突出表现在以下几个方面：

(1) 使电子设计成果以自主知识产权的方式得以明确表达和确认成为可能。

(2) 在仿真和设计两方面，支持标准硬件描述语言且功能强大的 EDA 软件不断推出。

(3) 电子技术全方位纳入 EDA 领域，除了日益成熟的数字技术外，传统的电路系统设计建模理念发生了重大变化，包括软件无线电技术的崛起、模拟电路系统硬件描述语言的表达和设计的标准化、系统可编程模拟器件的出现、数字信号处理和图像处理的全硬件实现方案的普遍接受、软硬件技术的进一步融合等。

(4) EDA 使得电子领域各学科的界限更加模糊，且进一步相互包容，这其中就包括模拟与数字、软件与硬件、系统与器件、ASIC(Application Specific Integrated Circuit，专用集成电路)与 FPGA(Field Programmable Gata Array，现场可编程门阵列)、行为与结构等。

(5) 更大规模的 FPGA 和 CPLD(Complex Programmable Logic Device，复杂可编程逻辑器件)不断推出。

(6) 基于 EDA 工具的 ASIC 设计标准单元已涵盖大规模电子系统及 IP 核模块。

(7) 软硬件 IP 核在电子行业的产业领域、技术领域和设计应用领域得到进一步确认。

(8) SoC(System on Chip，片上系统)高效低成本设计技术日趋成熟。

总之，现代电子设计离不开 EDA 技术，EDA 在教学、科研、产品设计与制造等方面都发挥着巨大的作用。目前，几乎所有的理工科专业，特别是电子信息类专业都开设了 EDA 课程，目的在于让学生了解 EDA 的基本概念和基本原理，掌握用 HDL(Hardware Description Language，硬件描述语言)编写程序，掌握逻辑综合的理论和算法，使用 EDA 工具进行电子电路课程的实验验证并从事简单系统的设计，学习电路仿真工具(如 Multisim、

Pspice)和 PLD(Programmable Logic Device，可编程逻辑器件)开发工具(如 Altera/Xilinx 的器件结构及开发系统)的使用方法，为今后的工程实践打下基础。

1.2 工程实践能力的培养

对于电子信息类专业的学生来说，工程实践能力与今后的职业发展息息相关，因此，要特别重视动手能力的培养，可以从以下几方面进行加强：

(1) 注重专业基础知识、基本理论的掌握。

基础知识是工程实践中最底层的一环，也是最重要的一环。任何工程实践都离不开扎实的理论知识支持，经验丰富的工程师也不能忽视对基本理论知识的学习，这个学习过程应该伴随设计而不断扩展，这样才能为后续的动手实践做好铺垫。应跟踪最新的标准动态，掌握技术发展方向，提前做好技术的储备工作，缩短开发的周期。

(2) 借助案例，消化吸收，举一反三。

做工程往往不需要从头做起，而且产品研发的时效性也不允许这样做。工程师要站在巨人的肩膀上，奉行“拿来主义”，主动获取可利用的资源，特别是可借鉴参考的成功案例，解剖成功的产品，学习先进的设计理念。当然，若要把别人的成果转化为自己的技能，还需要认真学习消化，并结合自身的立意背景，融入自己的设计意图，达到融会贯通的目的，同时举一反三，不断积累，不断提高。

(3) 团队协作与实际动手实践是提高设计能力的捷径。

在一定程度上，可以说做项目的多少与工程实践能力、水平成正比，因此，应抓住一切动手的机会，多实践、多总结，在实践中发现问题，提升设计能力。做设计，离不开团队的力量。现代电子系统设计的分工越来越细，手工作坊式的开发模式已经不能适应“面市时间”的挑战，所以，在团队中学习、在团队中发挥自己的力量，分享成果，是提高设计能力的捷径。

1.3 电子设计工程问题

1.3.1 电子设计中的 EMC 与抗干扰

在电子设计中，为了少走弯路和节省时间，应充分考虑电磁兼容问题，使系统满足抗干扰的要求，避免在设计完成后再进行抗干扰的补救。干扰的基本要素有三个：

(1) 干扰源：指产生干扰的元件、设备或信号。用数学语言描述如下：电压变化(du/dt)或电流变化(di/dt)大的地方往往就是干扰源，如雷电、继电器、可控硅、电机、高频时钟等都可能成为干扰源。

(2) 传播路径：指干扰从干扰源传播到敏感器件的通路或媒介。典型的干扰传播路径是导线的传导和空间的辐射。

(3) 敏感器件：指容易被干扰的对象，如 A/D 和 D/A 变换器、单片机、数字 IC、弱信号放大器等。

抗干扰设计的基本原则是：抑制干扰源、切断干扰传播路径、提高敏感器件的抗干扰性能。

抑制干扰源就是尽可能地减小干扰源的电压变化、电流变化，这是抗干扰设计中最优先考虑和最重要的原则。遵循此原则常常会得到事半功倍的效果。减小干扰源的 d*u*/d*t* 主要通过在干扰源两端并联电容来实现，减小干扰源的 d*i*/d*t* 则主要通过在干扰源回路串联电感或电阻以及增加续流二极管来实现。

干扰按传播路径的不同，可分为传导干扰和辐射干扰两类。所谓传导干扰，是指通过导线传播到敏感器件的干扰。高频干扰噪声和有用信号的频带不同，可以通过在导线上增加滤波器的方法切断高频干扰噪声的传播路径，有时也可加隔离光耦来实现。电源噪声的危害最大，要特别注意处理。所谓辐射干扰，是指通过空间辐射传播到敏感器件的干扰。一般的解决方法是增加干扰源与敏感器件的距离，可用地线把两者隔离或在敏感器件上加屏蔽罩。

提高敏感器件的抗干扰性能是指从敏感器件角度考虑，尽量减少对干扰噪声的拾取，提高从不正常状态恢复到正常状态的速度。如布线时尽量减少回路环的面积，以降低感应噪声；电源线和地线要尽量粗，除减小压降外，更重要的是降低耦合噪声；对于单片机闲置的 I/O 口，不要悬空，应接地或接电源，其他 IC 的闲置端在不改变系统逻辑的情况下接地或接电源；对单片机使用电源监控及看门狗电路；在速度能满足要求的前提下，尽量降低单片机的晶振或选用低速数字电路；IC 器件尽量直接焊在电路板上，少用 IC 座等。

1.3.2　可靠性设计

可靠性通常被定义为：产品在规定的条件下和规定的时间内，完成规定功能的能力；或者定义为：在规定的条件下和规定时间内所允许的故障数，其数学表达式为平均故障间隔时间(Mean Time Between Failures，MTBF)，因此可认为随机故障是不可避免的，也是可以接受的。由于设计原因引起的故障只要在允许范围之内，则往往不需追溯到最终根源；由于制造过程导致的故障，只要仍低于许可的故障数，也不必追究，这明显有不合理之处。为此，国际上早在 1995 年就对传统的可靠性定义提出了质疑，同时在欧洲开始用无维修使用期(Maintenance Free Operating Period，MFOP)取代原先的 MTBF，故障率浴盆曲线分布规律也被打破。因此，摒弃随机失效无法避免的旧观念，设计出不存在随机失效的产品并非没有可能。同时，从故障修理转换到计划预防维修，需要产品研发设计人员清楚产品会发生何种故障，一般何时发生故障。

在可靠性设计中，要以自下而上的可靠性设计方法，取代采用 MTBF 进行自上而下的分配方法。当产品系统构思完成之后，单元的设计师应在设计前充分了解单元、模块的环境条件，可能发生故障的关键部位及故障模式、机理，并在设计时重点加以解决。通过自下而上地对可能存在的可靠性问题进行彻底解决，不仅可以将系统可靠性建立在踏实的基础上，而且可以确保系统的可靠性指标留有充分的余地，以供在设计后期发现问题时再进行更改。采取的设计措施如下：① 状态监控、故障诊断和故障预测设计；② 容错和冗余设计；③ 可重构性设计；④ 动态设计；⑤ 故障软化设计；⑥ 环境防护设计；⑦ 冗余设计；⑧ 在任务能力不受影响下，留出可接受的降级水平设计等。

在可靠性设计中，要特别考虑热设计，将其提高到科学的高度，而不是仅仅凭经验去做。比如在电子产品的设计中，如何合理布置发热元件，使其尽量远离对温度比较敏感的其他元器件；合理安排通风器件(风扇等)，通过机箱内、外的空气流动，使得机箱内部的温度不致太高。热设计的目的就是根据相关的标准、规范或有关要求，通过对产品各组成部分的热分析，确定所需的热控措施，以调节所有机械部件、电子器件和其他一切与热有关的成分的温度，使其本身及其所处工作环境的温度都不超过标准和规范所规定的温度范围。对于电子产品，最高和最低允许温度的计算应以元器件的耐热性能和应力分析为基础，并且与产品的可靠性要求以及分配给每一个元器件的失效率相一致。

1.3.3 可测性分析

可测性分析是指对一个初步设计好的电路或待测电路不进行故障模拟就定量地估计出其测试难易程度的一类方法。在可测性分析中，经常遇到三个概念，即可控制性、可观察性和可测性。

可控制性：通过电路的原始输入向电路中的某点赋规定值(0 或 1)的难易程度。

可观察性：通过电路的原始输入了解电路中某点指定值(0 或 1)的难易程度。

可测性：可控制性和可观察性的综合，其定义为检测电路中故障的难易程度。

可测性分析就是对可控制性、可观察性和可测性的定量分析。但在分析过程中，为了不失去其意义，必须满足下面两个基本要求：

(1) 精确性，即通过可测性分析之后，所得到的可控制性、可观察性和可测性的值能够真实地反映出电路中故障检测的难易程度。

(2) 复杂性，即计算的复杂性，也就是对可控制性和可观察性的定量分析的计算复杂性应低于测试生成的复杂性，否则就失去了其存在的价值。

根据相关实验证实，测试生成和故障模拟所用的计算时间与电路中门数的平方至立方成正比，即测试的开销呈指数关系增长。但另一方面，由于微电子技术的发展，研制成本与生产成本的增长速度远远小于指数增长的速度，因此，测试成本与研制成本的比例关系发生了极大的变化，有的测试成本甚至占产品总成本的 70%以上，出现了测试成本与研制成本开销倒挂的局面。

综上所述，如果只考虑改良测试方法，则远远不能适应电路集成度高速增长的需要，积极的做法是从一开始就将故障测试问题考虑到电路设计中去，即可测性分析。采用可测性分析可使测试生成处理开销大大下降，对于 LSI(Large Scale Integration，大规模集成电路)和 VLSI(Very Large Scale Integration，超大规模集成电路)，可测性分析是必不可少的。

1.3.4 电子系统的故障诊断与排除

随着电子系统规模和复杂性的剧增，系统的维护、修理和调试已变得相当困难，维护一个系统的费用甚至高于设计一个系统的费用。在系统的维护中，不能及时发现和修复故障，不仅会导致设备损坏，甚至会造成停工停产、部门瘫痪，从而带来极大的经济损失。

因此，故障检测和诊断技术具有重要的意义，它为提高系统的可靠性、可维修性和有效性开辟了新的途径。然而，传统的人工测试手段不仅对技术人员的素质有很高的要求，而且测试的速度慢，修复时间长，经济效益低，不能实现在线诊断。计算机科学的迅猛发展和日益普及，为故障诊断提供了有效的工具，使得借助计算机的自动故障诊断技术应运而生，并显示出广阔的应用前景。

电子电路的故障多种多样，产生的原因也很多，总的来说包含如下几类：

(1) 电路元器件不良引起的故障，如电阻、电容、晶体管、集成电路等损坏或性能不良，参数不符合要求等。

(2) 电路安装不良引起的故障，如连线错误(包括错接、漏接、多接、断线，布线不当等)、元器件安装错误(包括晶体管、集成电路引脚接错，电解电容极性接反等)、接触不良(如焊接点虚焊、接插不牢、接地不良)等以及印刷电路板和面包板出现内部短路、开路等。

(3) 各种干扰引起的故障，如接地处理不当(包括地线阻抗过大，接地点不合理，仪器与电路没有“共地”等)、直流电源滤波不佳(可能引起 50 Hz 或 100 Hz 干扰，甚至产生自激振荡)、通过电路分布电容等的耦合产生的感应干扰等。

(4) 测试仪器引起的故障，如测试仪器本身存在故障(包括功能失效或变差，测试线断线或接触不良等)、仪器选择或使用不当(如示波器使用不正确引起波形异常，仪器输入阻抗偏低，频带偏窄引起较大的测量误差等)、测试方法不合理(如测试点选择不合理)等。

故障检查一般有以下几种方法：

(1) 直接观察法。直接观察法就是不使用仪器，利用人的感官来发现问题、寻找与排除故障的方法。通电前检查和通电后观察就是直接观察法。

(2) 用万用表、示波器检测直流状态。用万用表、示波器等检测电路的直流状态，主要是通过测量电路的直流工作点或各输出端的高、低电平及逻辑关系等来发现问题，查找故障。一般来说，通过上述检测，再加上分析、判断就可以发现电路设计和电路安装中出现的大部分故障。

(3) 信号寻迹法。根据电路的工作原理、各测试点的设计工作波形、性能指标要求，在输入端施加幅度与频率均符合要求的信号，用示波器由前级到后级，逐级检测各测试点的输入、输出信号波形。如果哪一级出现异常，则故障就在该级。之后再集中精力分析，解决该级存在的问题。

上面所介绍的三种方法是故障检测有效且常用的方法。在实践中也常根据不同情况选择其他方法，以取得更好的效果。

例如，当一个电路接通直流电源后，电源的输出电流过大，过流保护电路动作或发出报警，此时可依次断开各单元电路(或模块)的供电。如果某一单元(或模块)断开后，电源电流恢复正常，则可知故障就出在该单元(或模块)。这种方法常称为断路法。

再如，在仪器设备维修、批量电路调试等工作中，常用工作正常的插件板、部件、单元电路、元器件等代替相同的但疑似有故障的相应部分，从而快速判断出故障部位。这种方法称为替代法。

总之，寻找故障的方法是多种多样的，要根据设备条件、故障情况灵活运用。能否快速、准确地检测到故障并加以排除，不但要有理论的指导，而且要靠实践经验的不断积累。

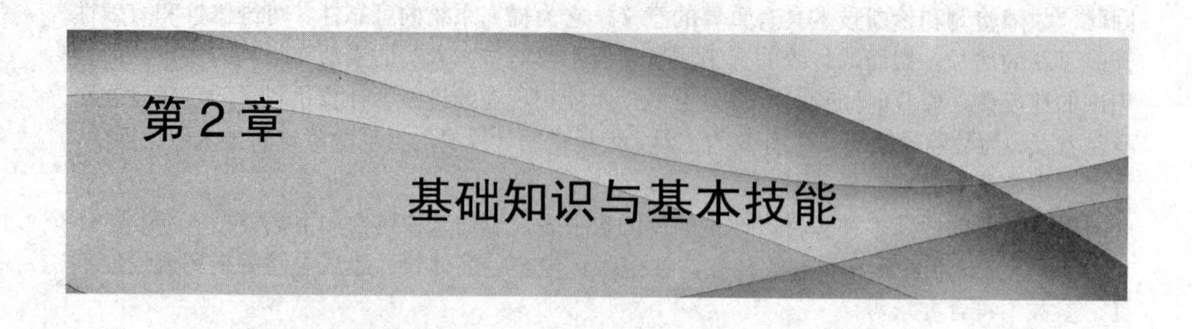

第2章 基础知识与基本技能

本章概要讲述电子系统设计所要用到的开发工具、电子工艺技能基础和测试仪器仪表，为后续章节学习实例应用提供必要的基础。

2.1 开发工具

一个电子产品的设计，从概念的确立，到包含电路原理图、PCB版图、单片机程序、产品结构、FPGA的构建及仿真、外观界面、热稳定分析、电磁兼容分析等在内的物理级设计，再到PCB钻孔图、自动贴片、焊膏漏印、元器件清单、总装配图等生产所需资料几乎全部在计算机上利用开发工具来完成，并且可以对设计方案进行人工难以完成的模拟评估、设计检验、设计优化和数据处理等工作。下面简要介绍常见的电路仿真工具、单片机仿真工具、FPGA开发工具和PCB设计工具。

2.1.1 电路仿真工具

EWB(Electronic Workbench)是加拿大Interactive Image Technologies公司推出的仿真软件，它可以将不同类型的电路组成混合电路进行仿真，其界面直观，操作方便，创建电路、选用元器件和测试仪器均可以图形方式直观完成。EWB软件有较为完整的电路分析手段，如电路的瞬态分析和稳态分析、时域和频域分析、器件的线性和非线性分析、电路的噪声分析和失真分析以及离散傅里叶分析、电路零极点分析、交直流灵敏度分析和电路容差分析等。

EWB软件的版本升级情况为EWB4.0→EWB5.0→EWB6.0→Multisim2001→Multisim7→Multisim8，美国国家仪器(NI)公司收购Interactive Image Technologies公司后，版本升级情况为Multisim9→Multisim10→Multisim11→Multisim12→Multisim13→Multisim14。

EWB是Windows系统下的仿真工具，适用于板级的模拟/数字电路板的设计与仿真工作，包含电路原理图的图形输入、电路硬件描述的语言输入，具有丰富的仿真分析能力，符合NI公司提出的“把实验室装进PC机中”、“软件就是仪器”的理念。EWB提炼了SPICE仿真的复杂内容，所以用户无需懂得深入的SPICE技术就可以很快地进行捕获、仿真和分析设计。可以使用EWB交互式地搭建电路原理图，并对电路进行仿真，完成从理论到原理图捕获与仿真，再到原型设计和测试的一个完整综合设计流程。

Multisim 是 EWB 的升级版本，是行业标准 SPICE 仿真和电路设计软件，适用于模拟、数字和电力电子领域的教学和研究。Multisim 是集成了电路图搭建和仿真功能的标准电路设计环境，以经济高效的方式获得直观的 SPICE 仿真和高级分析功能，包括示波器和逻辑分析仪等 15 种虚拟仪器，用于可视化仿真。Multisim 使用蒙特-卡罗(Monte-Carlo)方法等 15 种高级分析函数深入分析电路行为，具有超过 12 000 个组件和仿真模型，包括基本、高级模拟和数字组件。

2.1.2 单片机仿真工具

Proteus 是英国 Lab Center 公司开发的 Windows 操作系统上的电路分析与实物仿真软件，可以仿真、分析各种模拟器件和集成电路。Proteus 软件的特点如下：

(1) 实现了单片机仿真和 SPICE 电路仿真的结合。Proteus 软件有模拟电路仿真、数字电路仿真、单片机及其外围电路组成系统仿真、RS232 动态仿真及 I^2C 调试器、SPI 调试器、键盘和 LCD 系统仿真等功能。此外，Proteus 软件包含各种虚拟仪器，如示波器、逻辑分析仪、信号发生器等。

(2) 支持主流单片机系统的仿真。目前，Proteus 软件支持的 CPU 类型有 ARM7、8051/52、AVR、PIC10/12/16/18/24/30、dsPIC33、HC11、8086、MSP430、Cortex 和 DSP 系列处理器，并支持持续增加的其他系列处理器模型以及各种外围芯片。

(3) 提供软件调试功能。在硬件仿真系统中，Proteus 软件具有全速、单步、设置断点等调试功能，同时可以观察各个变量、寄存器等的当前状态，在该软件仿真系统中也具有这些功能。此外，Proteus 软件支持第三方的软件编译和调试环境，如 IAR、Keil、MATLAB 等软件。

(4) 具有强大的原理图绘制功能。

总之，Proteus 软件是一款集单片机和 SPICE 分析的仿真软件，功能强大。

Proteus 软件包含的功能模块包括智能原理图设计模块、电路仿真功能模块、单片机协同仿真功能模块及 PCB 设计平台模块。

1. 智能原理图设计(ISIS)模块

智能原理图设计(Intelligent Schematic Input System，ISIS)模块具有以下特点：

(1) 具有丰富的器件库(包括 27 000 种以上的元器件)，可方便地创建新元件；

(2) 通过模糊搜索可以快速定位所需要的器件；

(3) 模块的自动连线功能使导线连接简单快捷，从而缩短绘图时间；

(4) 支持总线结构，使电路设计简明清晰；

(5) 可输出高质量图纸，供 Word、Powerpoint 等文档使用。

2. 电路仿真功能(Prospice)模块

电路仿真功能模块具有以下特点：

(1) 基于工业标准 SPICE3F5，实现数字/模拟电路的混合仿真；

(2) 包含超过 27 000 个仿真器件，可以通过内部原型或使用厂家的 SPICE 文件自行设计仿真器件，可导入第三方发布的仿真器件；

(3) 包含直流、正弦、脉冲、分段线性脉冲、音频(使用 wav 文件)、指数信号、单频 FM、数字时钟和码流等多样的激励源；

(4) 包含示波器、逻辑分析仪、信号发生器、直流电压/电流表、交流电压/电流表、数字图案发生器、频率计/计数器、逻辑探头、虚拟终端、SPI 调试器、I^2C 调试器等丰富的虚拟仪器；

(5) 用色点显示引脚的数字电平，导线以不同颜色表示其对地电压的大小，结合动态器件(如电机、显示器件、按钮)的使用可以使仿真更加直观、生动；

(6) 具有高级图形仿真功能(Advanced Graphic Simulation Function，ASF)，即基于对图标的分析可以精确分析电路的多项指标，包括工作点、瞬态特性、频率特性、传输特性、噪声、失真、频谱分析等，还可以进行一致性分析。

3. 单片机协同仿真功能(VSM)模块

单片机协同仿真功能模块具有以下特点：

(1) 支持主流的 CPU 类型：支持的 CPU 类型包括 ARM7、8051/52、AVR、PIC10/12/16/18/24/30、dsPIC33、HC11、8086、MSP430、Cortex 和 DSP 系列处理器，随着版本升级还在继续增加。

(2) 支持通用外设模型：通用外设模型包括字符 LCD 模块、图形 LCD 模块、LED点阵、LED 七段显示模块、键盘/按键、直流/步进/伺服电机、RS232 虚拟终端、电子温度计等。

(3) 实时仿真：支持 UART/USART/EUSARTs 仿真、中断仿真、SPI/I^2C 仿真、MSSP 仿真、PSP 仿真、RTC 仿真、ADC 仿真及 CCP/ECCP 仿真等。

(4) 编译及调试：支持单片机汇编语言的编辑/编译/源码级仿真，内带 8051、AVR、PIC 的汇编编译器，也可以与第三方集成编译环境(如 IAR、Keil)结合，进行高级语言的源码级仿真和调试。

4. PCB 设计平台模块

PCB 设计平台模块具有以下功能：

(1) 原理图到 PCB 的快速通道功能：原理图设计完成后，一键便可进入 ARES(Advanced Routing and Editing Software，Proteus 高级布线和编辑软件)的 PCB 设计环境，实现从概念到产品的完整设计。

(2) 自动布局/布线功能：支持器件的自动/人工布局；支持无网格自动布线或人工布线；支持引脚交换/门交换，使 PCB 设计更为合理。

(3) 完整的 PCB 设计功能：可设计复杂多层的 PCB，具有灵活的布线策略供用户设置，用户可进行自动设计规则检查及 3D 可视化预览。

(4) 支持多种输出格式：PCB 设计平台模块可以输出多种格式的文件，包括Gerber 文件的导入或导出，便于与其他 PCB 设计工具的互相转换(如 Protel)和 PCB 板的设计和加工。

在用 Proteus 绘制好原理图后，调入已编译好的目标代码文件*.HEX，此时可在 Proteus 的原理图中看到模拟实物的运行状态和运行过程。Proteus 中的元器件、连接线路等与传统的单片机实验硬件高度对应，在一定程度上替代了传统的单片机开发调试的功能，如元器件选择、电路连接、电路检测、电路修改、软件调试、运行结果等，可得到实物演示的实验效果。

2.1.3　FPGA 开发工具

一套完整的 FPGA 设计流程包括设计输入、综合、布局与布线、仿真、编程和配置、调试等主要步骤。FPGA 器件生产商 Xilinx(赛灵思)、Altera(2015 年被 Intel 收购)、Lattice 等都有自己系统的开发工具，如 Altera 的 QuartusⅡ、Xilinx 的 ISE 与 Vivado 等。此外，常用的第三方工具有仿真工具 Modelsim、综合工具 Synplify 等。

ISE 是 Xilinx 公司的 FPGA 设计软件，ISE 9 以后版本的安装文件均集成在一个软件包中，因此安装和使用都很方便。软件包包含四个大的工具：ISE 设计工具、嵌入式设计工具 EDK、PlanAhead、Xtreme DSP 设计工具 System Generator。ISE 设计工具中包含 ISE Project Navigator、ChipScope Pro 等工具，是一般的 FPGA 逻辑设计时最常用到的部分，具体的使用方法可以参考相关书籍或 Xilinx 官网。利用 FPGA 开发板，通过实例可以熟悉和掌握基于 ISE 的 FPGA 设计基本流程。

Vivado 是 Xilinx 公司 2012 年发布的全新集成设计环境，主要针对可编程系统集成所面临的挑战而推出。当前的设计不只是可编程逻辑设计，在系统集成中还面临如下问题与挑战：集成瓶颈，集成 C 语言算法和 RTL 级 IP，混合 DSP、嵌入式、连接功能和逻辑领域，模块和“系统”验证，设计和 IP 重用，实现瓶颈，层次化芯片布局规划与分区，多领域和多晶片物理优化，多变量“设计”和“时序”收敛的冲突等。采用新一代“All-Programmable”器件来实现可编程逻辑或者可编程系统集成时，使用 Vivado 工具有助于解决集成和实现方面存在的许多生产力瓶颈问题。

QuartusⅡ是 Altera 公司自行设计的第四代 PLD 开发软件，可以完成 PLD 的设计输入、逻辑综合、布局与布线、仿真、时序分析、器件编程的全过程，同时还支持 SOPC(System on Programmable Chip，可编程片上系统)设计开发，是继 MAX+plusⅡ后的新一代开发工具。QuartusⅡ适合大规模 FPGA 的开发，支持 Stratix、Cyclone、Arria 系列 FPGA 及 MAX 系列 CPLD 器件，包括 DSP Builder、Qsys 开发工具，支持系统级的开发，同时支持 NIOS II 处理器核、IP 核和用户定义逻辑等。

FPGA 的基本设计流程如下：

1．设计输入(Design Entry)

设计输入是将设计者所设计的电路用开发软件要求的某种形式表达出来，并输入到相应软件中的过程。设计输入有多种表达方式，最常用的是原理图输入和 HDL(硬件描述语言)文本输入两种。

(1) 原理图输入。原理图(Schematic)是图形化的表达方式，使用元件符号和连线来描述设计，适合描述连接关系和接口关系，而描述逻辑功能则比较繁琐。原理图输入比较直观，但要求设计工具提供必要的元件库或逻辑宏单元，其可重用性、可移植性较差。

(2) HDL 文本输入。HDL 是一种用文本形式来描述和设计电路的语言。开发者可利用 HDL 语言来描述自己的设计，然后结合 EDA 工具进行综合和仿真，最后生成某种目标文件，再用 ASIC 或 FPGA 进行具体实现。HDL 文本输入已被普遍采用。

2．综合(Synthesis)

综合是将较高层次的设计描述自动转化为较低层次描述的过程。综合有下面几种形式：

(1) 行为结构：从算法表示、行为描述转换到寄存器传输级(RTL)，即从行为描述到结构描述。

(2) 逻辑综合：从 RTL 级描述转换到逻辑门(可包括触发器)。

(3) 版图综合(或结构综合)：从逻辑门表示转换到版图表示，或转换到 PLD 器件的配置网表表示。根据版图信息能够进行 ASIC 生产，有了配置网表可完成给定 PLD 器件的系统实现。

3. 布局与布线

布局与布线使用由“Analysis & Synthesis”建立的数据库，将工程的逻辑和时序要求与器件的可用资源相匹配。它将每个逻辑功能分配给最佳逻辑单元位置，进行布线和时序分析，并选定相应的互连路径和引脚分配。

4. 仿真(Simulation)

仿真是对所有电路功能的验证。用户可以在设计过程中对整个系统和各个模块进行仿真，即在计算机上用软件验证功能是否正确，各部分的时序配合是否准确，如果有问题，则可以随时进行修改，从而避免逻辑错误。高级的仿真软件还可以对整个系统设计的性能进行估计，规模越大的设计，越需要进行大量的仿真。

仿真包含功能仿真和时序仿真。不考虑信号时延等因素的仿真，称为功能仿真，又叫前仿真。时序仿真又叫后仿真，它是在选择了具体器件并完成了布局与布线后进行的包括信号延时的仿真。由于不同器件的内部时延不同，不同的布局与布线方案也给时延造成了很大的影响，因此在设计实现后，对网络和逻辑块进行时延仿真、分析定时关系、估计设计性能是非常有必要的。

5. 编程和配置(Programming and Configuration)

完成布局与布线后，进行器件的编程和配置。配置是 FPGA 编程的一个过程，FPGA 每次上电后都需要重新配置，这是基于 SRAM(Configuration RAM)工艺 FPGA 的特点。FPGA 的配置 SRAM 中存放配置数据，用来控制可编程多路径、逻辑、互连节点和 RAM 初始化内容等。

6. 调试

ChipScope 和 Signal TapⅡ Logic Analyzer 分别是 Xilinx 和 Altera 的调试工具，可以捕获和显示实时信号行为，检测系统设计中硬件和软件之间的相互作用。ISE 和 QuartusⅡ软件可以选择待捕获的信号、开始捕获信号的时间以及待捕获数据样本的数量，还可以选择将数据从器件的存储块通过 JTAG 端口传送至 ChipScope / SignalTapⅡ Logic Analyzer，或者通过 I/O 引脚输出，以供外部的逻辑分析仪或示波器读取并显示。

2.1.4 PCB 设计工具

常用的 PCB 设计工具包括 Protel、Altium Designer、Cadence 及 PADS 等。

Protel 是 Altium 公司在 20 世纪 80 年代末推出的 EDA 软件。早期的 Protel 主要作为印制板自动布线工具使用，当前的 Protel 已发展成为庞大的 EDA 软件，包含电路原理图绘制、模拟电路与数字电路混合信号仿真、多层印制电路板设计(包含印制电路板自动布线)、可编程逻辑器件设计、图表生成、电子表格生成、支持宏操作等功能，并具有 Client/Server(客户/服务器)体系结构，同时还兼容一些其他设计软件的文件格式，如 OrCAD、Pspice 及 Excel 等，其多层印制线路板的自动布线可实现高密度的 PCB 100%布通率。常用的 Protel99SE 共包括 5 个模块，即原理图设计、PCB 设计(包含信号完整性分析)、自动布线器、原理图混合信号仿真、PLD 设计等。

Altium Designer 是 Altium 公司推出的一体化电子产品开发系统，通过原理图设计、电路仿真、PCB 绘制编辑、拓扑逻辑自动布线、信号完整性分析和设计输出等技术的完美融合，为设计者提供了全新的设计解决方案，从而提高了电路设计的质量和效率。Altium Designer 除了全面继承包括 Protel99SE、Protel DXP 在内的先前一系列版本的功能和优点外，还增加了许多改进和高端功能。该平台拓宽了板级设计的传统界面，全面集成了 FPGA 设计功能和 SOPC 设计实现功能，从而允许工程设计人员能将系统设计中的 FPGA 设计、PCB 设计和嵌入式设计集成在一起。

2.2　电子工艺技能

电子工艺技能包括元器件识别、印制电路板设计制作、焊接装配等方面的知识、技能。本节主要介绍 PCB 打样时采用热转印＋三氯化铁腐蚀方法自制简单印制板的流程，该流程包括 PCB 图和热转印纸打印、转印与腐蚀，其余知识请参考相关书籍。

1. PCB 图的热转印纸打印

打印前先用 Protel 制作四个打印文件，分别是底层制版、顶层制版、底层阻焊和顶层阻焊。对于单面板，只需打印底层制版、底层阻焊(上阻焊剂时使用)两个文件。

(1) 做完 PCB 图(如图 2-1 所示)以后，点击打印按钮进入打印预览界面。

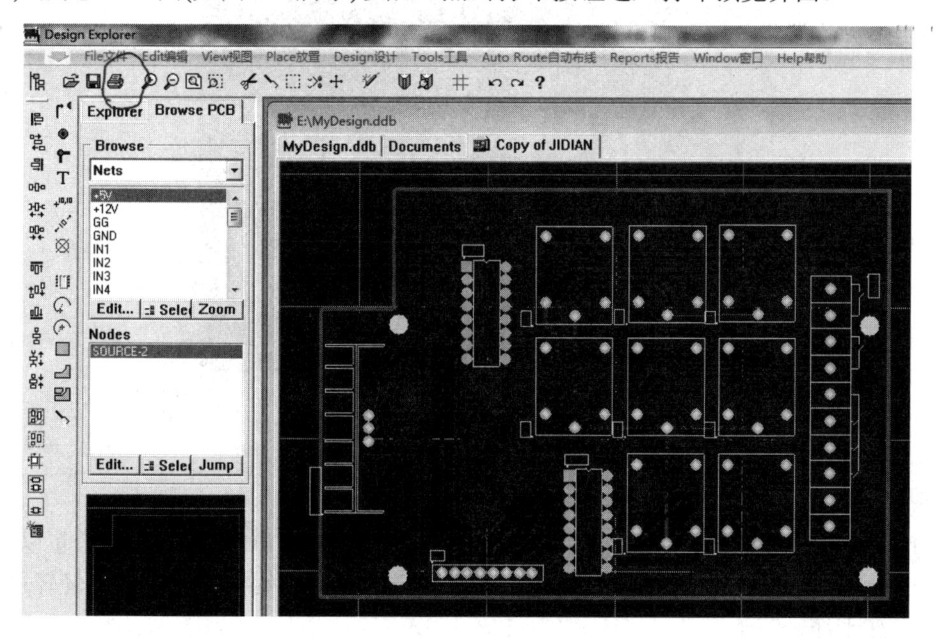

图 2-1　Protel 制作的 PCB 图

(2) 在左边栏的 Multilayer Composite Print 上单击右键，选择 Properties，在弹出的打印属性对话框进行属性设置，如图 2-2 所示。

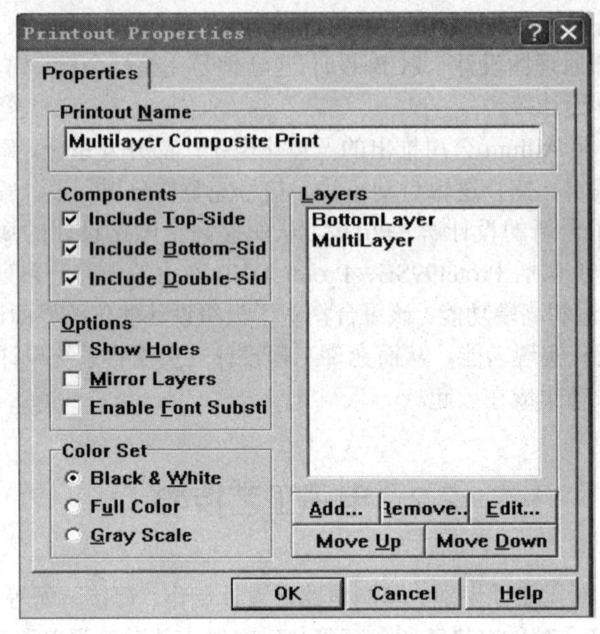

图 2-2　Printout Properties 界面

(3) Color Set 选择 Black & White(黑白打印)，做顶层打印文件时选中 Mirror Layers(镜像)选项，以使图纸可左右翻转 180°。在打印属性对话框的 Layer 里加入三个层，即 Keepout Layer(禁止布线层)、Multi Layer(机械层)、Bottomlayer(底层)。

(4) 将热转印纸放在激光打印机上进行打印。打印后的效果图如图 2-3 所示。

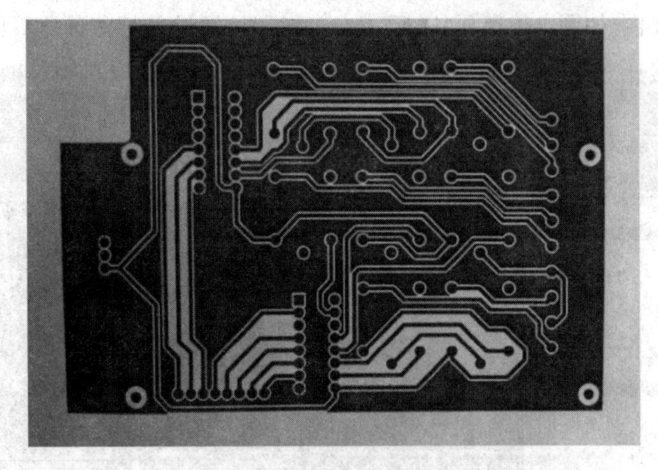

图 2-3　PCB 打印效果图

2. 转印与腐蚀

(1) 用细砂纸将敷铜板打磨干净，敷铜板下料时每边要留出 3～5 mm 的余量以便于揭膜。取少量的三氯化铁溶液，将打磨好的敷铜板放进溶液里，用毛刷在铜箔上轻轻刷几遍，取出用水冲干净，晾干。

(2) 将转印纸晒干，然后用热转印机开始转印。

(3) 转印成功后检查断线，将有断线的部分用补线笔修好，然后进行裁剪，得到的效果图如图 2-4 所示。

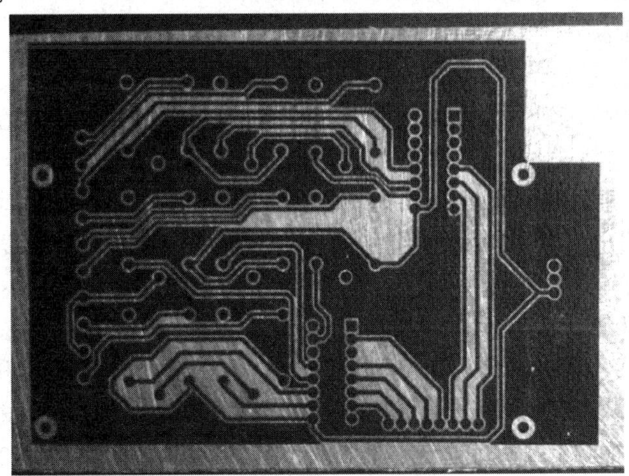

图 2-4　PCB 转印效果图

(4) 对电路板进行腐蚀和打孔。腐蚀期间要不断翻看以免电路板出现过腐蚀现象，之后用细砂纸打磨腐蚀好的电路板，将其上面的碳粉打磨掉，然后进行打孔，打孔后得到的电路板如图 2-5 所示。

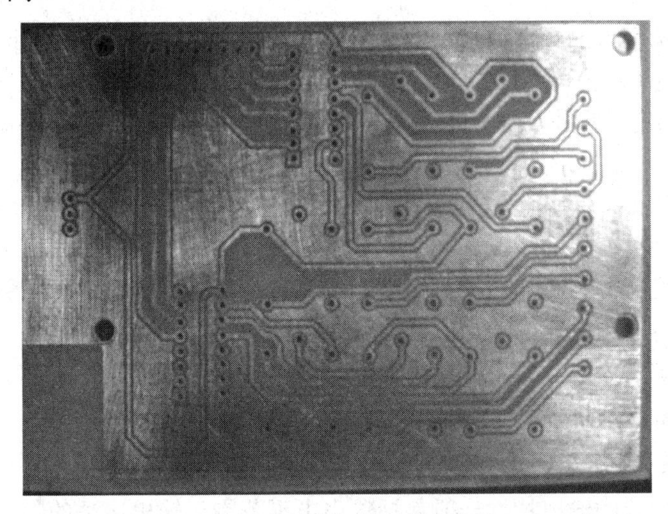

图 2-5　腐蚀和打孔后的电路板

2.3　测试仪器仪表

2.3.1　信号发生器

信号发生器产生频率、幅度、波形等主要参数可调节的信号，包括不同频率的正弦信号、调幅信号、调频信号以及各种频率的方波、三角波、锯齿波、正负脉冲信号等。信号发生器主要用于：

(1) 测元件参数，如电感、电容及Q值、损耗角等。

(2) 测网络的幅频特性、相频特性、周期等。

(3) 测试接收机的性能，如灵敏度、选择性、AGC范围等指标。

(4) 测量网络的瞬态响应，例如用方波或窄脉冲激励测量网络的阶跃响应、冲击响应、时间常数等。

(5) 校准仪表。输出频率、幅度准确的信号以校准仪表的衰减器、增益及刻度。

信号发生器可分为专用信号发生器和通用信号发生器。专用信号发生器是专门为某种特殊的测量而研制的，如电视信号发生器、编码脉冲信号发生器等，这类信号发生器的特性与测量对象紧密相关。通用信号发生器按输出波形的不同可分为正弦信号发生器、脉冲信号发生器、函数发生器、噪声发生器等。正弦信号发生器最具普遍性和广泛性，按输出信号频率的高低可分为超低频信号发生器(0.0001 Hz～1 kHz)、低频信号发生器(1 Hz～20 kHz或1 MHz范围内)、视频信号发生器(20 Hz～10 MHz)、高频信号发生器(200 kHz～30 MHz)、甚高频信号发生器(30～300 MHz)、超高频信号发生器(300 MHz以上)等。正弦信号发生器的组成一般包括振荡器、变换器、指示器、电源及输出电路等部分，主要有频率特性、输出特性和调制特性三大性能指标。

1. 频率特性

频率特性包括可调的频率范围、频率准确度及频率稳定度等技术指标。

(1) 可调的频率范围：各项指标都能得到保证时的输出频率范围。

(2) 频率准确度：信号发生器度盘(或显示)数值与实际输出信号频率间的偏差，一般用相对误差来表示。

(3) 频率稳定度：在其他外界条件恒定不变的情况下，在规定时间内，信号发生器输出频率相对于预调值变化的情况。

频率的稳定度又分为频率短期稳定度和频率长期稳定度。频率短期稳定度定义为信号发生器经过规定时间预热后，输出信号的频率在任意15 min的时间内所产生的最大变化。频率长期稳定度定义为信号发生器经过规定的预热时间后，输出信号的频率在任意15 h的时间内所发生的最大变化。

2. 输出特性

正弦信号发生器的输出特性一般包括输出电平范围、输出电平的频率响应、输出电平准确度、输出阻抗以及输出信号的频谱纯度等指标。

(1) 输出电平范围：输出信号幅度的有效范围，即信号发生器的最大和最小输出电平的可调范围。输出幅度可用电压(mV、V)和分贝(dB)表示。

(2) 输出电平的频率响应：在有效频率范围内调节频率时输出电平的变化情况，即输出电平的平坦度。

(3) 输出电平准确度：一般由电压表刻度误差、输出衰减器换挡误差、0 dB 准确度和输出电平平坦度等几项指标综合组成。

(4) 输出阻抗：信号发生器的输出阻抗视其类型的不同而异。低频信号发生器电压输出端的输出阻抗一般为 600 Ω(或 1 kΩ)；功率输出端的输出阻抗根据输出匹配变压器的设计而定，通常为 50 Ω、75 Ω、150 Ω、600 Ω 和 5 kΩ 等；高频信号发生器一般有 50 Ω 和 75 Ω 两种不平衡的输出阻抗。

(5) 输出信号的频谱纯度：反映了输出信号波形接近理想正弦波的程度，常用非线性失真系数表示。

3. 调制特性

正弦信号发生器的调制特性描述高频信号发生器在输出正弦波的同时，输出调频、调幅、调相或脉冲调制信号的能力。

2.3.2 示波器

在时域测试中，示波器是用量最多，用途最广的电子测量仪器之一，它在人们的感官和看不见的电子世界之间架起了一道桥梁，成为观察和测量电子波形不可缺少的工具。示波器除了直接测量电信号外，通过传感器的转换，也能测量非电量信号。示波器分为模拟示波器和数字示波器，根据时域测量的基本要求，无论是数字示波器还是模拟示波器，都必须不失真地显示被测波形，这是它们的相同点。模拟示波器和数字示波器的区别主要有以下两个方面：

(1) 显示技术方面：模拟示波器采用静电偏转示波管，数字示波器采用磁偏转显像管或者液晶显示。

(2) 信号处理技术方面：模拟示波器不进行任何处理，而数字示波器则把模拟信号转换成数字信号，根据需要采用硬件或者软件手段，对采集到的波形数据进行存储、运算、分析变换等技术处理。

由于数字示波器采用的显示技术和信号处理技术与计算机技术紧紧地联系在一起，因此，数字示波器的许多先进功能，如单次捕捉、存储和可变余辉、波形运算、FFT 分析等，都是模拟示波器所不能比拟的。

模拟示波器的主要优点是其实时性，即波形的变化马上就能反映到屏幕上，扫描间隔时间(电子束的回扫时间)非常短，不会漏掉任何偶发的波形变化和事件。但由于示波管荧光粉的余辉时间很短，无法记录下这些偶然发生的事件，因此很难在快速扫描和慢速观察(人眼)之间取得统一，而数字示波器则能够很好地解决这些问题。

示波器的主要技术指标如下：

(1) 带宽。示波器的带宽表征了它的垂直系统的频率特性，通常是指被测正弦波形幅度降低 3 dB 时的频率点，一般是指上限带宽。如果采用交流耦合方式，则同时存在下限带宽。

(2) 上升时间。示波器的上升时间表征了它的垂直系统对快速跳变信号反应的快慢程度，通常用测量阶跃信号时，从幅度的 10%跳变到 90%所用的跳变时间来表示。

在给出示波器的上升时间指标时，有时还同时给出上冲量的大小。如果没有给出上冲量的大小，则应该视其小于 5%。

(3) 垂直偏转因数——垂直灵敏度。垂直灵敏度表征了示波器测量最大和最小信号的能力，用显示屏幕垂直方向(Y 轴)上每个小格所代表的波形电压幅度来表达，通常以 mV/div

和 V/div 表示。根据模拟示波器的传统习惯，数字示波器的垂直灵敏度也主要是以 1、2、5 步进的方式进行调节的。

(4) 垂直偏转因数误差。垂直偏转因数误差表征了示波器测量信号幅度的准确程度。

(5) 水平偏转因数(也称扫描时间因数或扫速)。示波器的扫描时间因数表示显示屏幕水平方向(X 轴)每个格所代表的时间值，以 s/div、ms/div、ns/div、ps/div 表示。同样，沿用模拟示波器的传统习惯，数字示波器的扫描时间也是主要以 1、2、5 步进的方式进行调节。

(6) 水平偏转因数误差。水平偏转因数误差表征了示波器测量波形时间量(如周期、频率、脉冲宽度)的准确程度。

(7) 触发灵敏度。触发灵敏度是指示波器能够触发同步并稳定显示波形的最小信号幅度，通常与信号的频率有关。信号的频率越高，为了触发同步并稳定显示波形所需要的信号幅度越大，即触发灵敏度越低。触发灵敏度的大小常常按频率分段给出。

(8) 触发晃动。触发晃动是示波器触发同步稳定程度的一种表达。如果触发晃动大，则在最快速扫描时间挡上，波形跳变沿会显得粗而模糊，使时间测量误差增大。触发晃动通常用波形沿水平方向抖动的时间(峰峰值或有效值)来表示。

数字示波器的特有指标如下：

(1) 实时带宽、重复带宽(等效带宽)和单次带宽。数字示波器的取样方式有两种：实时取样和等效取样。等效取样又可分为随机取样和顺序取样两种方式。

当数字示波器的取样速率大于其实际带宽的 4～5 倍，并且数字化之后的样品点之间不加内插数据时，可认为该取样是实时取样，其实时带宽是取样速率的 1/4～1/5。

当数字示波器采用随机取样时，尽管它的取样速率很低，但是只要被测信号是重复的，则经过多次采集积累和信号重组，都能够准确地恢复出原来的信号，并得到比取样速率高得多的带宽，该带宽的获取方式不相同称为重复带宽，有时也称等效带宽。

顺序取样也是等效取样的一种，与随机取样的差别仅仅在于取样点与触发点之间的时间 Δt 。若采用随机取样方式，则 Δt 是测量得到的，而顺序取样的 Δt 是由软件或硬件预先设置的。顺序取样的取样频率常常设计的很低，通常为几百千赫兹，而等效带宽能够实现几十吉赫兹的取样频率。

数字示波器采用实时取样方式时，其单次带宽等于实时带宽。如果采用随机取样或顺序取样方式，则其单次带宽应该根据取样速率大于信号带宽 4～5 倍的关系进行计算。

(2) 最高取样率。最高取样率是指数字示波器进行数字化(把模拟信号转换成数字信号)时，能够达到的最大转换速率。

(3) 存储深度——记录长度。存储深度表明被测信号经过数字化之后，一次性存储在采集存储器中的样品点数目。

2.3.3 频谱分析仪

常用的频域测试仪器有如频率特性测试仪、调制域分析仪、选频电压表、相位噪声分析仪、信号分析仪及频谱分析仪。

(1) 频率特性测试仪：简称扫频仪，是一种根据扫频测量法原理组成的分析电路频率特性的电子测量仪器，它的横坐标为频率轴、纵坐标为电平值，显示的图形上叠加有频率标志。

(2) 调制域分析仪：表示测量信号的频率、相位和信号出现的时间间隔随时间的变化规律。

(3) 选频电压表：采用调谐滤波的方法，选出并测量出信号中某些频率分量。

(4) 相位噪声分析仪。相位噪声是频率稳定度的频域表征，定义为单边带偏离信号载频处单位带宽(如 1 Hz)内调相边带功率与载波功率之比。相位噪声分析仪用于测量各种频率源的相位噪声和各种频率控制部件附加的相位噪声，广泛应用于通信工程、时间频率测量等领域。

(5) 信号分析仪：是新发展起来的一类分析仪，它采用 FFT(Fast Fourier Transform，快速傅里叶变换)和数字滤波等数字信号处理技术，对信号进行包括频谱分析在内的多种分析。

(6) 频谱分析仪：在频域测试仪器中应用最为广泛。频谱分析仪是一台在一定频率范围内扫描接收的接收机，采用频率扫描超外差的工作方式。混频器将天线上接收到的信号与本振产生的信号混频，当混频的频率等于中频时，这个信号可以通过中频放大器放大，然后进行峰值检波。检波后的信号被视频放大器进行放大，然后显示出来。由于本振电路的振荡频率随着时间变化，因此频谱分析仪在不同的时间接收的频率是不同的。当本振振荡器的频率随着时间进行扫描时，屏幕上就显示出了被测信号在不同频率上的幅度，本振振荡器会将不同频率上信号的幅度记录下来，从而得到被测信号的频谱。进行干扰分析时，根据所得频谱即可知道被测设备或空中电波是否有超过标准规定的干扰信号以及干扰信号的发射特征。要熟练地操作频谱分析仪，关键是掌握各个参数的物理意义和设置要求。频谱分析仪的主要技术指标如下：

① 扫描频率范围：达到频谱分析仪规定性能的工作频率区间。通过调整扫描频率范围，可以对所要研究的频率成分进行细致的观察。扫描频率范围越宽，则扫描一遍所需要的时间越长，频谱上各点的测量精度越低。因此，在可能的情况下，尽量使用较小的扫描频率范围。

② 扫频宽度：频谱分析仪在一次分析过程中所显示的频率范围，也称分析宽度。扫频宽度与分析时间之比就是扫频速度。

③ 扫描时间：扫描一次整个频率量程并完成测量所需要的时间，也称分析时间。扫描时间与扫描频率范围是相匹配的。如果扫描时间过短，则测量到的信号幅度比实际的信号幅度要小。对于常发干扰，应设置较长的扫描时间，以便精确测量干扰幅度；对于随机干扰，则应设置较短的扫描时间，以便迅速捕捉干扰。

④ 测量范围：在任何环境下可以测量的最大信号与最小信号的比值，该值一般在 145 dB 和 165 dB 之间。

⑤ 灵敏度：频谱分析仪测量微弱信号的能力，定义为显示幅度为满刻度时输入信号的最小电平值。

⑥ 分辨率：频谱分析仪将靠得很近的、相邻的两个频率分量分辨出来的能力。频谱分析仪的中频带带宽决定了仪器的选择性和扫描时间。调整分辨率带宽可以达到两个目的，

一个是提高仪器的选择性，以便对频率相距很近的两个信号进行区别，若有两个频率分量同时落在中放通频带内，则频谱仪不能区分两个频率分量，所以，中放通频带越窄，频谱仪的选择性越好。另一个目的是提高仪器的灵敏度。因为任何电路都有热噪声，这些噪声会将微弱信号淹没，所以使仪器无法检测到微弱信号。噪声的幅度与仪器的通频带带宽成正比，通频带带宽越大，噪声越大。因此，减小仪器的分辨率带宽可以减小仪器本身的噪声，从而增强其对微弱信号的检测能力。根据实际经验，在测量信号功率时，一般分辨率带宽 RBW(Resolution Bandwidth)宜为扫描宽度的 1%～3%，可保证测量精度。

分辨率带宽一般以 3 dB 带宽来表示。当分辨率带宽变化时，屏幕上显示的信号幅度可能会发生变化。这是因为当带宽增加时，若测量信号的带宽大于通频带带宽，则由于通过中频放大器的信号总能量增加，所以显示幅度会有所增加。若测量信号的带宽小于通频带带宽，如单根谱线的信号，则不管分辨率带宽怎样变化，显示信号的幅度都不会发生变化。信号带宽超过中频带带宽的信号称为宽带信号，信号带宽小于中频带带宽的信号称为窄带信号。根据信号是宽带信号还是窄带信号能够有效地确定干扰源。

⑦ 动态范围：频谱分析仪以给定精度测量、分析输入端同时出现的两个信号的最大功率比(用 dB 表示)。

⑧ 视频带宽(Video Bandwith，VBW)：中频检波器后的低通滤波器(称为视频滤波器)的带宽。视频滤波器可以对噪声起平滑作用，便于在噪声中测试微弱信号，所以我们只在测试微弱信号时调整视频带宽的大小，以便观察与噪声电平很接近的信号。调整视频带宽不影响频谱分析仪的分辨率。

2.3.4　逻辑分析仪

逻辑分析仪是利用时钟从测试设备上采集和显示数字信号的仪器，主要作用于时序判定。由于逻辑分析仪不像示波器那样有许多电压等级，通常只显示两个电压(逻辑 1 和 0)，因此设定了参考电压后，逻辑分析仪将被测信号通过比较器进行判定，高于参考电压者为 High，低于参考电压者为 Low，在 High 与 Low 之间形成数字波形。例如，一个待测信号使用 200 MHz 采样率的逻辑分析仪，当参考电压设定为 1.5 V 时，在测量时逻辑分析仪会平均每 5 ns 采取一个点，超过 1.5 V 者为 High(逻辑 1)，低于 1.5 V 者为 Low(逻辑 0)，而逻辑 1 和 0 可连接成一个简单波形，工程师便可在此连续波形中找出异常错误(BUG)之处。整体而言，逻辑分析仪测量被测信号时，并不会显示出电压值，只显示 High 与 Low，如果要测量电压，则需使用示波器。除了电压值的显示不同外，逻辑分析仪与示波器的另一个差别在于通道数量的不同。一般的示波器只有 2 个通道或 4 个通道，而逻辑分析仪可以拥有 16 个通道、32 个通道、64 个通道和上百个通道数，因此逻辑分析仪具备同时进行多通道测试的优势。

逻辑分析仪分为两大类，即逻辑状态分析仪(Logic State Analyzer，LSA)和逻辑定时分析仪(Logic Timing Analyzer)，这两类分析仪的基本结构相似，主要区别表现在显示方式和定时方式上。

(1) 逻辑状态分析仪用字符 0、1 或助记符显示被检测系统的逻辑状态，显示直观，可以从大量数码中迅速发现错码，便于进行功能分析。逻辑状态分析仪用来对系统进行实时状态分析，检查在系统时钟作用下总线上的信息状态。它的内部没有时钟发生器，用被测系统时钟来控制记录，与被测系统同步工作，是跟踪、调试程序、分析软件故障的有力工具。

(2) 逻辑定时分析仪用来考察两个系统时钟之间数字信号的传输情况和时间关系，它的内部装有时钟发生器，在内部时钟控制下记录数据，与被测系统异步工作，主要用于数字设备硬件的分析、调试和维修。

逻辑分析仪的功能主要有以下几个方面：

(1) 定时分析。定时分析是逻辑分析仪中类似示波器的功能，它与示波器显示信息的方式相同，即水平轴代表时间，垂直轴代表电压幅度。定时分析首先对输入波形采样，然后使用用户定义的电压阈值确定信号的高低电平。定时分析只能确定波形是高还是低，不存在中间电平。所以定时分析就像一台只有一位垂直分辨率的数字示波器。但是，定时分析并不能用于测试参量。如果检验几条线上信号的定时关系，则可使用定时分析。如果定时分析上一次采样的信号是一种状态，本次采样的信号是另一种状态，那么定时分析知道在两次采样之间的某个时刻输入信号发生了跳变。但是，定时分析却不能辨别出精确的时刻。在最坏的情况下，不确定度是一个采样周期。

(2) 跳变定时。如果要对一个长时间没有变化的信号进行采样并保存数据，则采用跳变定时能有效地利用存储器。使用跳变定时功能时，定时分析仪只保存跳变前的样本以及两个跳变之间的时间间隔，因此，每一个跳变只需使用两个存储器位置，输入无变动时完全不占用存储器位置。

(3) 毛刺捕获。数字系统中毛刺是较棘手的问题，某些定时分析仪具有毛刺捕获和触发能力，可以很容易地跟踪难以预料的毛刺。定时分析可以对输入数据进行有效的采样，跟踪采样间产生的所有跳变，从而容易识别毛刺。在定时分析中，毛刺的定义是：采样间穿越逻辑阈值多次的任何跳变。通过定时分析对毛刺进行捕获及显示，有助于设置触发条件来跟踪毛刺、稳定毛刺产生前的数据，从而帮助我们确定毛刺产生的原因。

(4) 状态分析。逻辑电路的状态是：数据有效时，对总线或信号线采样的样本。定时分析与状态分析的主要区别是：定时分析由内部时钟控制采样，采样与被测系统是异步的；状态分析由被测系统时钟控制采样，采样与被测系统是同步的。用定时分析查看事件“什么时候”发生，用状态分析检查发生了“什么”事件。定时分析通常用波形显示数据，状态分析通常用列表显示数据。

逻辑分析仪主要有以下技术指标：

(1) 通道数。在需要逻辑分析仪，若要对一个系统进行全面的分析，则就应把所有应该观测的信号全部引入逻辑分析仪中，因此逻辑分析仪的通道数至少应为：被测系统的字长(数据总线数) + 被测系统的控制总线数 + 时钟线数。这样对于一个 8 位机系统，至少需要 34 个通道。

(2) 定时采样速率。在定时采样分析时，若需要足够的定时分辨率，则应该有足够高的定时分析采样速率，但是并不是只有高速系统才需要高的采样速率，现在的主流产品的采样速率高达 2 GS/s，在这个速率下，我们可以看到 0.5 ns 时间里的对象细节。

(3) 状态分析速率。在状态分析时，逻辑分析仪采样基准时钟使用被测试对象的工作时钟(逻辑分析仪的外部时钟)，这个时钟的最高速率就是逻辑分析仪的高状态分析速率，也就是该逻辑分析仪可以分析的系统最快的工作频率。

(4) 每通道的记录长度。逻辑分析仪的内存用于存储它所采样的数据，以用来对比、分析、转换(如将其所捕捉到的信号转换成非二进制信号)。

(5) 测试夹具。逻辑分析仪通过探头与被测器件连接，测试夹具起着很重要的作用。测试夹具有很多种，如飞行头和苍蝇头等。

第 3 章
基于 MCS51 单片机的温度显示报警器设计

本章通过一个非常简单的数字温度显示报警器设计实例，详细讲述利用 MCS51 单片机进行设计开发与实现的基本过程，目的是引导初学者体验小型电子产品设计的基本方法。

数字温度显示报警器实现的功能如下：

(1) 通过按键设定报警温度值。当按下设定报警温度的按键时，液晶屏显示当前报警温度值；若按下调节温度的按键，则报警温度在允许的范围内增加 1℃。

(2) 超温报警。当实际检测的温度低于报警温度时，液晶屏显示当前温度值；当检测到的温度高于报警温度时，蜂鸣器发声，液晶屏显示报警信息。

数字温度显示报警器的整个实现过程主要包含以下几个部分内容：

(1) 硬件设计：包括主要器件的选择与电路原理图的设计。

(2) 源代码开发：采用 Source Insight 3.5 工具软件编写源代码。

(3) 编译调试：采用 Keil uVision4 工具软件编译调试项目。

(4) 芯片烧录，采用 STC-ISP.EXE 工具软件进行芯片在线下载。

3.1 硬件设计

3.1.1 器件选择

(1) 主芯片 STC89C52RC：8K Flash，512B RAM，支持在线下载程序。

(2) 数字温度传感器 DS18B20：单线智能温度传感器，采集温度。

DS18B20 器件要求采用严格的通信协议，以保证数据的完整性。该协议定义了几种信号类型：复位脉冲/应答脉冲时隙；写 0/写 1 时隙；读 0/读 1 时隙。DS18B20 通信通过操作时隙完成单总线上的数据传输。发送命令和数据时，都是字节的低位在前，高位在后。具体介绍几种信号类型：① 复位脉冲/应答脉冲时隙。每个通信周期起始于微控制器发出的复位脉冲，其后紧跟 DS18B20 发出的应答脉冲，在写时隙期间，主机向 DS18B20 器件写入数据，而在读时隙期间，主机读入来自 DS18B20 的数据。在每一个时隙，总线只能传输一位数据。复位脉冲/应答脉冲时隙时序图如图 3-1 所示。② 写 0/写 1 时隙。当主机将单总线 DQ 从逻辑高拉到逻辑低时，即启动一个写时隙，所有的写时隙必须在 60～120 μs 内完成，且在每个循环之间至少需要 1 μs 的恢复时间。在写 0 时隙期间，微控制器在整个时隙中将总线拉低；而写 1 时隙期间，微控制器将总线拉低，然后在时隙起始后的 15 μs 时释放总线。写 0/写 1 时隙时序图如图 3-2(a)所示。③ 读 0/读 1 时隙。DS18B20 器件仅在主机发出读时隙时才向主机传输数据，所以，在主机发出读数据命令后，必须马上产生读时隙，以便 DS18B20 能够传输数据。所有的读时隙至少需要 60 μs 的时间，且在两次独立的读时隙之间至少需要 1 μs 的恢复时间。每个读时隙都由主机发起，至少拉低总线 1 μs。在主机发起读时隙之后，DS18B20 器件才开始在总线上发送 0 或 1，若 DS18B20 发送 1，则保持总线为高电平；若发送 0，则拉低总线。当发送 0 时，DS18B20 在该时隙结束后释放总线，由上拉电阻将总线拉回至高电平状态。DS18B20 发出的数据在起始时隙之后保持有效时间为 15 μs，因而主机在读时隙期间必须释放总线，并且在时隙起始后的 15 μs 之内采样总线的状态。读 0/读 1 时隙时序图如图 3-2(b)所示。

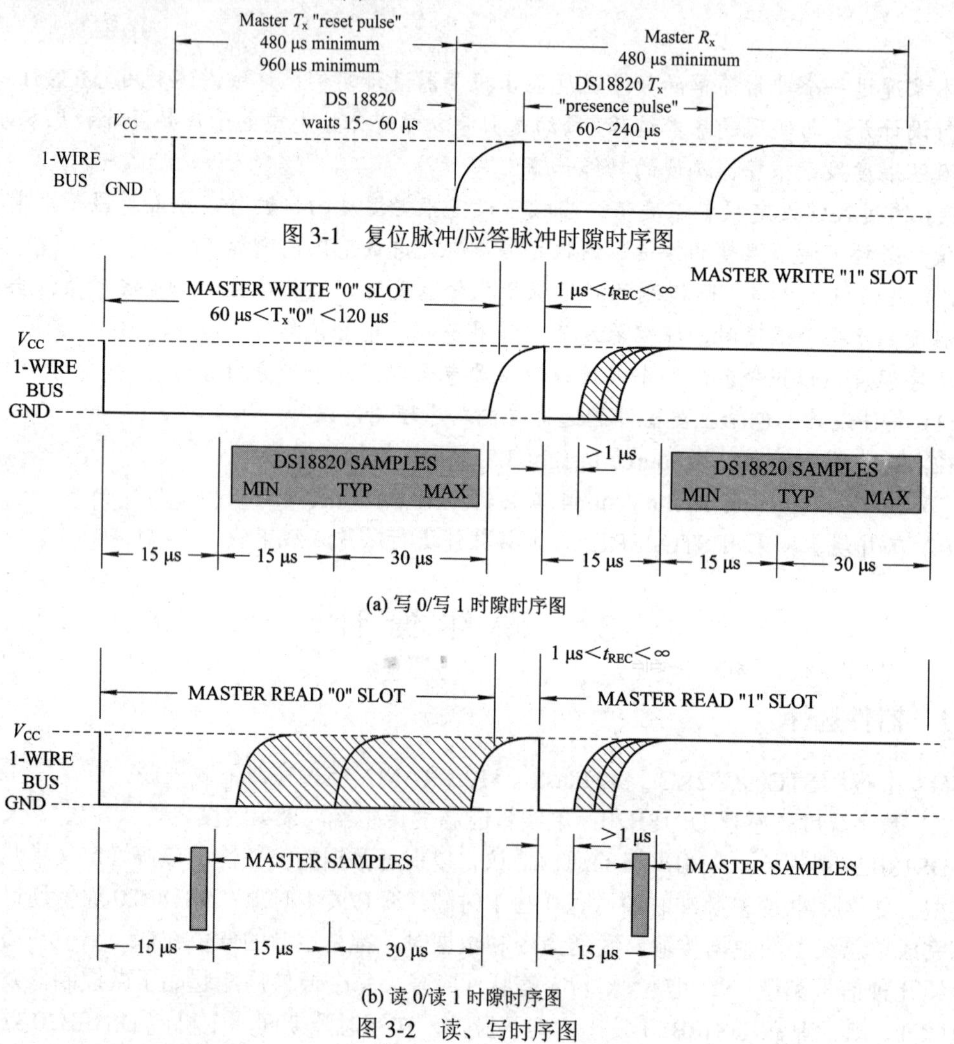

图 3-1　复位脉冲/应答脉冲时隙时序图

(a) 写 0/写 1 时隙时序图

(b) 读 0/读 1 时隙时序图

图 3-2　读、写时序图

(3) 长沙太阳人电子有限公司的 1602 字符型液晶显示器：用于显示字母、数字、符号等字符型 LCD。

3.1.2　电路原理图设计

硬件系统包括电源部分、单片机、按键、复位晶振、DS18B20 模块、显示模块和下载模块，其原理图如图 3-3 所示。

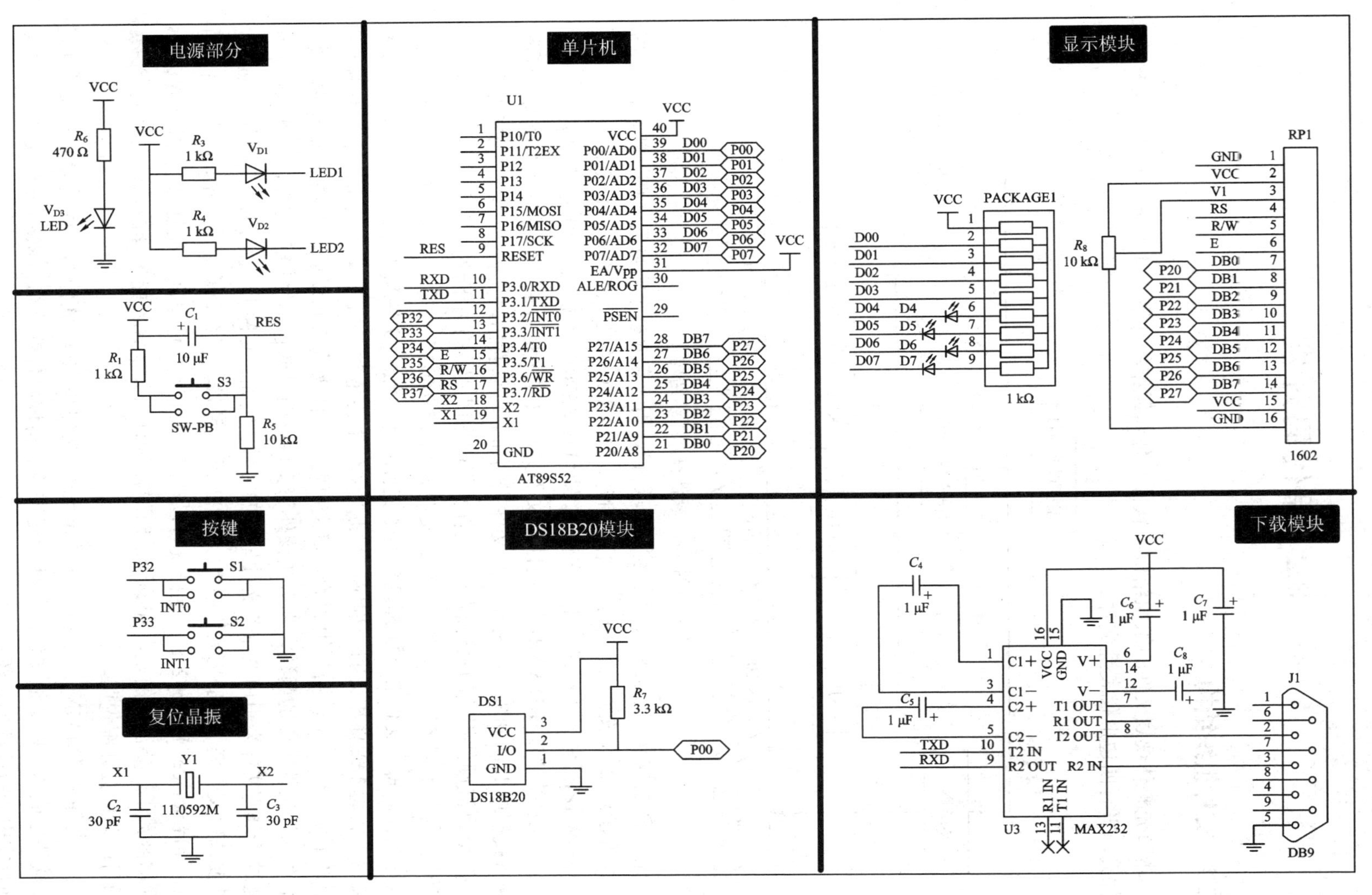
电源部分
VCC
R6
470 Ω
VD3
LED
R3
1 kΩ
VD1
LED1
R4
1 kΩ
VD2
LED2
C1
10 μF
RES
R1
1 kΩ
S3
SW-PB
R5
10 kΩ
按键
P32
S1
INT0
P33
S2
INT1
复位晶振
X1
Y1
X2
C2
30 pF
11.0592M
C3
30 pF
单片机
U1
AT89S52
DS18B20模块
DS1
DS18B20
R7
3.3 kΩ
P00
显示模块
PACKAGE1
1 kΩ
R8
10 kΩ
RP1
1602
下载模块
C4
C5
C6
C7
C8
1 μF
MAX232
U3
TXD
RXD
J1
DB9

图 3-3　硬件系统原理图

3.2 源代码开发

3.2.1 文件组织结构

本节先整体规划文件的组织结构，软件整体组织结构如图 3-4 所示，图中矩形框代表文件夹，平行四边形代表源文件。

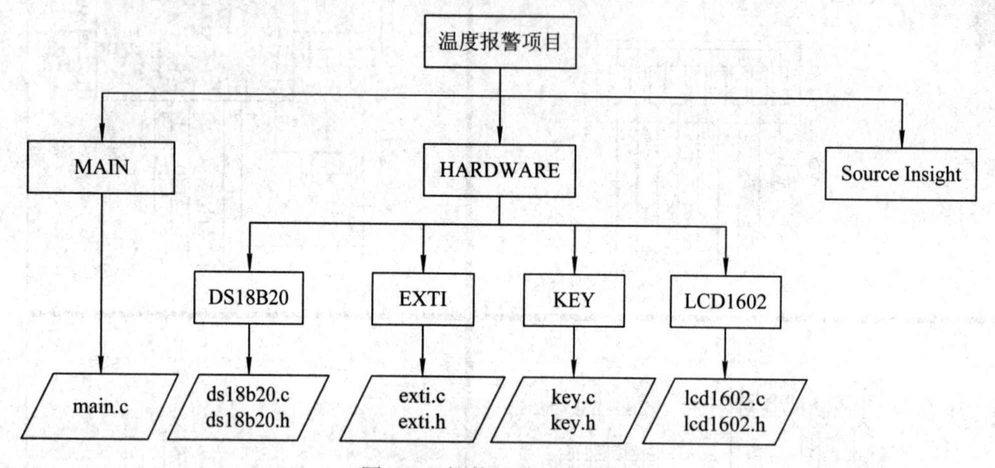

图 3-4 软件整体组织结构

先在 D 盘建立一个文件夹“温度报警项目”，用于存放整个项目的文件，然后在该文件夹下面再建立 3 个文件夹，分别为“MAIN”、“HARDWARE”、“SourceInsight”。在文件夹“HARDWARE”里下面再建立 4 个文件夹，即“DS18B20”、“EXTI”、“KEY”、“LCD1602”。

(1) 文件夹“HARDWARE”：用四个文件夹存放程序是为了区分不同硬件相关的程序，方便查找程序 Bug 和程序的移植。从文件夹的命名可以看出，文件夹“DS18B20”是关于 DS18B20 测温硬件相关的软件程序；文件夹“EXTI”是关于中断的相关程序文件；文件夹“KEY”是关于按键的相关程序文件；文件夹“LCD1602”是关于 LCD1602 显示器件的相关程序文件。每个文件夹下面都包含两个文件，即“*.c”文件和“*.h”文件。“*.c”文件主要用于实现本硬件相关的子程序；“*.h”文件主要是对“*.c”文件里面程序和数据的声明以及部分“*.c”文件需要用到的宏定义声明。文件夹构造好以后，如果外部文件要引用一个“*.c”文件里面的函数，那么在该外部文件里面只要包括“*.h”文件，外部文件就可以通过“*.h”文件来引用“*.c”文件里面的函数。例如：文件夹“MAIN”里面的“main.c”文件要调用文件夹“LCD1602”中“lcd1602.c”的函数，那么只需要在“main.c”文件里面添加一句#include "lcd1602.h"，这样就可以在“main.c”文件里面方便地使用“lcd1602.c”里面的函数了。要注意的是，在编译的时候需进行相关设置才能编译成功，在后文介绍编译项目的时候会详细说明。

(2) 文件夹“MAIN”：主要存放“main.c”文件和 Keil 软件的工程设置文件以及通过 Keil 软件生成的一些其他文件，包括最终需要烧写进器件的“ALARM.hex”文件。Keil 软件在后文中会有简要的介绍。

(3) 文件夹“SourceInsight”：主要存放 Source Insight 软件的工程项目和 Source Insight 软件产生的一些其他文件。Source Insight 软件是一个程序编辑软件，其程序编辑功能很强大，查看和编辑代码非常方便。所以我们不用 Keil 软件自带的编辑器编辑程序，而采用 Source Insight 软件来编辑和查看程序。

3.2.2 Source Insight 编码

Source Insight 是一个面向项目开发的程序编辑器和代码浏览器。Source Insight 能分析源代码并在工作的同时动态维护其符号数据库，并自动显示有用的上下文信息，加上其强大的查找、定位、彩色显示等功能，使得查看和编辑代码非常方便。下面通过项目简要介绍 Source Insight 的使用。

(1) 打开 Source Insight 界面，如图 3-5 所示。

图 3-5　Source Insight 界面

(2) 建立工程。

首先，打开 Source Insight，依次选择“Project 菜单”→“New Project”。

然后，在出现的对话框中输入工程名，选择存放工程文件的文件夹，如前面建立的文件夹“SourceInsight”，单击菜单栏里面的“OK”，如图 3-6 所示。

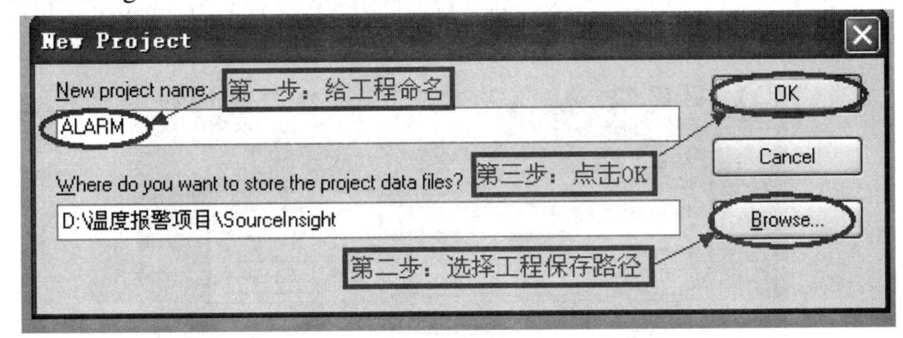

图 3-6　建立工程

第三，单击“OK”按钮后，弹出“New Project Settings”对话框，如图 3-7 所示。

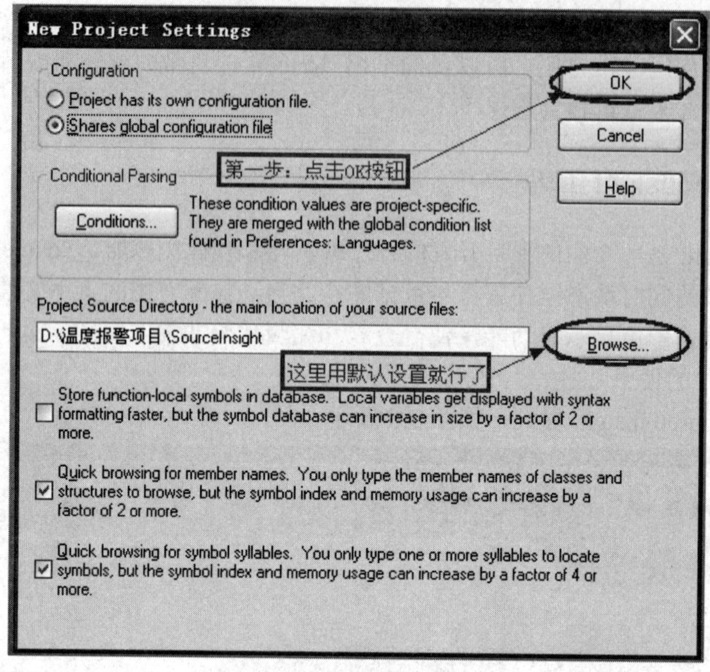

图 3-7　新建工程

第四，单击“New Project Settings”对话框中的“OK”按钮，弹出“Add and Remove Project Files”对话框，如图 3-8 所示。由于此时源文件还未建立，所以不需要加载，单击“Close”按钮退出。

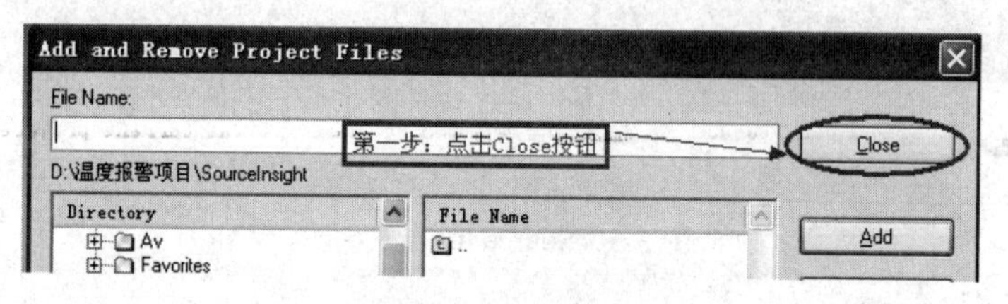

图 3-8　添加工程

经过这四步，Source Insight 的“ALARM”工程已经建立好了。

(3) 新建源文件“main.c”并保存。

① 单击新建图标。在弹出的“New File”对话框中改源文件名为“main.c”，单击“OK”按钮退出，如图 3-9 所示。

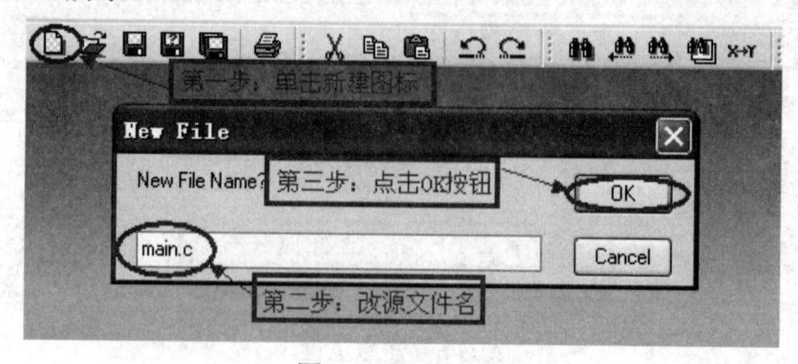

图 3-9　添加文件

② 单击保存图标，选择源文件“main.c”存放的路径为“D:\温度报警项目\MAIN”下，再单击“保存(S)”按钮，如图3-10所示。

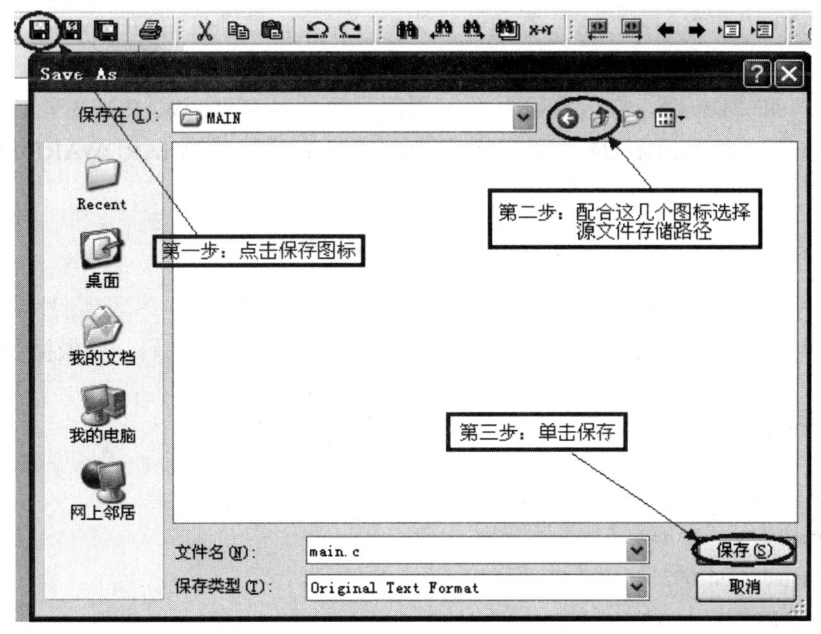

图3-10　保存工程

③ 由上一步可弹出“Source Insight”对话框，如图3-11所示，单击“是(Y)”按钮，这样就把源文件“main.c”加入到Source Insight的“ALARM”工程中，下面就可以在Source Insight编辑区编辑源文件“main.c”了。

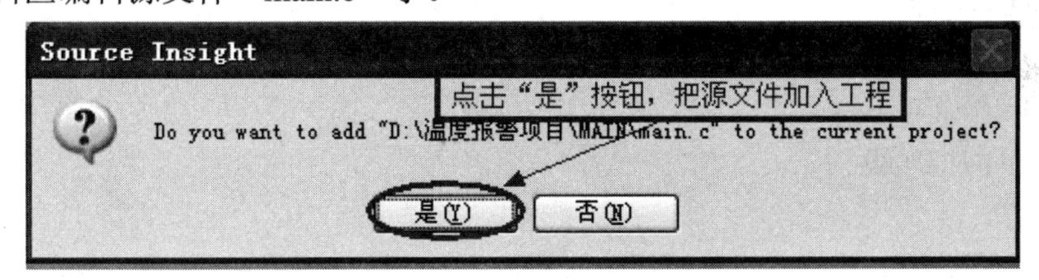

图3-11　加入源文件

④ 输入源文件“main.c”，如图3-12所示。

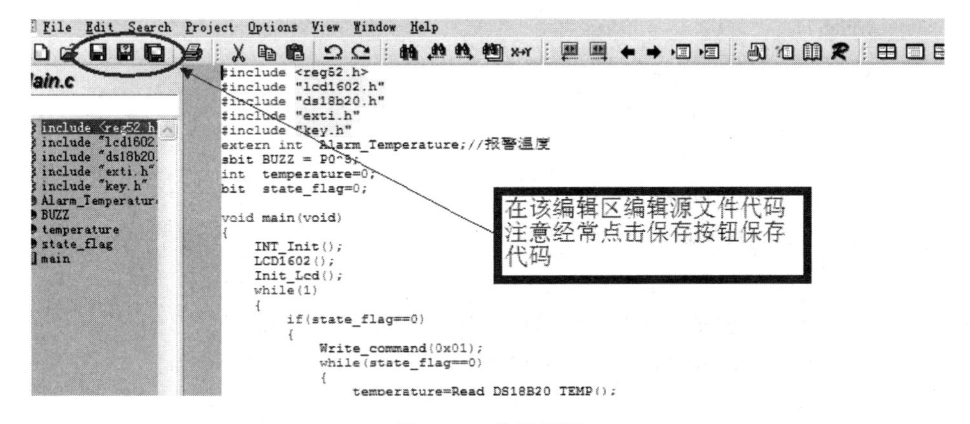

图3-12　编辑代码

(4) 与新建源文件“main.c”步骤相同，重复上述步骤新建以下源文件。源代码在下节做简要说明。

“ds18b20.c”和“ds18b20.h”，存放路径为“D:\温度报警项目\HARDWARE\DS18B20。”

“exti.c”和“exti.h”，存放路径为“D:\温度报警项目\HARDWARE\EXTI。”

“key.c”和“key.h”，存放路径为“D:\温度报警项目\HARDWARE\KEY。”

“lcd1602.c”和“lcd1602.h”，存放路径为“D:\温度报警项目\HARDWARE\LCD1602。”

3.3 详细源代码及说明

上文介绍了 Soure Insight 工具及其源文件，下面给出各个源代码，并做简要的分析。

3.3.1 主程序

主程序即源文件“main.c”，代码如下：

```
#include <reg52.h>
#include "lcd1602.h"
#include "ds18b20.h"
#include "exti.h"
#include "key.h"
extern intAlarm_Temperature;            //设置报警温度
sbit BUZZ = P0^5;
int temperature=0;
bit state_flag=0;
void main(void)
{
    INT_Init();
    LCD1602();
    Init_Lcd();
    while(1)
    {
        if(state_flag==0)
        {
            Write_command(0x01);
            while(state_flag==0)
            {
                temperature=Read_DS18B20_TEMP();
                if((temperature/100)>=Alarm_Temperature)
                    //读到的温度大于或等于报警温度
```

```
                {
                    BUZZ = 0;           //报警
                    Display_alarm();    //显示警告信息
                }
                else
                {
                    BUZZ = 1;
                    Display_T();        //显示当前温度值
                }
            }
        }
        if(state_flag==1)
        {
            Write_command(0x01);
            Display_OneByte(1,4,Lcd_Display[Alarm_Temperature/10]);
            Display_OneByte(1,5,Lcd_Display[Alarm_Temperature%10]);
            Display_user_defined(1,7);
            while(state_flag==1)
            {
                setup_alarm_T(); //设定报警温度值
            }
        }
    }
}
```

3.3.2 DS18B20 程序

DS18B20 程序即源文件“ds18b20.c”和“ds18b20.h”。

(1) 源文件“ds18b20.c”：

```
#include"ds18b20.h"
/*************************************************************
函数功能：DS18B20 的初始化程序
入口参数：无
出口参数：bit 为 0 表示初始化成功，为 1 表示失败
*************************************************************/
Bit init_DS18B20(void)
{
    DS18B20_DQ = 1;
    DS18B20_DQ = 0;     //发送复位脉冲
    Delay_Us(247);      //延时 500 μs，(500-5)/2 = 247
```

```
    DS18B20_DQ = 1;        //释放总线
    Delay_Us(27);          //延时 27 μs，DS18B20 检测到上升沿后，等待 15～60 μs
    if(DS18B20_DQ == 0)  //检测到 DS18B20，等待 15～60 μs 后 DS18B20 发出存在脉冲
    {
        while(DS18B20_DQ == 0);  //等待 DS18B20 释放，存在脉冲持续 60～240 μs
        return 0;
    }
    else
    {
        return 1;
    }
}

/***********************************************************
函数功能：向 DS18B20 写一个字节的数据
入口参数：Value
出口参数：无
****************************************************************/
VoidWrite_DS18B20_one_char(uchar Value)
{
    uchar i = 0;
    for(i = 0; i < 8; i ++)
    {
        DS18B20_DQ = 1;
        DS18B20_DQ = 0;        //总线从高电平到低电平产生写时间限
        Delay_Us(5);           //延时 15 μs
        DS18B20_DQ = Value & 0x01;
        Delay_Us(20);          //延时 45 μs
        DS18B20_DQ = 1;
        Value >>= 1;         //移位耗时大于 1 μs，写数据之间要有 1 μs 的间隔
    }
}

/****************************************************************
函数功能：向 DS18B20 读一个字节的数据
入口参数：无
出口参数：dat
说明：主机数据线先从高电平拉至低电平 1 μs 以上时间，再使数据线升为高电平，从而产生
      读信号；读周期最短为 60 μs，各个读周期之间必须有 1 μs 以上时间的高电平恢复期。
****************************************************************/
```

```
uchar Read_DS18B20_one_char(void)
{
    uchar i = 0;
    uchar Value = 0;
    for(i = 0; i < 8; i ++)
    {
        DS18B20_DQ = 1;
        DS18B20_DQ = 0;                       //总线从高电平到低电平产生读时间限
        Delay_Us(1);                          //延时 7 μs 产生读时间限
        DS18B20_DQ = 1;
        Delay_Us(1);                          //延时 7 μs
        if(DS18B20_DQ)
        {
            Value |= 0x01 << i;               //读的数据移位到相应位置
        }
        Delay_Us(17);                         //延时 40 μs
        DS18B20_DQ = 1;
        nop();                                //延时 1 μs，读数据之间要有 1 μs 的间隔
    }
    return Value;
}

int Read_DS18B20_TEMP(void)
{
    uchar Temp_L = 0;
    uchar Temp_H = 0;
    uint Temp = 0;
    int value;
    float t;
    init_DS18B20();                           //复位 DS18B20
    Write_DS18B20_one_char(0xCC);             //跳过 ROM 的命令
    Write_DS18B20_one_char(0x44);             //开始稳定转换
    init_DS18B20();                           //复位 DS18B20
    Write_DS18B20_one_char(0xCC);             //跳过 ROM 的命令
    Write_DS18B20_one_char(0xBE);             //读暂存器以读取温度值
    Temp_L = Read_DS18B20_one_char();         //读取温度的低八位
    Temp_H = Read_DS18B20_one_char();         //读取温度的高八位
    //将高低两个字节合并成一个整形变量
    Temp = Temp_H;
```

```
    Temp<<=8;
    Temp|=Temp_L;
    value = Temp;
    t=value*0.0625;
    //放大 100 倍，使数据显示到小数点后两位，并对小数点后第 3 位进行四舍五入
    value = t * 100 + (value >0 ?0.5 : -0.5);
    return value;
}

/****************************************************
功能：延时
入口：unsigned int i
出口：无
说明：可以用 Keil 的调试功能得到汇编程序。如下所示：
      MOV       R7, #0X01;               1 个机器周期
      LCALL     DELAY;                   2 个机器周期
      DELAY:    DJNZ    R7, DELAY;       2 个机器周期
      RET ;                              2 个机器周期
假设使用的是 12 MHz 的晶振，则振荡周期经过 12 分频后给单片机使用，也就是 1 MHz，
其倒数就是机器周期 1 μs。
当我们想要延时 X μs 时，则 X = 5+i*2，由此可以算出(uchar i)。
****************************************************/
void Delay_Us(uchar i)
{
    while(-- i);
}
```

(2) 源文件“ds18b20.h”：

```
#ifndef     _DS18B20_H_
#define     _DS18B20_H_
#include<reg52.h>
#include<intrins.h>
#define     uchar    unsigned char
#define     uint     unsigned int
#define     nop()    _nop_()
sbit        DS18B20_DQ = P0^0;
extern      uchar    DS18B20_ID[8];
void        Delay_Us(uchar i);
bit         init_DS18B20(void);
uchar       Read_DS18B20_one_char(void);
```

```
void      Write_DS18B20_one_char(uchar Value);
int       Read_DS18B20_TEMP(void);
#endif
```

3.3.3 中断程序

中断程序即源文件“exti.c”和“exti.h”。

(1) 源文件“exti.c”：

```
#include "exti.h"
#include "lcd1602.h"
extern     bit     state_flag;  //主函数里面定义的全局变量在这里声明
/****************************************
功能：中断初始化
入口：无
出口：无
****************************************/
void   INT_Init(void)
{
    IT0 = 1;      //设置中断方式
    EX0 = 1;      //开外部中断
    EA = 1;       //开总中断
}
/****************************************
功能：中断函数
入口：无
出口：无
****************************************/
void INT_0()    interrupt 0        using 0
{
    EA = 0;       //关中断
    state_flag=~state_flag;  //状态取反，表示进入设置报警温度状态
    EA = 1;       //开中断
}
```

(2) 源文件“exti.h”：

```
#ifndef    _EXTI_H
#define    _EXIT_H
void   INT_Init(void);
#endif
```

3.3.4 按键处理程序

按键程序即源文件“key.c”和“key.h”。

(1) 源文件“key.c”：

```
#include  "key.h"
#include  "lcd1602.h"               //包含头文件
int       Alarm_Temperature=24; //设置报警温度
extern    uchar     code      Lcd_Display[];
void      setup_alarm_T(void)
{
   Display_Alarm_T();
   Display_OneByte(1,8,' ');
   Display_OneByte(1,9,' ');
   Display_OneByte(1,10,' ');
   Display_OneByte(1,11,' ');
   if (K0==0)
   {
          Delay(5000);
          if (K0==0)
          {
            while(K0==0);
            if(Alarm_Temperature<=30)
            {
              ++Alarm_Temperature;
              Display_OneByte(1,4,Lcd_Display[Alarm_Temperature/10]);
              Display_OneByte(1,5,Lcd_Display[Alarm_Temperature%10]);
              Delay(2000);
            }
            else
            {
              Alarm_Temperature=24;
              Display_OneByte(1,4,Lcd_Display[Alarm_Temperature/10]);
              Display_OneByte(1,5,Lcd_Display[Alarm_Temperature%10]);
              Delay(2000);
            }
            Display_user_defined(1,7);
          }
     }
}
```

(2) 源文件“key.h”：

```
#ifndef   _KEY_H
#define   _KEY_H
#include  <reg52.h>
sbit  K0=P3^3;
extern    int   Alarm_Temperature;
void      setup_alarm_T(void);
#endif
```

3.3.5 液晶显示程序

液晶显示程序即源文件“lcd1602.c”和“lcd1602.h”。

(1) 源文件“lcd1602.c”：

```
#include "lcd1602.h" //包含头文件
uchar     code      warning[]="     warning!      ";
uchar     code      over_limit[]="    over limit    ";
uchar     code      Alarm_T[]="   Alarm T:        ";
uchar     code      T[]="      T:               ";
extern    int       temperature;
//声明主函数里面定义的全局变量，以供使用
uchar code user_defined[8] = {0x10,0x06,0x09,0x08,0x08,0x09,0x06,0x00};
uchar code Lcd_Display[] = {'0','1','2','3','4','5','6','7','8','9',
'A','B','C','D','E','F'};  //自定义摄氏度的字符图形

/******************函数 1******************
功能：LCD1602 初始化
入口：无
出口：无
*****************************************/
void LCD1602(void)
{
   EN = 0;
   RS = 1;
   RW = 1;
   LCD_DATA = 0xFF;
}

/******************函数 2****************
功能：读 LCD1602 是否为忙状态
```

```
入口：无
出口：无
*******************************************/
void Read_Busy(void)
{
   LCD_DATA = 0xFF;
   RS = 0;
   RW = 1;
   EN = 1;
   while(LCD_DATA & 0x80);
   //判断最高位是否为1(LCD1602正忙)，若为1则循环等待
   EN = 0;
}

/********************函数3**************
功能：写LCD1602指令
入口：unsigned char Value(写入的命令值)
出口：无
*******************************************/
void Write_command(uchar Value)
{
     Read_Busy();        //写之前需要读状态是否为忙，若为忙则等待
     LCD_DATA = Value;
     RS = 0;
     RW = 0;
     EN = 1;
     EN = 0;
}

/******************函数4*****************
功能：写LCD1602数据
入口：unsigned char Value(写入的数据值)
出口：无
*******************************************/
void Write_data(uchar Value)
{
     Read_Busy();        //写之前需要读状态是否为忙，若为忙则等待
     LCD_DATA = Value;
     RS = 1;
```

```
    RW = 0;
    EN = 1;
    EN = 0;
}

/*****************函数 5*****************
功能：LCD1602 显示初始化
入口：无
出口：无
******************************************/
void Init_Lcd(void)                //根据 1602 液晶初始化过程写的初始化子程序
{
    Delay(15000);
    Write_command(0x38);
    Delay(5000);
    Write_command(0x38);
    Delay(5000);
    Write_command(0x38);
    Write_command(0x08);           //显示关闭
    Write_command(0x01);           //显示清屏
    Write_command(0x06);           //写入新数据后光标右移
    Write_command(0x0c);           //显示光标闪烁
}

/*****************函数 6******************
功能：根据坐标(x,y)显示 1 个字符在 LCD1602 上
入口：unsigned char x(行坐标)
      unsigned char y(列坐标)
出口：无
******************************************/
void Display_OneByte(uchar x,uchar y,uchar Value)
{
    x &= 0x01;          //因为 1602 只有 2 行可显示，所以 x 不能大于 1
    y &= 0x0F;          //因为 1602 每行只能显示 16 个字符，所以 y 不能大于 15
    if(x)               //要显示在第二行，则必须加上 0x40;
    {
      y += 0x40;        //要将 DDRAM 内容显示在第二行，应加上 0x40
    }
    y += 0x80;          //该命令表示写进的数据是地址
```

```
        Write_command(y);   //写入显示的位置
        Write_data(Value);  //写入要显示的字符
}

/*****************函数 7*******************
功能：根据坐标(x,y)显示一串字符在 LCD1602 上
入口：unsigned char x(行坐标)
      unsigned char y(列坐标)
出口：无
*******************************************/
void Display_String(uchar x,uchar y,uchar *p)
{
    uchar   i = 0;
    x &= 0x01;          //因为 LCD1602 只有 2 行可显示，所以 x 不能大于 1
    y &= 0x0F;          //因为 LCD1602 每行只能显示 16 个字符，所以 y 不能大于 15
    while(y <= 15)      //最大只能显示 16 个字符
    {
        Display_OneByte(x,y,p[i]);      //显示 1 个字符在 x 行 y 列
        y ++;                           //列自加
        i ++;                           //指针后移，指向下一个字符
    }
}

/*****************函数 8******************
功能：延时
入口：unsigned int i
出口：无
******************************************/
void Delay(uint i)
{
    while(-- i);
}

/******************函数 9*****************
功能：CGRAM 区 0 地址写入自定义的显示，并在显示屏指定坐标(x,y)显示该自定义字符
入口：unsigned char x(行坐标)
    unsigned char y(列坐标)
出口：无
*****************************************/
```

```
void Display_user_defined(uchar x,uchar y)
{
    uchar i = 0;
    Write_command(0x40);              //设置 CGRAM 区写入自定义的显示地址
    for(i = 0; i < 8; i++)
    {
        Write_data(user_defined[i]);  //将显示数据送到 RAM 区
    }
    x &= 0x01;        //因为 LCD1602 只有 2 行可显示，所以 x 不能大于 1
    y &= 0x0F;        //因为 LCD1602 每行只能显示 16 个字符，所以 y 不能大于 15
    if(x)             //若要显示在第二行，则必须加上 0x40;
    {
      y += 0x40;      //要将 DDRAM 内容显示在第二行，应加上 0x40
    }
    y += 0x80;        //加 0x80 是 DDRAM 地址指令的要求，表示写进的数据是地址
    Write_command(y);     //指定显示的位置
    Write_data(0x00);     //取出 CGRAM 区 00 位置的数据
}

/******************函数 10*****************
功能：超过报警温度的告警显示(在第一行显示“warning!”，在第二行显示“over limit”)
入口：无
出口：无
******************************************/
void Display_alarm(void)
{
    Display_String(0,0,warning);
    Display_String(1,0,over_limit);
}

/******************函数 11******************
功能：告警温度显示“Alarm T”
入口：无
出口：无
******************************************/
void Display_Alarm_T(void)
{
    Display_String(0,0,Alarm_T);
}
```

```
/**************函数 12******************
功能：温度显示"Alarm T"
入口：无
出口：无
*****************************************/
void Display_T(void)
{
    Display_String(0,0,T);
    Display_OneByte(1,0,' ');
    Display_OneByte(1,1,' ');
    Display_OneByte(1,2,' ');
    Display_OneByte(1,3,' ');
    Display_OneByte(1,4,' ');
    Display_OneByte(1,5,' ');
    Display_OneByte(1,6,Lcd_Display[temperature/1000]);
    Display_OneByte(1,7,Lcd_Display[temperature/100%10]);
    Display_OneByte(1,8,'.');
    Display_OneByte(1,9,Lcd_Display[temperature%100/10]);
    Display_OneByte(1,10,Lcd_Display[temperature%10]);
    Display_OneByte(1,11,' ');
    Display_user_defined(1,12);
    Display_OneByte(1,13,' ');
    Display_OneByte(1,14,' ');
    Display_OneByte(1,15,' ');
}
```

(2) 源文件"lcd1602.h：

```
#ifndef __LCD1602_H            //防止重复包含
#define __LCD1602_H
#include <reg52.h>
#include <intrins.h>
#define LCD_DATA P2
#define    uchar      unsigned char
#define    uint   unsigned int
sbit       RS = P3^7;
sbit       RW = P3^6;
sbit  EN = P3^5;
/*
```

以下为数据声明部分，注意数据声明前加 extern，否则编译时会出现重复定义的错误。lcd1602.c 里非全局调用的数据不在此声明，只有外部要调用的全局变量在此声明。

```
*/
extern uchar w1[];
extern uchar code Lcd_Display[16];
//函数声明
void LCD1602(void);
void Read_Busy(void);
void Write_command(unsigned char Value);
void Write_data(unsigned char Value);
void Init_Lcd(void);
void Display_OneByte(unsigned char x,unsigned char y,unsigned char Value);
void Display_String(unsigned char x,unsigned char y,unsigned char *p);
void Delay(unsigned int i);
void Display_user_defined(unsigned char x,unsigned char y);
void Display_alarm(void);
void Display_Alarm_T(void);
void Display_T(void);
#endif
```

3.4　编译调试过程

编辑好源文件后，应检查并调试其是否有语法错误，我们采用的工具是 Keil 软件。以上所有的工作，包括编辑源文件、调试程序等，目的都是得到最终的 .bin 或 .hex 文件，因为单片机只识别 0、1 数据，所以最终需要把二进制文件烧写进我们的目标器件即单片机，而该二进制文件就是利用 Keil 软件得到的。本节介绍使用 Keil 软件生成 .hex 文件的过程。

单击 Windows 的“开始”菜单，选中“程序”，在“程序”里面选中“Keil μVision4”，这样就打开了 Keil μVision4 软件，界面如图 3-13 所示。

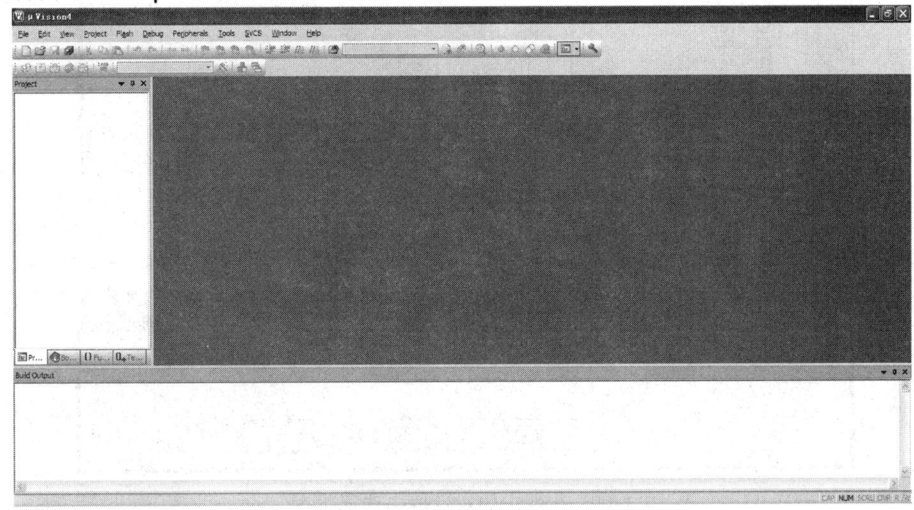

图 3-13　Keil μVersion4 界面

1. 创建一个工程

依次单击“Project”→“New μVision Project”新建一个工程，在弹出的“Create New Project”对话框中打开“MAIN”文件夹，命名为“ALARM”，单击“保存”按钮，如图3-14所示。

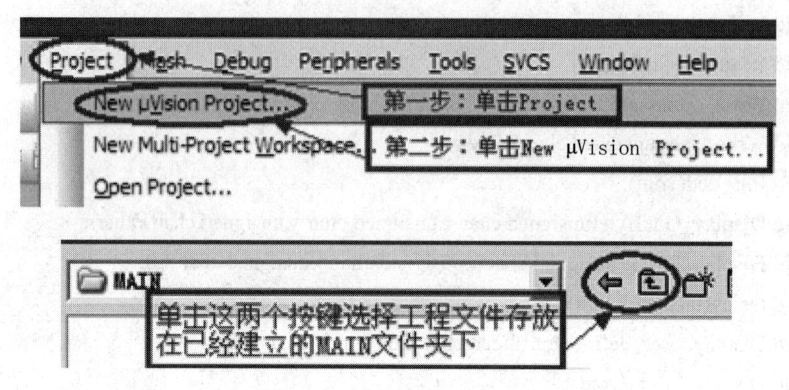

图 3-14　新建工程并保存

在弹出的“选择器件”对话框中拉动滚动条，单击“Atmel”前面的“+”，然后选择“AT89C52”，单击“OK”按钮，如图3-15所示。

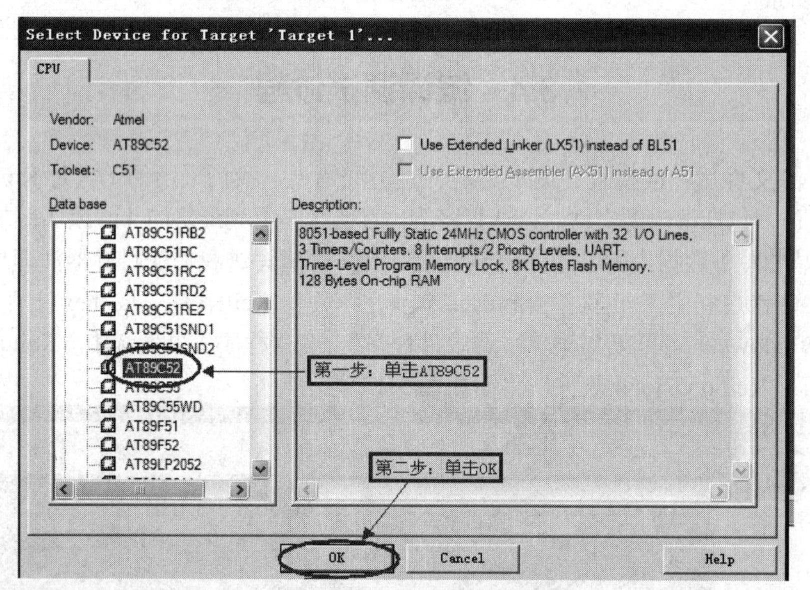

图 3-15　选择编程器件

在弹出的图3-16所示对话框中选择“否”。

图 3-16　在弹出的对话框中选择“否”

2. 添加组

如图 3-17 所示，在左边“Project”栏下面右击“Target 1”，然后单击“Manage Components…”，在弹出的“添加组”对话框中新建组“MAIN”和“HARDWARE”，如图 3-18 所示。

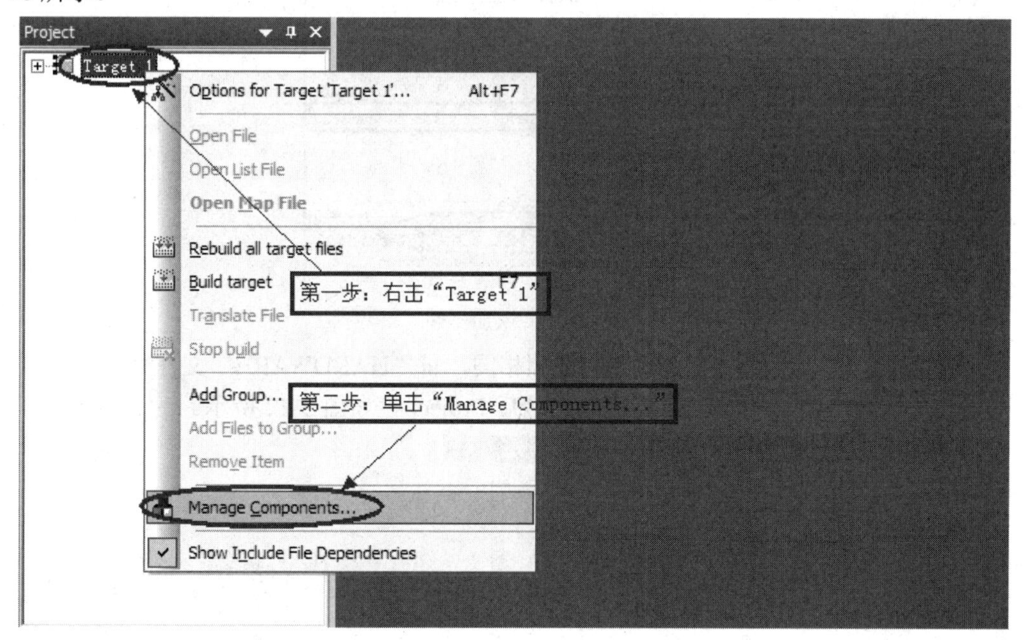

图 3-17　选择 Manage Components

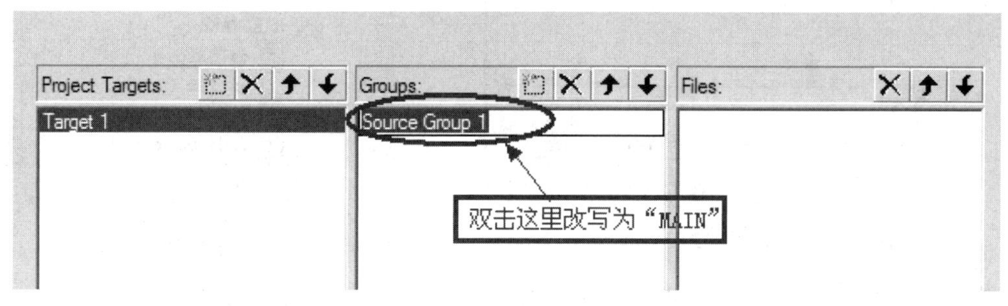

图 3-18　新建组对话框

单击新建图标，输入“HARDWARE”，然后单击“OK”按钮，如图 3-19 所示。

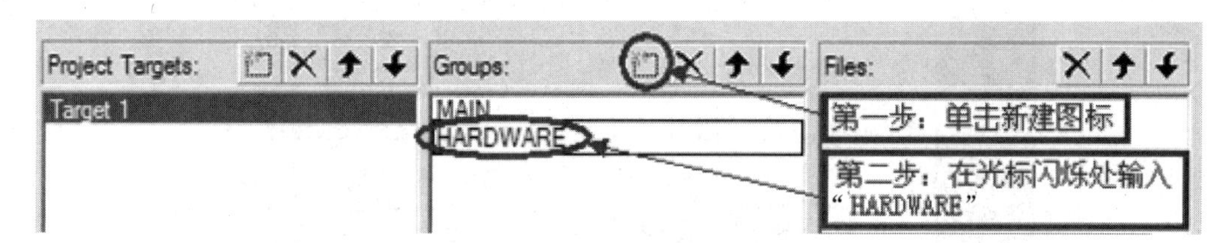

图 3-19　新建 HARDWARE

3. 在组中加入源文件

如图 3-20 所示，将“main.c”加入组“MAIN”。

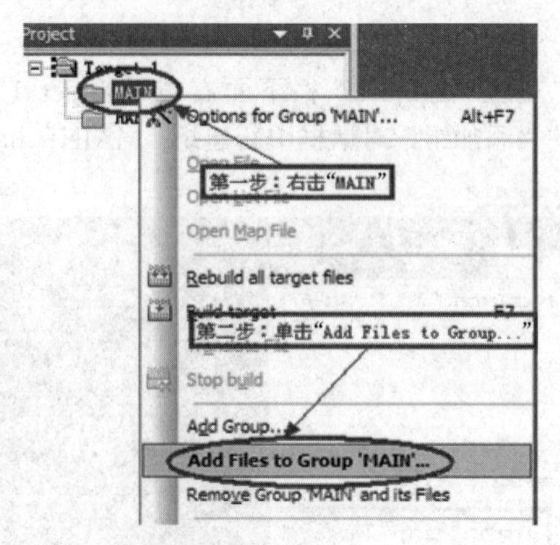

图 3-20　添加文件

与将"main.c"加入组"MAIN"的步骤相同，将"HARDWARE"文件夹下的 C 文件加入组"HARDWARE"，如图 3-21 所示，最后 Project 栏如图 3-22 所示。

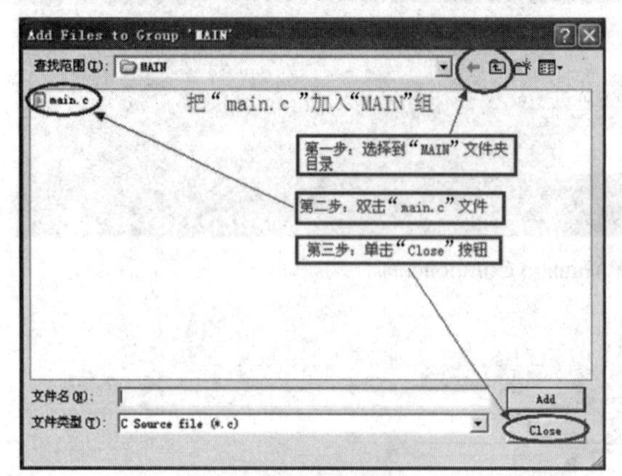

图 3-21　保存 C 文件

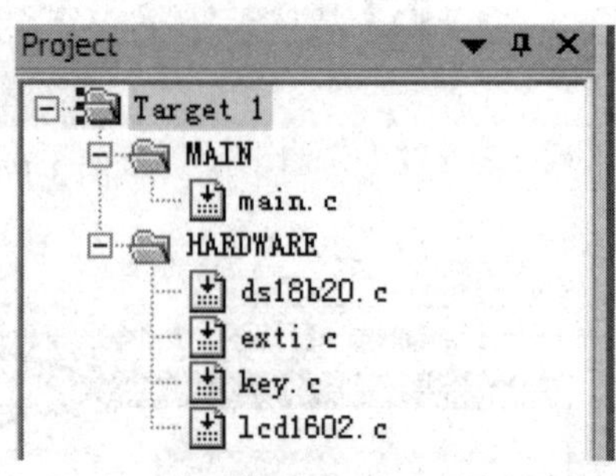

图 3-22　查看工程栏

4．编译和生成 .hex 文件

如图 3-23 所示，进行生成 .hex 文件的设置。

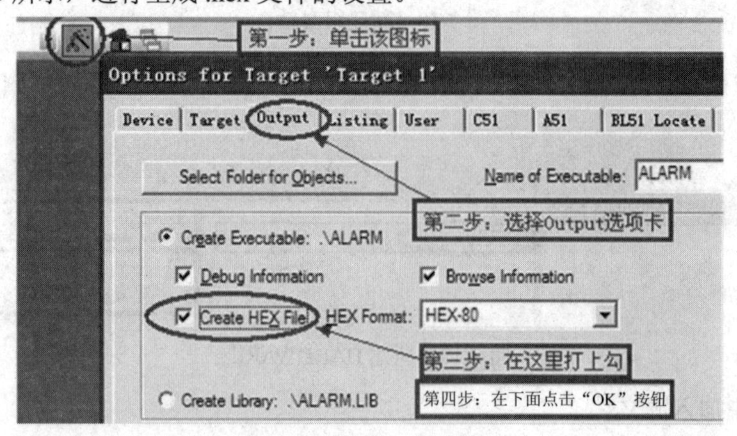

图 3-23　生成 .hex 文件

如图 3-24 所示，添加头文件所在的路径。如果不进行该步骤，那么编译时找不到头文件，会导致编译失败。结果如图 3-25 所示。

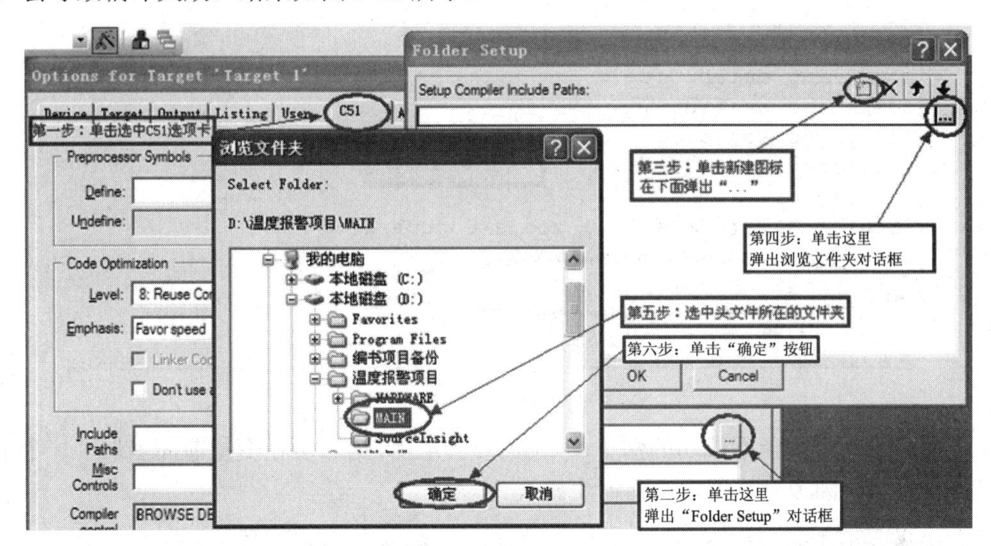

图 3-24　添加头文件

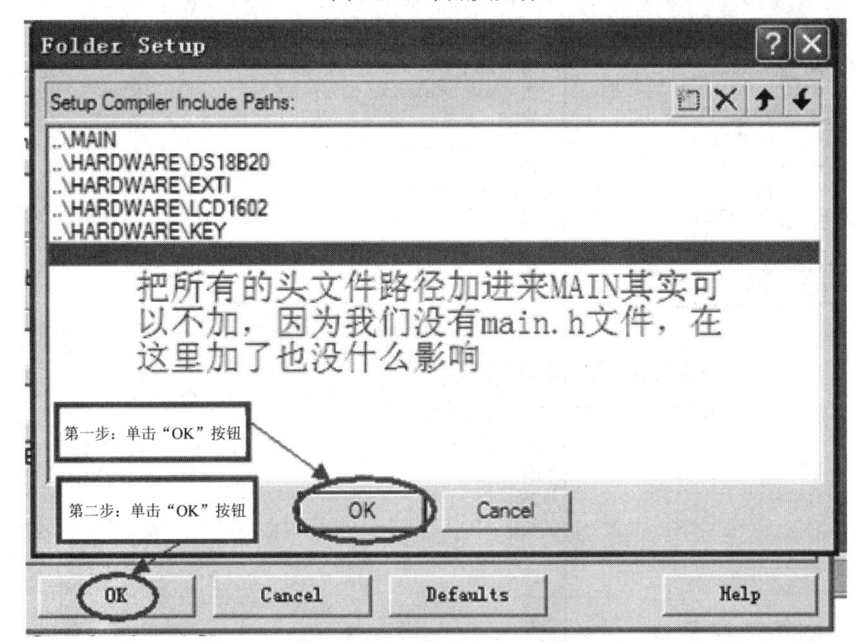

图 3-25　添加所有头文件

下面即可开始编译，如图 3-26 所示。

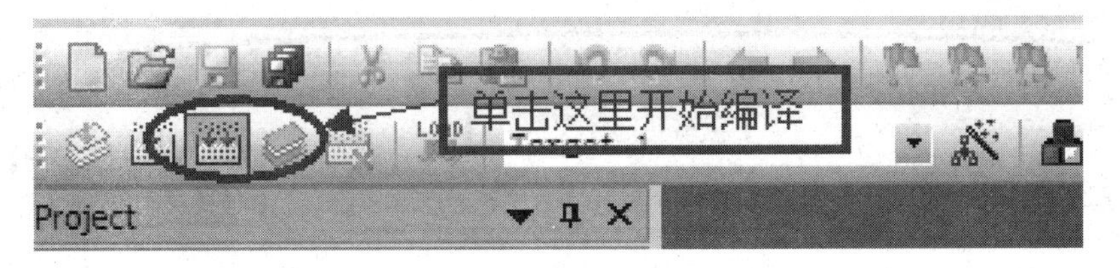

图 3-26　开始编译

如图 3-27 所示，若“Build Output”窗口输出信息中显示 0 个错误、0 个警告，则说明编译成功。

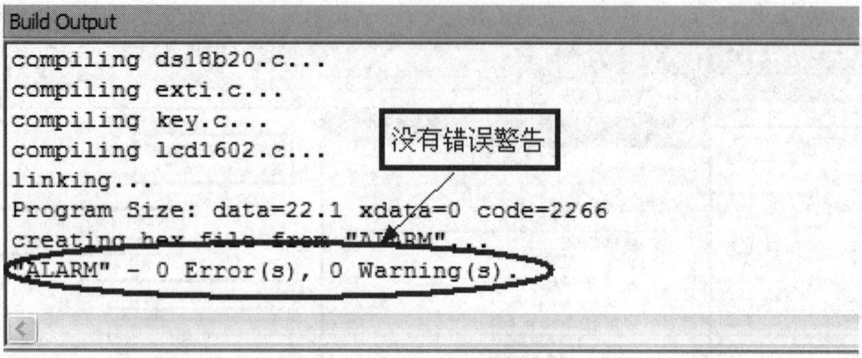

```
Build Output
compiling ds18b20.c...
compiling exti.c...
compiling key.c...
compiling lcd1602.c...
linking...
Program Size: data=22.1 xdata=0 code=2266
creating hex file from "ALARM"...
"ALARM" - 0 Error(s), 0 Warning(s).
```

没有错误警告

图 3-27　编译成功

下面演示一个编译不成功的例子，如图 3-28 所示，第二步在变量前面多加了一个字符“a”，这样就会因为变量未定义而产生错误。

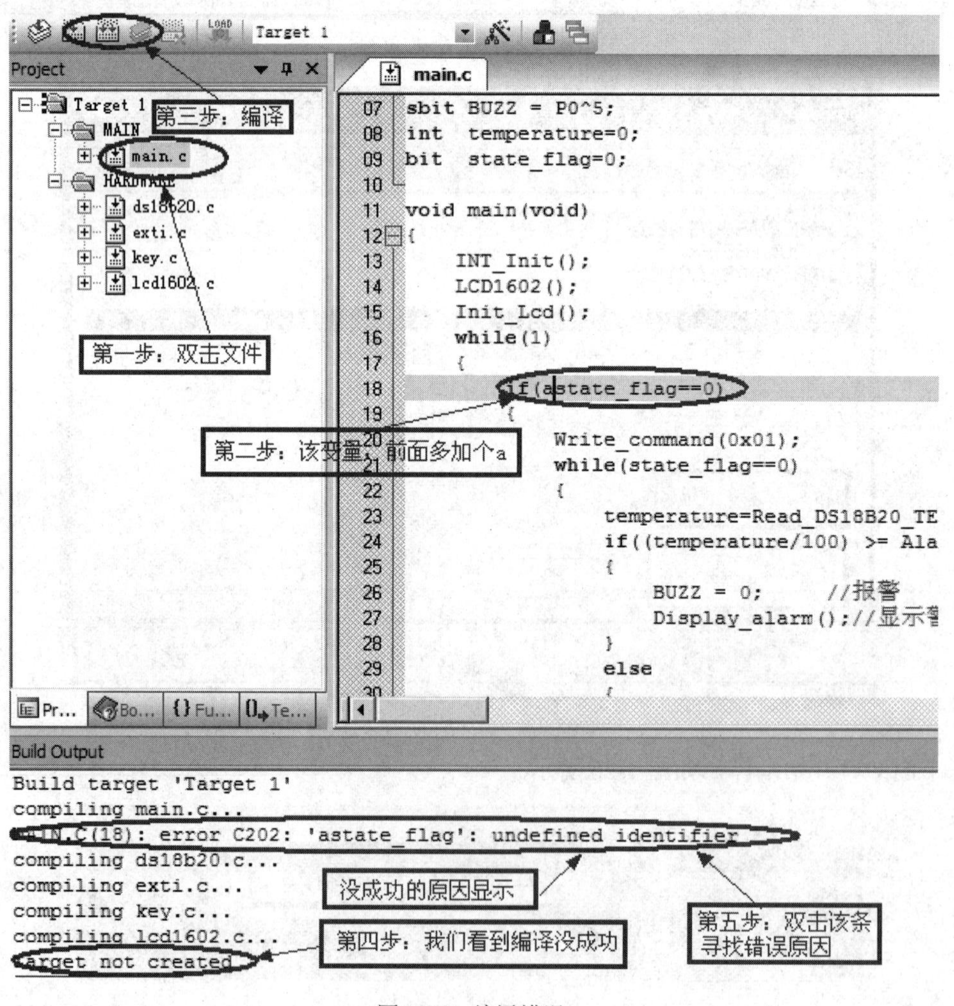

图 3-28　编译错误

第五步双击错误提示，光标会跳到产生错误的那行，如图 3-29 所示。双击后，在右边的文本编辑区即可显示源文件“main.c”，可对源文件进行修改。

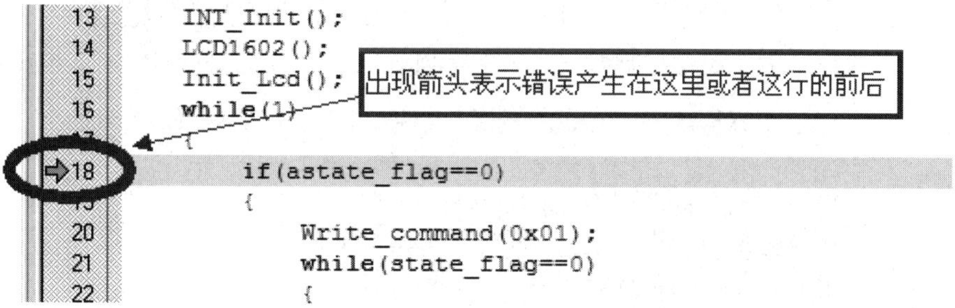

```
13      INT_Init();
14      LCD1602();
15      Init_Lcd();
16      while(1)
17      {
18          if(astate_flag==0)
19          {
20              Write_command(0x01);
21              while(state_flag==0)
22              {
```

出现箭头表示错误产生在这里或者这行的前后

图 3-29　查看错误位置

去掉变量前面的字符“a”，重新编译，则编译成功，可以看到“MAIN”文件夹里生成了“ALARM.hex”文件。

3.5 芯片烧录

本演示采用的是 STC89C52 单片机，支持串口下载，可用 STC-ISP.EXE 软件下载，配置如图 3-30 所示。

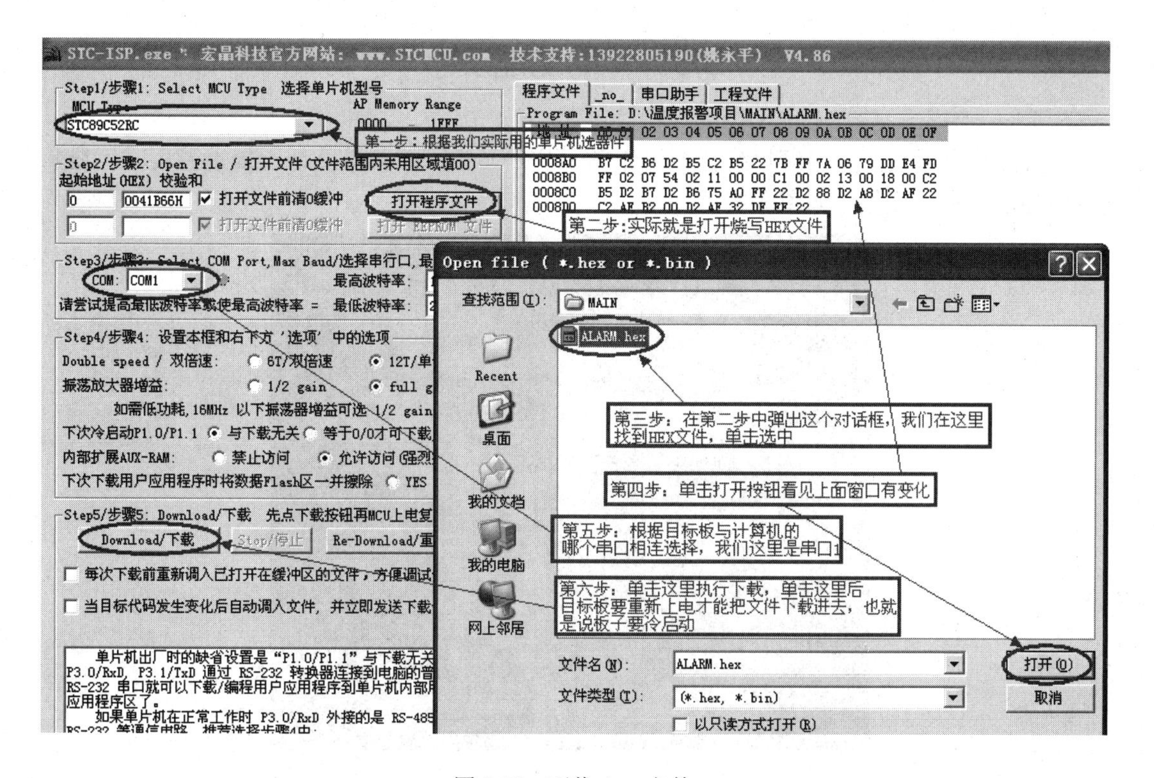

图 3-30　下载 .hex 文件

当显示如图 3-31 所示信息时，说明下载成功，开发板将出现预期设定的效果。

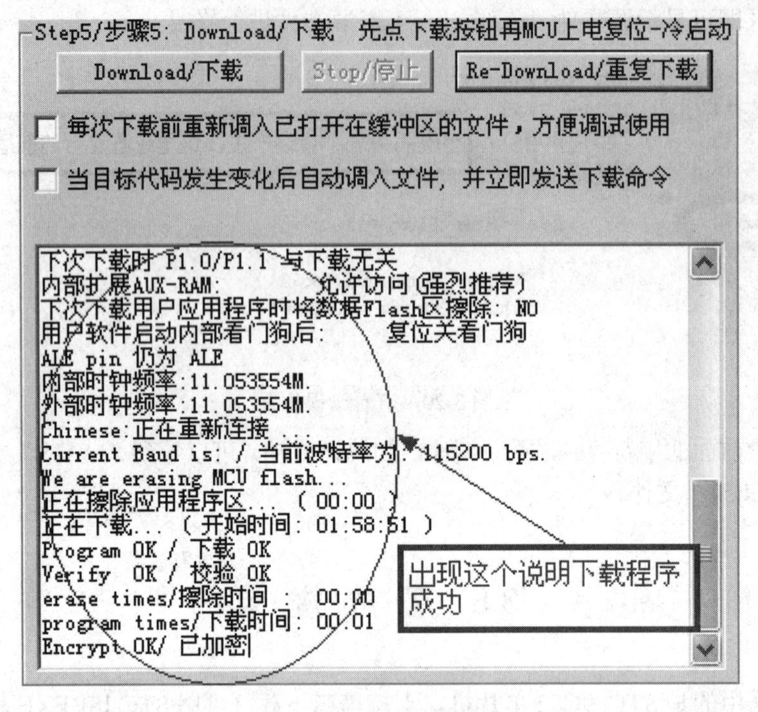

图 3-31　下载成功信息

3.6　作品功能演示

程序烧录成功后，温度报警器即可正常工作。当实际检测温度低于报警温度时，显示器会显示当前温度值，如图 3-32 所示。

图 3-32　显示温度

当检测到的温度高于报警温度时，蜂鸣器发声，显示器就会出现警告，如图 3-33 所示。

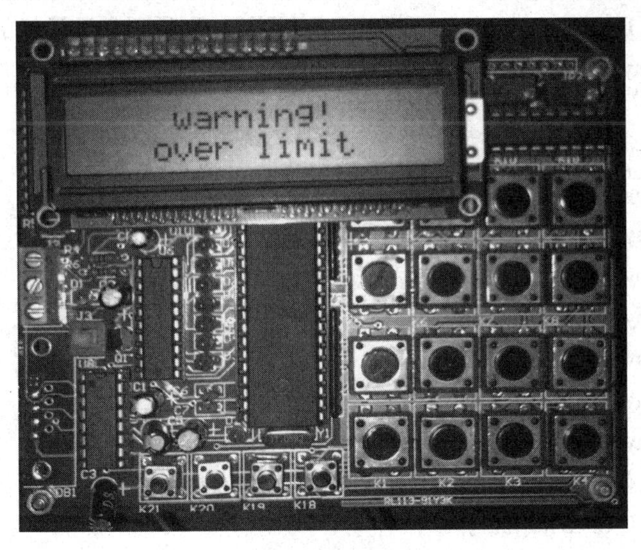

图 3-33　显示警告

当按下设定报警温度的按键时，显示器显示当前报警温度值，这时按下调节温度的按键，报警温度就会在允许的范围内增加 1℃，如图 3-34 所示。

图 3-34　调节报警温度

3.7　改 进 美 化

目标：完整显示摄氏度字符“℃”。

过程：对 lcd1602.c 进行修改。

具体方法如下：

(1) 修改自定义摄氏度的字符图形。

将“uchar code user_defined[8] = {0x10,0x06,0x09,0x08,0x08,0x09,0x06,0x00};”一行修

改为“uchar code user_defined[8] = {0x04,0x0A,0x0A,0x04,0x00,0x00,0x00,0x00};”。

(2) 修改函数 Display_Alarm_T(函数 12)的代码。如下所示加波浪线的代码为修改部分。

```
void Display_T(void)
{
    Display_String(0,0,T);
    Display_OneByte(1,0,' ');
    Display_OneByte(1,1,' ');
    Display_OneByte(1,2,' ');
    Display_OneByte(1,3,' ');
    Display_OneByte(1,4,' ');
    Display_OneByte(1,5,' ');
    Display_OneByte(1,6,Lcd_Display[temperature/1000]);
    Display_OneByte(1,7,Lcd_Display[temperature/100%10]);
    Display_OneByte(1,8,'.');
    Display_OneByte(1,9,Lcd_Display[temperature%100/10]);
    Display_OneByte(1,10,Lcd_Display[temperature%10]);
    Display_OneByte(1,11,' ');
    Display_user_defined(1,12);
    Display_OneByte(1,13,'C ');
    Display_OneByte(1,14,' ');
    Display_OneByte(1,15,' ');
}
```

修改完成后重新编译并烧录，程序运行的实际效果如图 3-35 所示。

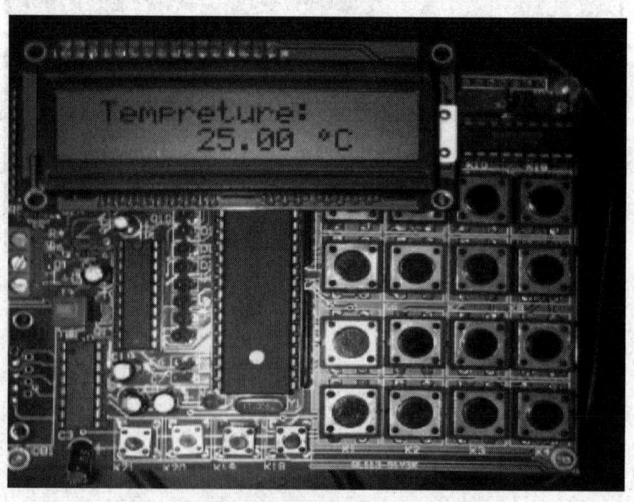

图 3-35　美化后显示效果

第 4 章
FPGA 系统设计与开发实例

本章首先介绍 EDA 以及 FPGA 的相关基础知识，然后详细介绍应用 FPGA 进行 EEPROM 读写的设计实例，通过自顶向下的分析方法使读者能充分理解 FPGA 在一般工程中的开发设计步骤、模块划分和代码设计思想，同时初步掌握一些常用的模块设计方法。

4.1　EDA 的概念

20 世纪 90 年代，国际上电子和计算机技术较先进的国家一直在积极探索新的电子电路设计方法，并在设计方法、工具等方面进行了彻底的变革，取得了巨大成功。在电子技术设计领域，可编程逻辑器件(如 CPLD、FPGA)的应用已得到广泛的普及，这些器件为数字系统的设计带来了极大的灵活性。可编程逻辑器件可以通过软件编程的方式对其硬件结构和工作方式进行重构，从而使得硬件的设计可以如同软件设计一样方便快捷，这一切极大地改变了传统的数字系统设计方法、设计过程和设计观念，促进了 EDA 技术的迅速发展。EDA 技术以计算机为工具，设计者在 EDA 软件平台上，用硬件描述语言 VHDL、Verilog 完成设计文件，然后由计算机自动地完成逻辑编译、化简、分割、综合、优化、布局、布线和仿真，直至对于特定目标芯片的适配编译、逻辑映射和编程下载等工作。EDA 技术的出现，极大地提高了电路设计的效率和可操作性，减轻了设计者的劳动强度。

EDA 工具软件大致可分为芯片设计辅助软件、可编程芯片辅助设计软件及系统设计辅助软件等三类。

目前，进入我国并具有广泛影响的 EDA 软件是系统设计辅助软件和可编程芯片辅助设计软件，如 Protel、Altium Designer、Pspice、Multisim、Quartus Ⅱ、ISE、Vivado、Modelsim、Matlab 等。这些软件工具都有较强的功能，一般可用于多个方面。例如很多软件都可以进行电路设计与仿真，同时还可以进行 PCB 自动布局布线，可输出多种网表文件与第三方软件接口。

4.2　FPGA 开发基础

4.2.1　Xilinx 的 FPGA/CPLD 器件

自 1984 年 Xilinx 推出世界上第一块 FPGA 芯片以来，Xilinx 公司始终保持着行业第一的全球领先地位。目前，Xilinx FPGA 提供综合而全面的多节点产品系列，可满足各种应用需求，其器件按工艺制程分为四大类：45 nm 的 Spartan-6 系列、28 nm 的 Virtex-7、Kintex-7、Artix-7、Spartan-7 系列、20 nm 的 Virtex UltraScale 和 KintexUltraScale 系列、16 nm 的 Virtex UltraScale+和 Kintex UltraScale+系列。其中，Spartan 系列主要面向低成本的中低端应用，其他系列主要面向中高端应用。

Xilinx FPGA 结合带有软件工具的可编程逻辑技术、知识产权(IP)和技术服务，在世界范围内为 20 000 多个客户提供高质量的可编程解决方案。

下面主要介绍 Xilinx 中 Spartan-6 系列的 FPGA。

Xilinx Spartan-6 系列器件不仅拥有业界领先的系统集成能力，同时还能实现适用于大批量应用的最低总成本。该系列器件采用成熟的 45 nm 低功耗铜制程技术制造，实现了性价比与功耗的完美平衡，能够提供全新且更高效的双寄存器 6 输入查找表(Lookup Table，LUT)逻辑和一系列丰富的内置系统级模块。Spartan-6 FPGA 奠定了坚实的可编程芯片基础，非常适用于可提供集成软硬件组件的目标设计平台，以使设计人员在开发工作启动之初即可将精力集中到创新工作上。

1. Spartan-6 系列器件特性

Spartan-6 系列器件具有以下特性：

(1) 专用于低成本设计。① 采用多重高效率集成模块；② 优化 I/O 标准选择；③ 采用交错式焊盘；④ 使用大批量塑料焊线封装。

(2) 具有极低的静态与动态功耗。① 采用 45 nm 工艺，专为低成本与低功耗而精心优化；② 采用零功耗休眠关闭模式；③ 待机模式可以保持状态和配置，具有多引脚唤醒、控制增强功能；④ 具有功耗更低的 1.0 V 内核电压；⑤ 具有高性能 1.2 V 内核电压。

(3) 具有多电压、多标准接口 SelectIO™bank。① 每对差分 I/O 的数据传输速率均高达 1080 Mb/s；② 可选输出驱动器，每个引脚的电流最高达 24 mA；③ 兼容 3.3～1.2 V I/O 标准和协议；④ 低成本 HSTL 与 SSTL 存储器接口；⑤ 符合热插拔规范；⑥ 可调 I/O 转换速率，提高信号完整性。

(4) LXT FPGA 内置高速 GTP 串行收发器。① 最高速度达 3.2 Gb/s；② 支持高速接口、OBSAI、CPRI、EPON、GPON、DisplayPort 以及 XAUI 等。

(5) 支持 PCIExpress 设计方案的集成端点模块(LXT 器件)。

(6) 支持兼容 33 MHz，32 位或 64 位规范的低成本 PCI 技术。

(7) 使用高效率的 DSP48A1 Slice。① 具有高性能算术与信号处理能力；② 具有快速 18 × 18 乘法器和 48 位累加器；③ 具有流水线与级联功能；④ 可用于协助滤波器应用的预加法器。

(8) 具有集成存储器控制模块。① 有 DDR、DDR2、DDR3 和 LPDDR 支持；② 数据速率高达 800 Mb/s(12.6 Gb/s 的峰值带宽)；③ 采用多端口总线结构，带独立 FIFO，减少了设计时序问题。

(9) 包含丰富的逻辑资源和更大的逻辑容量。① 支持移位寄存器或分布式 RAM；② 高效的 6 输入查找表可以提升性能，同时可将功耗降至最低；③ 针对流水线应用而设计的 LUT，具有双触发器。

(10) 具有各种粒度的 Block RAM。① 包含快速 Block RAM，具有字节写入功能；② 包含 18 kb RAM 块，可以选择性地将其编程为两个独立的 9 kb Block RAM。

(11) 包含时钟管理模块(CMT)，可以提升性能。① 具有低噪声，高灵活度的时钟控制；② 包含数字时钟管理器(DCM)，可消除时钟歪斜和占空比失真；③ 包含锁相环(PLL)可实现低抖动时钟控制；④ 频率综合实现倍频、分频和调相；⑤ 具有 16 个低歪斜全局时钟网络。

(12) 简化配置，降低成本。① 使用双引脚自动检测配置；② 广泛支持第三方 SPI(高达 4 位宽度)和 NOR 闪存；③ 使用特性丰富的、带有 JTAG 的赛灵思(Xilinx 公司)平台闪存；④ 支持多重启动(MultiBoot)，可以利用多个比特流和看门狗保护功能进行远程升级。

(13) 更高的安全性可为设计提供强大保护。① 唯一的设备 DNA 标识符用于设计验证；② 在较大型器件中可进行 AES 比特流加密。

(14) 采用低成本的增强型 MicroBlaze™ 软处理器，以实现更快速的嵌入式处理。

(15) 具有业界领先的 IP 和参考设计。

表 4-1 简要列举了 Spartan-6 系列的资源，其中 LX 为面向逻辑优化的器件，LXT 集成了低成本 GTP 收发器，优化了高速串行连接。

表 4-1　Spartan-6 系列资源一览表

型　号	逻辑单元	Block RAM 模块 /kb	DSP48A1 Slice	存储器控制模块	PCI Express 端点模块	GTP 收发器	总 I/O bank 数	最大用户 I/O 数
XC6SLX4	3840	216	8	0	0	0	4	132
XC6SLX9	9152	576	16	2	0	0	4	200
XC6SLX16	14579	576	32	2	0	0	4	232
XC6SLX25	24051	936	38	2	0	0	4	266
XC6SLX45	43661	2088	58	2	0	0	4	358
XC6SLX75	74637	3096	132	4	0	0	6	408
XC6SLX100	101261	4824	180	4	0	0	6	480
XC6SLX150	147443	4824	180	4	0	0	6	576
XC6SLX25T	24051	936	38	2	1	2	4	250
XC6SLX45T	43661	2088	58	2	1	4	4	296
XC6SLX75T	74637	3096	132	4	1	8	6	348
XC6SLX100T	101261	4824	180	4	1	8	6	498
XC6SLX150T	147443	4824	180	4	1	8	6	540

2. Spartan-6 系列器件体系结构

1) 配置

Spartan-6 FPGA 在 SRAM 型内部锁存器中存储定制化配置数据。该配置存储的数据有易失性，只要 FPGA 加电启动就必须对其进行重新加载。位串行配置模式既能在 FPGA 生成配置时钟(CCLK)信号时采用主串模式，也可在使用外部配置数据源为 FPGA 计时时采用从串模式。

2) 时钟管理

每个 Spartan-6 FPGA 都具备多达 6 个 CMT(Clock Management Tile，时钟管理模块)，每个 CMT 由两个 DCM(Digital Clock Manager，数字时钟管理器)和一个 PLL(Phase Locked Loop，锁相环)构成，既可单独使用，也可以级联的方式使用。DCM 提供输入频率的 4 个相位分别为移相 0°、90°、180° 以及 270°。PLL 能够用作各种频率的频率综合器，并且在与 DCM 结合使用时，还可作为输入时钟的抖动滤波器。

3) Block RAM

每个 Spartan-6 FPGA 都具有 12～268 个双端口 Block RAM，每个 Block RAM 的存储容量均为 18 kb，且每个 Block RAM 都具备两个完全独立的端口，可以共享存储的数据。

4) 存储器控制器模块

大多数 Spartan-6 器件都包含了专用的存储器控制器模块(Memory Controller Bank，MCB)，每个模块控制一个单芯片 DRAM(可以是 DDR、DDR2、DDR3，也可以是 LPDDR)，并且具有高达 800 Mb/s 的存取速率。

5) DSP48A1 Slice

DSP 应用众多的二进制乘法器和累加器，在专用的 DSPSlice 中可获得完美实现。所有 Spartan-6 器件都拥有众多低功耗专用的 DSP Slice，每个 DSP48A1 Slice 都由专用的 18×18 位二进制补码乘法器和 48 位累加器组成，二者均可在最高 390 MHz 的频率下运行。

6) 输入/输出

根据器件与封装的大小，I/O 引脚的数量从 102 到 576 不等。每个 I/O 引脚都可进行配置，并符合多种不同标准，采用最高 3.3 V 电压。

7) 低功耗千兆位收发器

所有 Spartan-6 LXT 器件都采用 2～8 Gb 的收发器电路。每个 GTP 收发器都同时结合了发射器和接收器的功能，能够以高达 3.2 Gb/s 的数据传输速率运行。

8) 针对 PCIExpress 设计的集成端点模块

Spartan-6 LXT 器件包含一个符合 PCIExpress 基本规范修订 1.1、支持 PCIExpress 技术的集成端点模块。集成端点模块不仅可连接到能实现串行化/解串行化的 GTP 收发器，而且还可连接到 Block RAM，以获得数据缓冲。

4.2.2 FPGA 开发工具介绍

1. ISE Design Suite 概述

ISE Design Suite 是 Xilinx 公司推出的一款针对其生产的系列 FPGA/CPLD 器件的集成开发环境，Xlinx 已经停止对 ISE 软件的更新，所以目前 ISE 14.7 版本为 ISE 开发环境的最高版本。ISE 可以在 Windows XP/7/Server 和 Linux 系统上使用，在 Windows 10 系统中，ISE 仅支持 Spartan-6 器件。

ISE 支持 Xilinx 公司的 Spartan-6、Virtex-6 和 CoolRunner 器件及其上一代系列器件。此外，ISE 通过和 System Generator for DSP 与 MATLAB/Simulink 相结合，可提供系统建

模和自动代码生成功能，用于设计采用 Xilinx 可编程器件的高性能 DSP 系统；集成 MicroBlaze 软处理器和外设的大型即插即用 IP 库，可以实现完整的 RTL 到比特流的设计。

利 ISE Design Suite 开发的流程如图 4-1 所示，主要包括设计输入(Design Entry)、综合(Synthesis)、实现(Implementation)、验证(Verification)和下载(Download)，涵盖了 FPGA 开发的全过程，从功能上讲，其工作流程无需借助第三方 EDA 软件。具体过程如下：

(1) 设计输入：ISE 提供的设计输入工具包括用于 HDL 的代码输入、查看报告的 ISE 文本编辑器(ISE Text Editor)、用于原理图编辑的工具 ECS(Engineering Capture System)、用于生成 IPCore 的 CoreGenerator、用于状态机设计的 StateCAD 以及用于约束文件编辑的 Constraint Editor 等。

(2) 综合：ISE 的综合工具不但包含了 Xilinx 自身提供的综合工具 XST(Xilinx Synthesis Technology)，同时还可以内嵌 MentorGraphics 公司的 Leonardo Spectrum 和 Synplicity 公司的 Synplify，实现无缝连接。

(3) 仿真：ISE 自带了一个具有图形化波形编辑功能的仿真工具 HDLBencher，同时提供了使用 Mentor 公司的 Modelsim 进行仿真的接口。

(4) 实现：此功能包括翻译、映射、布局与布线等，还具备时序分析、引脚指定以及增量设计等高级功能。

(5) 下载：此功能包含 BitGen，用于将布局与布线后的设计文件转换为位流文件；还包含 iMPACT，用于设备配置和通信并将程序烧写到 FPGA 芯片中。

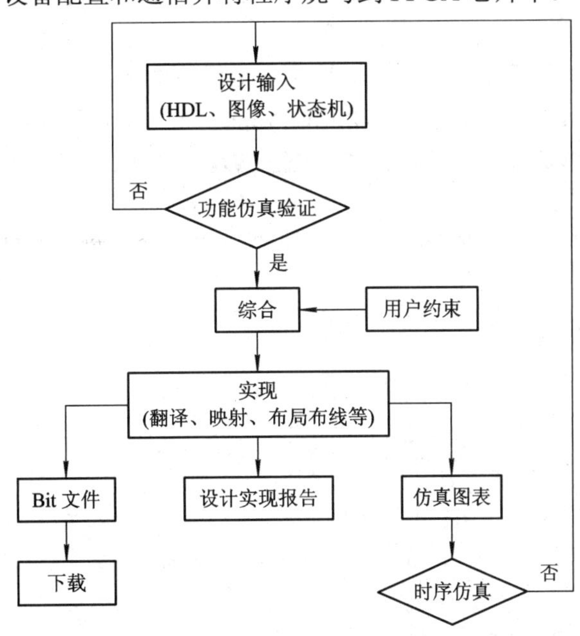

图 4-1　ISE 开发流程

利用 ISE Design Suite 开发工程时，往往需要将代码下载至目标板中，以便于对程序进行调试，这时就需要 JTAG(Joint Test Active Group)。

JTAG 是一种国际标准测试协议(IEEE1149.1)，主要用于芯片的内部测试，现在多数高级器件都支持 JTAG 协议，如 DSP、FPGA 器件等。标准的 JTAG 接口是 4 线，分别为 TCK、TDI、TDO 和 TMS。

(1) TCK——测试时钟输入；

(2) TDI——测试数据输入，数据通过 TDI 输入 JTAG 口；

(3) TDO——测试数据输出，数据通过 TDO 从 JTAG 口输出；

(4) TMS——测试模式选择，TMS 用来设置 JTAG 口处于某种特定的测试模式。

一种 JTAG 下载调试器如图 4-2 所示。

对于 14 针引脚的 JTAG 接口，其引脚定义如下：

(1)、(13)——VCC(接电源)；

(2)、(4)、(6)、(8)、(10)、(14)——GND(接地)；

(3)——nTRST(测试系统复位信号)；

(5)——TDI(测试数据串行输入)；

(7)——TMS(测试模式选择)；

(9)——TCK(测试时钟)；

(11)——TDO(测试数据串行输出)；

(12)——NC(未连接)。

图 4-2　JTAG 下载调试器

最初，JTAG 是用来对芯片进行测试的，其基本原理是在器件内部定义一个测试访问口(Test Access Port，TAP)，通过专用的 JTAG 测试工具对内部节点进行测试。JTAG 测试允许多个器件通过 JTAG 接口串联在一起，形成一个 JTAG 链，能实现对各个器件分别测试。现在，JTAG 接口还常用于实现在线编程(In-System Programmable，ISP)以及对 Flash 等器件进行编程。

下面以一个简单的例子来介绍利用 ISE 建立工程的步骤。

(1) 打开 ISE Design Suite 14.7，启动 ISE Project Navigator 开发环境，如图 4-3 所示。

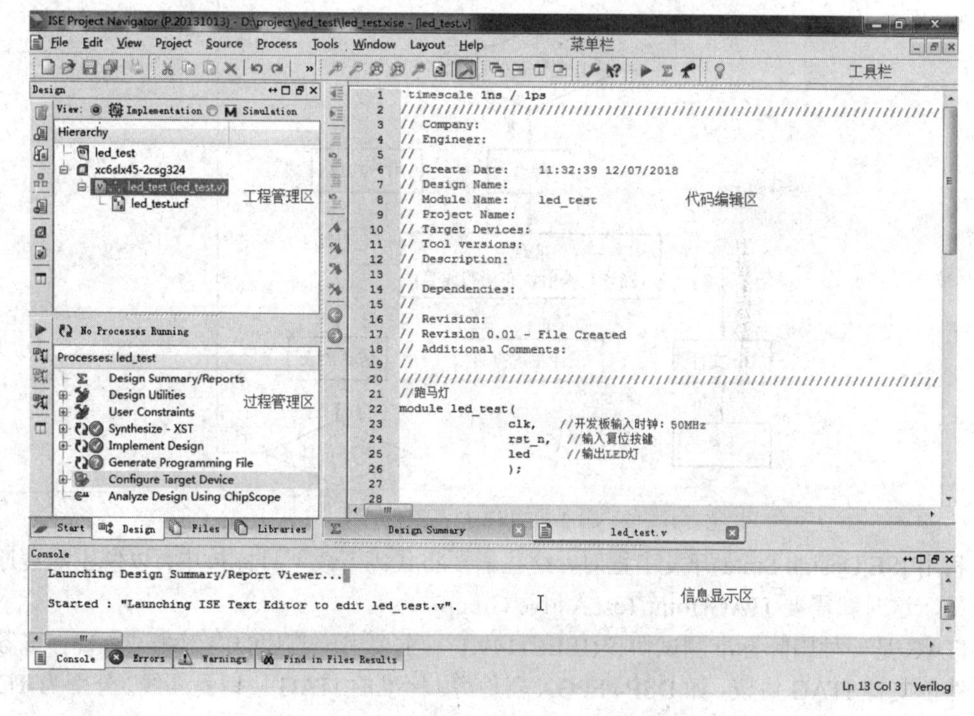

图 4-3　ISE 主界面

(2) 通过工具栏建立新工程，如图 4-4 所示，在弹出的对话框中输入工程名和工程存放的目录，然后单击“Next”按钮。

New Project Wizard
Create New Project
Specify project location and type.
Enter a name, locations, and comment for the project
Name:
led_test
Location:
D:\project\led_test
Working Directory:
D:\project\led_test
Description:
Select the type of top-level source for the project
Top-level source type:
HDL
More Info
Next
Cancel

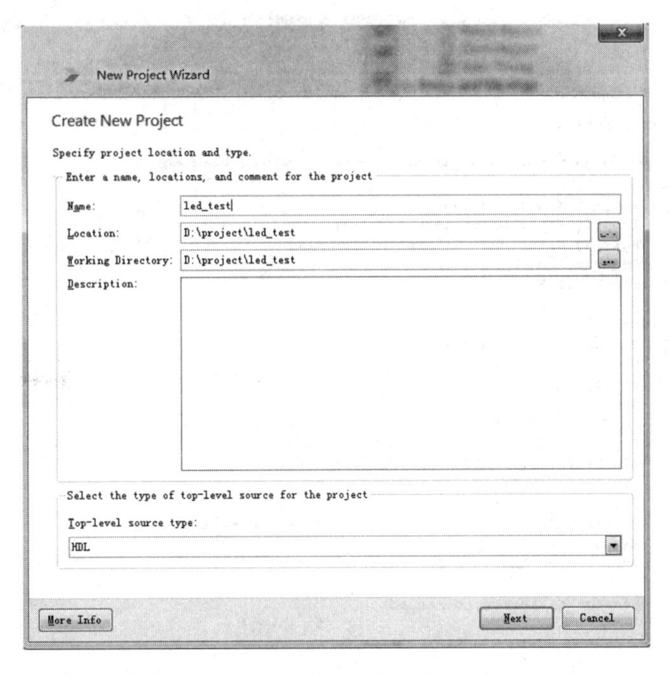

图 4-4　新建工程示意图

(3) 上一步单击“Next”按钮后会弹出图 4-5 所示的对话框，在该对话框中选择所用的 FPGA 器件，并进行相应的配置。其中，Simulator 仿真选择“Modelsim-SE Mixed”，单击“Next”按钮。

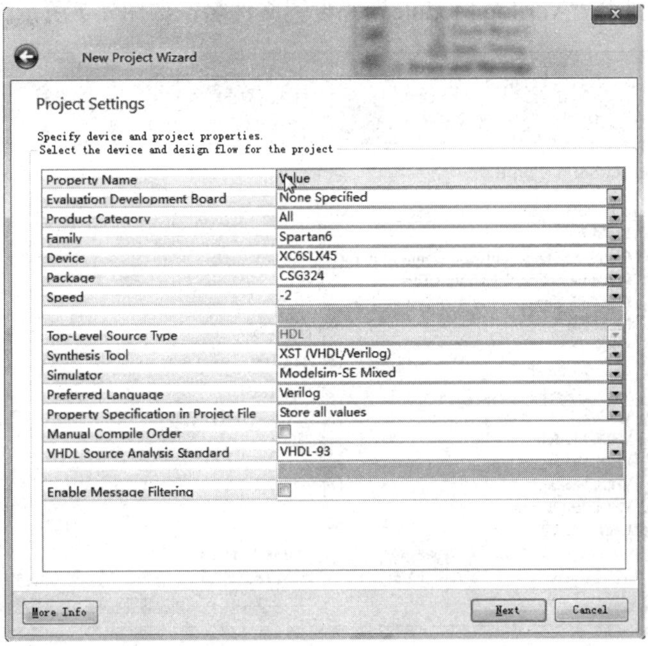

New Project Wizard
Project Settings
Specify device and project properties.
Select the device and design flow for the project
Property Name
Value
Evaluation Development Board
None Specified
Product Category
All
Family
Spartan6
Device
XC6SLX45
Package
CSG324
Speed
-2
Top-Level Source Type
HDL
Synthesis Tool
XST (VHDL/Verilog)
Simulator
Modelsim-SE Mixed
Preferred Language
Verilog
Property Specification in Project File
Store all values
Manual Compile Order
VHDL Source Analysis Standard
VHDL-93
Enable Message Filtering
More Info
Next
Cancel

图 4-5　器件属性配置表

(4) 上一步单击“Next”按钮后会弹出“Project Summary”对话框，如图 4-6 所示，单击“Finish”按钮，完成工程创建。

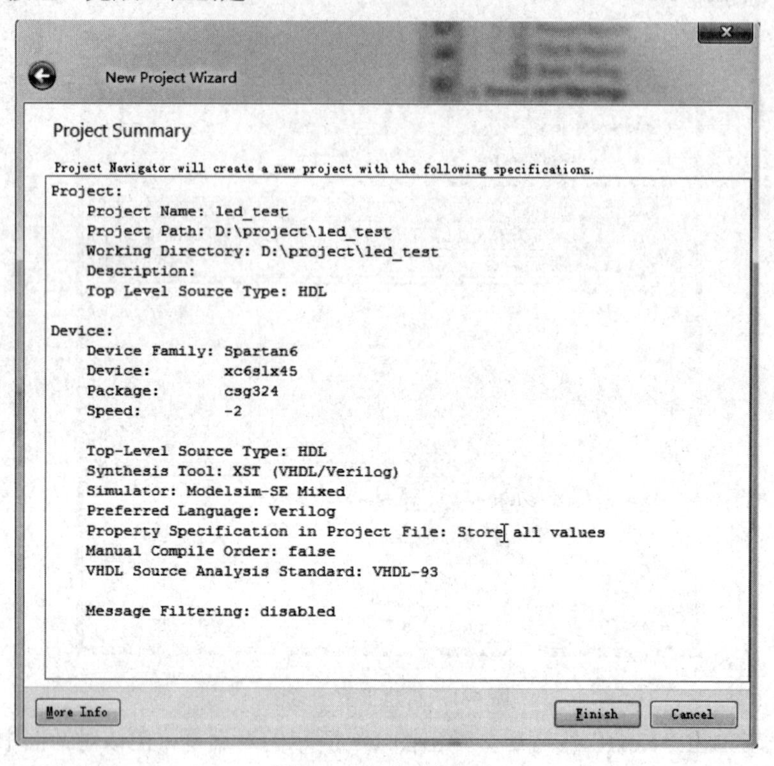

图 4-6　完成工程创建

(5) 建立代码文件。依次单击菜单“Project”→“New Source”，在弹出的“New Source Wizard”对话框中选择“Verilog Module”并设置文件名，如图 4-7 所示。

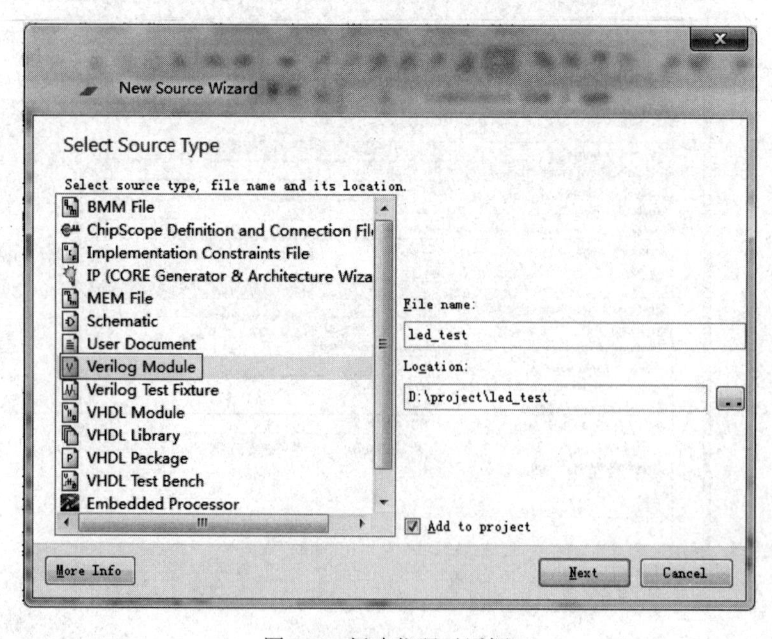

图 4-7　新建代码对话框

(6) 在端口定义对话框中可以先不作任何定义，直接单击“Next”按钮，如图 4-8 所示。

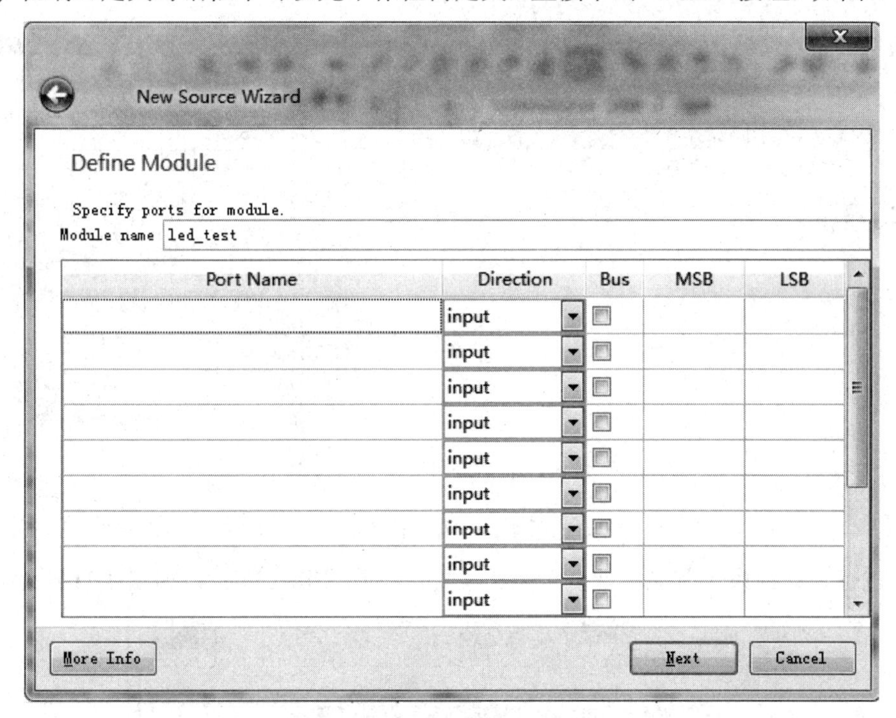

图 4-8　模块端口定义对话框

(7) 单击“Finish”按钮，开始编写代码，如图 4-9 所示。

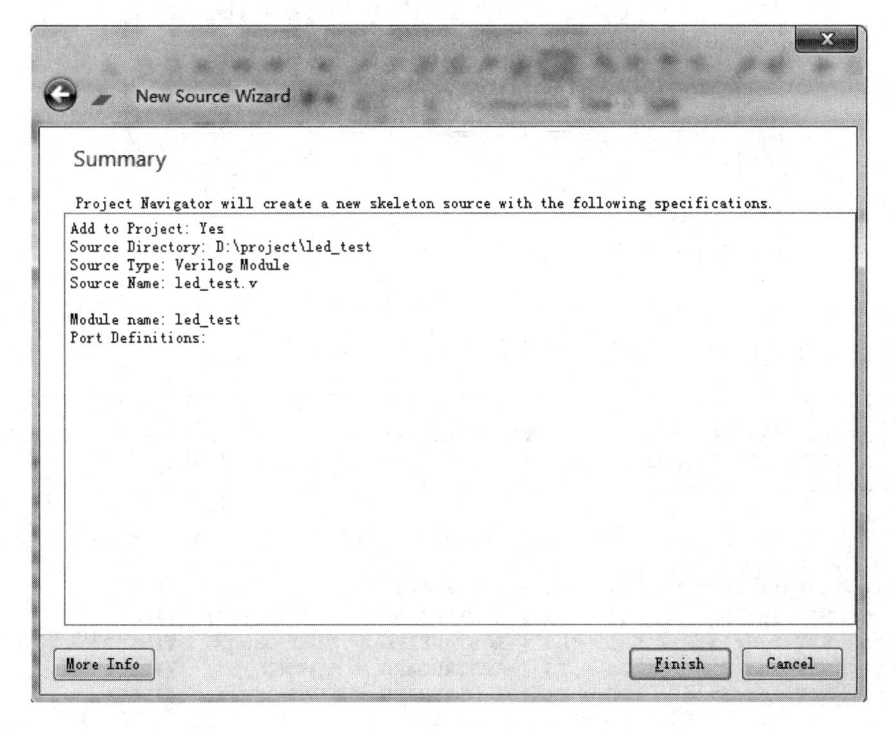

图 4-9　完成创建

(8) 编写好代码后保存，如图 4-10 所示。

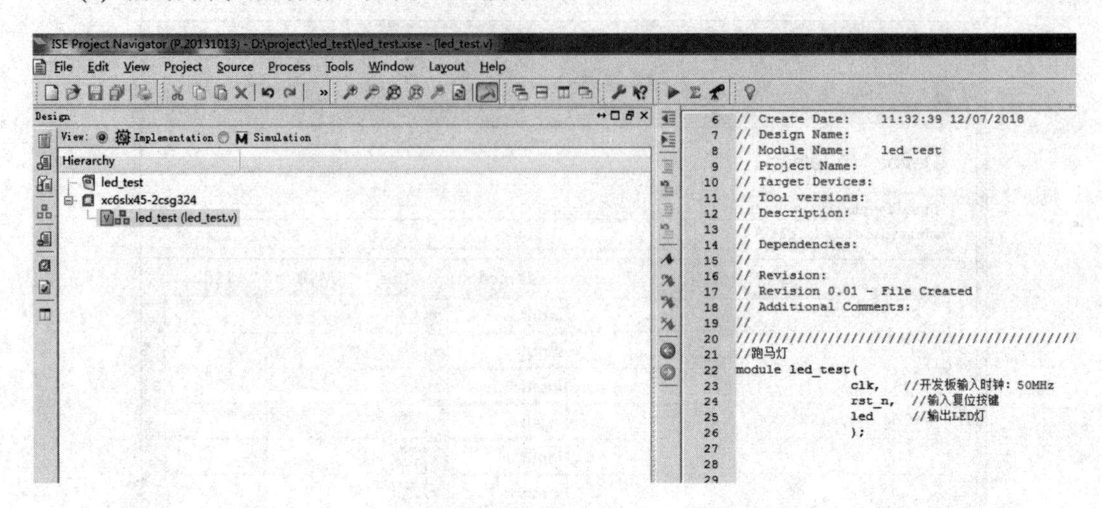

图 4-10　保存代码

(9) 进行管脚约束。首先新建一个空白文件，选择“Text File”，如图 4-11 所示。

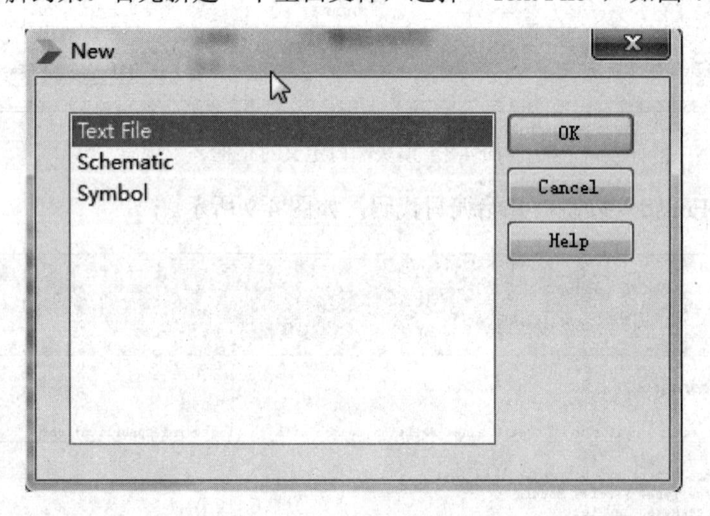

图 4-11　新建文件

(10) 在文件中添加引脚定义，如图 4-12 所示。

```
1  ##
2  NET clk LOC =V10 | TNM_NET = sys_clk_pin | IOSTANDARD = "LVCMOS33";
3  TIMESPEC TS_sys_clk_pin = PERIOD sys_clk_pin 50000kHz;
4  ##
5  ##
6  NET rst_n  LOC = N4 | IOSTANDARD = "LVCMOS15";    ##reset button##
7
8  ########LED Pin define################
9  NET led<0>     LOC = V5 | IOSTANDARD = "LVCMOS33";  ##LED1
10 NET led<1>     LOC = R3 | IOSTANDARD = "LVCMOS33";  ##LED2
11 NET led<2>     LOC = T3 | IOSTANDARD = "LVCMOS33";  ##LED3
12 NET led<3>     LOC = T4 | IOSTANDARD = "LVCMOS33";  ##LED4
```

图 4-12　引脚定义

(11) 完成编辑后，将该文件另存为 .ucf 文件，如图 4-13 所示。

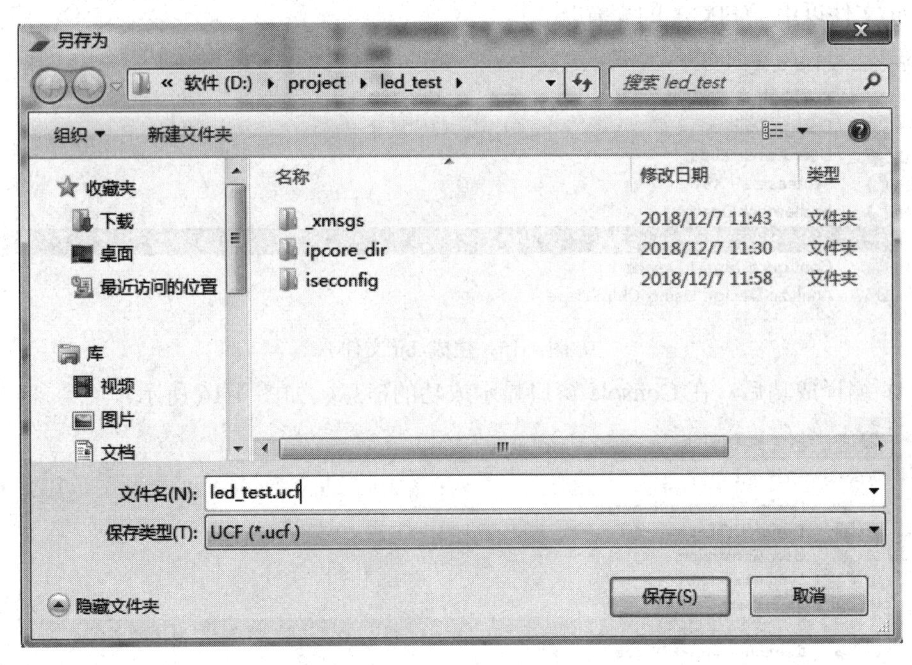

图 4-13　保存约束文件

(12) 将 .ucf 文件添加到工程中。依次单击“Project”→“Add Source”，添加后如图 4-14 所示。

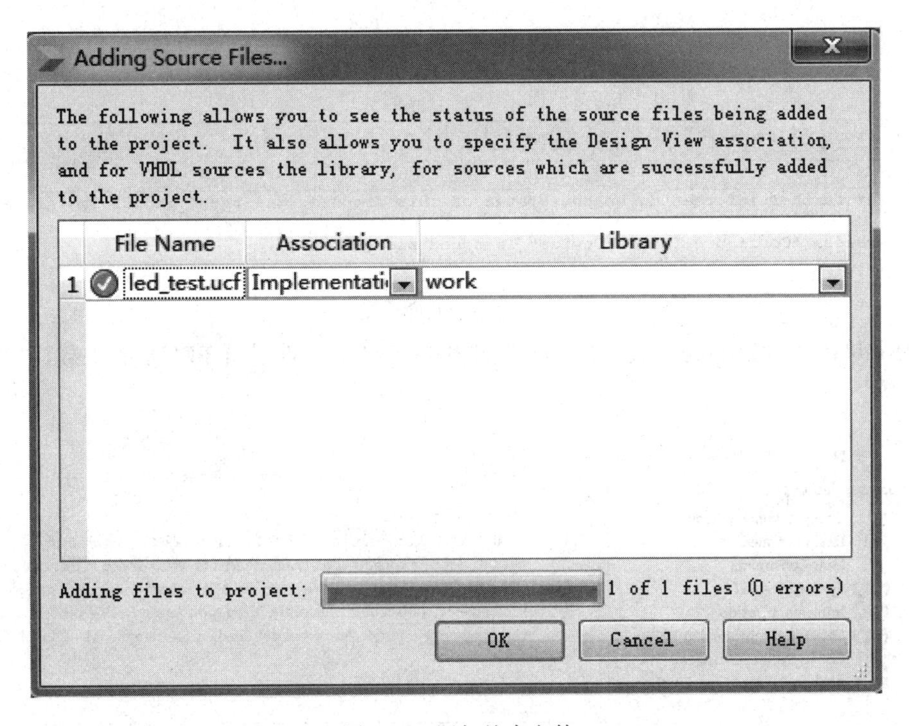

图 4-14　添加约束文件

(13) 保存项目并开始编译。单击图 4-15 中的“Generate Programming File”，软件自动生成 .bit 文件以用于 FPGA 的配置。

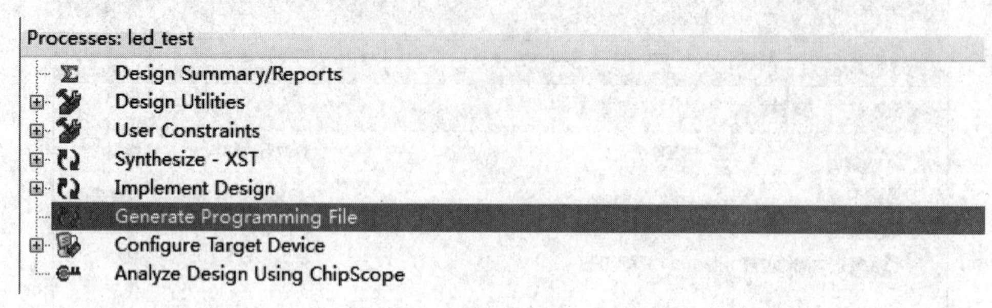

图 4-15　生成 .bit 文件

(14) 编译成功后，在 Console 窗口显示成功的信息，如图 4-16 所示。

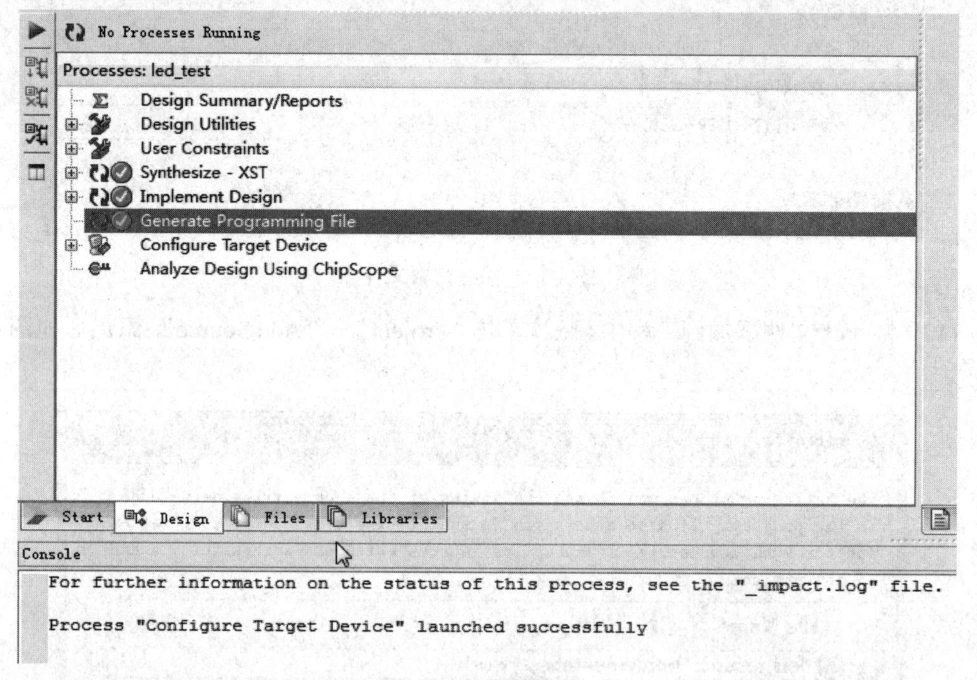

图 4-16　编译成功

(15) 单击“Configure Target Device”打开 iMPACT 软件进行 FPGA 的下载，如图 4-17 所示。

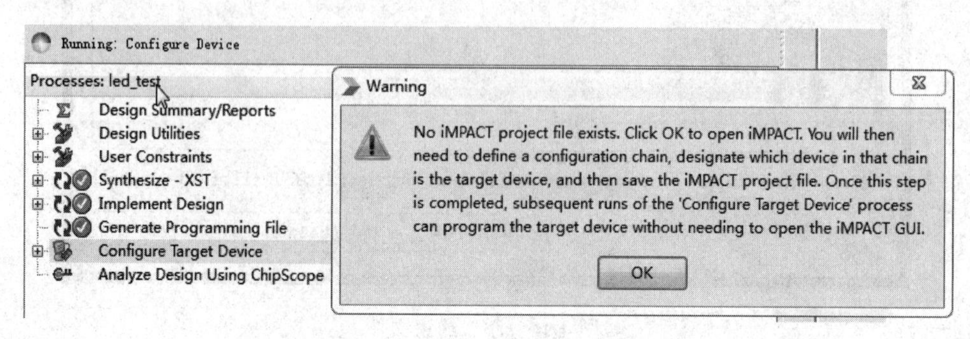

图 4-17　打开 iMPACT 环境

(16) 在 iMPACT 环境中双击“Boundary Scan”图标，进行 JTAG 链的扫描，如图 4-18 所示。

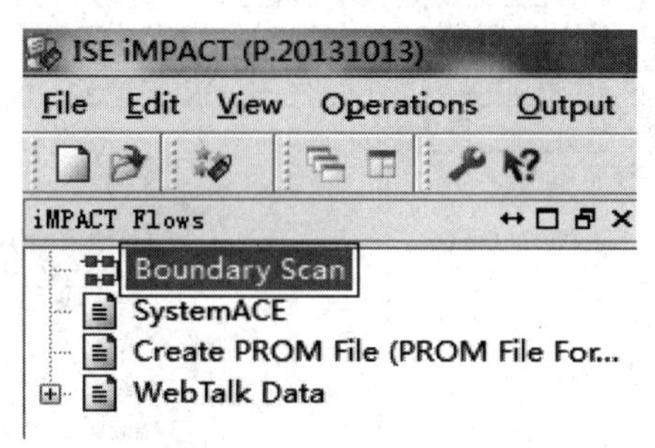

图 4-18　扫描 JTAG 链

(17) 在“Boundary Scan”窗口中右键选择“InitializeChain”项，软件会自动检测到 FPGA 芯片，单击“Yes”按钮，如图 4-19 所示。

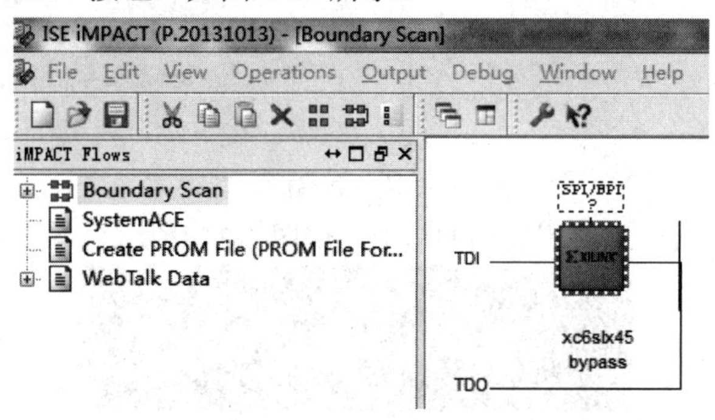

图 4-19　检测 FPGA 芯片

(18) 打开在“ISE Project Navigator”中生成的 .bit 文件，并在接下来的对话框中单击“No”按钮，如图 4-20 所示。

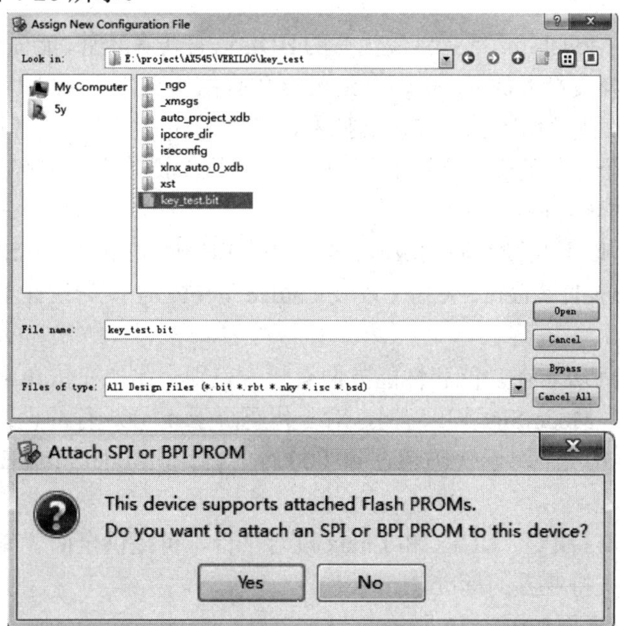

图 4-20　打开 .bit 文件

(19) 右击芯片图标，选择“Program”，开始对 FPGA 进行配置下载，如图 4-21 所示。

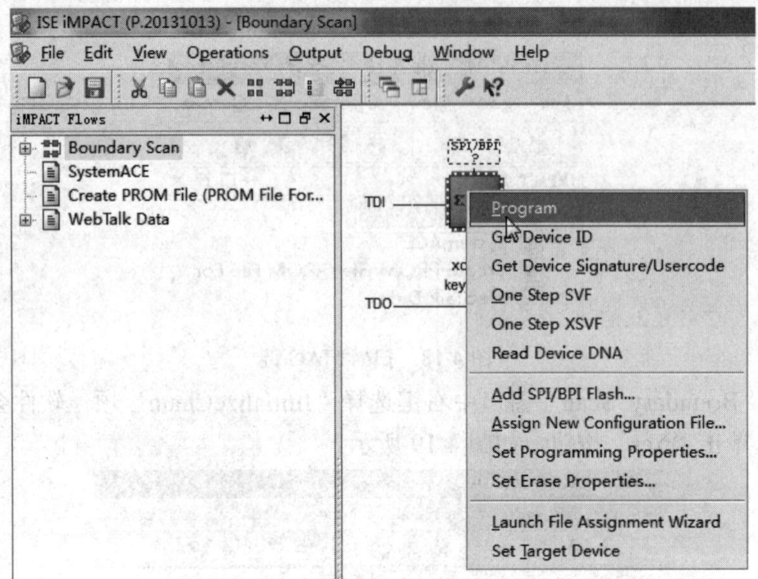

图 4-21　下载程序

(20) 下载完成后会出现编程成功的信息，如图 4-22 所示。

图 4-22　下载完成

至此，利用 ISE Design Suite 开发简单的工程结束。

2. ModelSim 概述

Mentor 公司的 ModelSim 是业界最优秀的 HDL 语言仿真软件，能提供友好的仿真环境，是业界唯一的单内核支持 VHDL 和 Verilog 混合仿真的仿真器。ModelSim 采用直接优化的编译技术、TCL/TK 技术和单一内核仿真技术，编译仿真速度快，编译的代码与平台无关，便于保护 IP 核，其个性化的图形界面和用户接口，为用户调试提供强有力的手段，是 FPGA/ASIC 设计的首选仿真软件。

ModelSim 分为以下几种不同的版本：SE、PE、LE 和 OEM，其中 SE 是最高级的版本，而集成在 Actel、Atmel、Altera、Xilinx 以及 Lattice 等 FPGA 厂商设计工具中的仿真软件均为 OEM 版本。

SE 版本和 OEM 版本在功能和性能方面有较大差别。比如在仿真速度上，以 Xilinx 公司提供的 OEM 版本 ModelSim XE 为例，对于代码少于 40 000 行的设计，ModelSim SE 比 ModelSim XE 要快 10 倍；对于代码超过 40 000 行的设计，ModelSim SE 要比 ModelSim XE 快近 40 倍。

ModelSim SE 支持 PC、UNIX 和 Linux 混合平台，可提供全面、完善以及高性能的验证功能，同时全面支持业界的标准。

ModelSim 工具界面如图 4-23 所示。

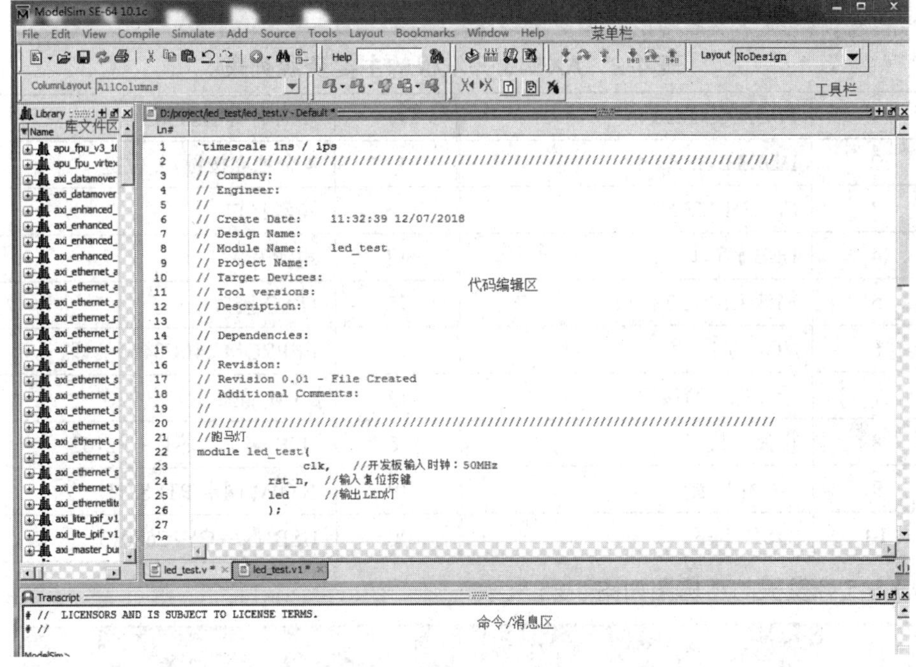

图 4-23　ModelSim 工具界面

3. AX545 硬件平台介绍

AX545 开发板是由黑金动力社区的黑金研发团队精心设计的一款性价比较高的学习板。AX545 以 Xilinx 公司 Spartan-6 系列的 XC6SLX45 为核心，配以 DDR3、千兆以太网、高速 USB 2.0 接口、摄像头接口、PMOD、VGA、40 针扩展口、SD 卡座、RTC 以及 EEPROM 等丰富的外围接口。AX545 开发板如图 4-24 所示。

图 4-24　AX545 开发板

AX545 开发板的主要资源如表 4-2 所示。

表 4-2　AX545 开发板的主要资源列表

1	FPGAXC6SLX45	11	实时时钟 DS1302
2	DDR3 2 Gb	12	4 个独立按键+复位键
3	FLASH 128 Mb	13	电源接口
4	USB 转串口	14	电源开关
5	高速 USB 2.0 接口	15	JTAG 接口
6	VGA 接口	16	EEPROM 24LC04
7	千兆以太网接口	17	50 M 晶振
8	摄像头接口	18	USB 转串口芯片 CP2102
9	40 针扩展口	19	1000M 网卡 RTL8211
10	SD 卡座	20	USB 芯片 CY7C68013

AX545 开发板的结构图如图 4-25 所示。

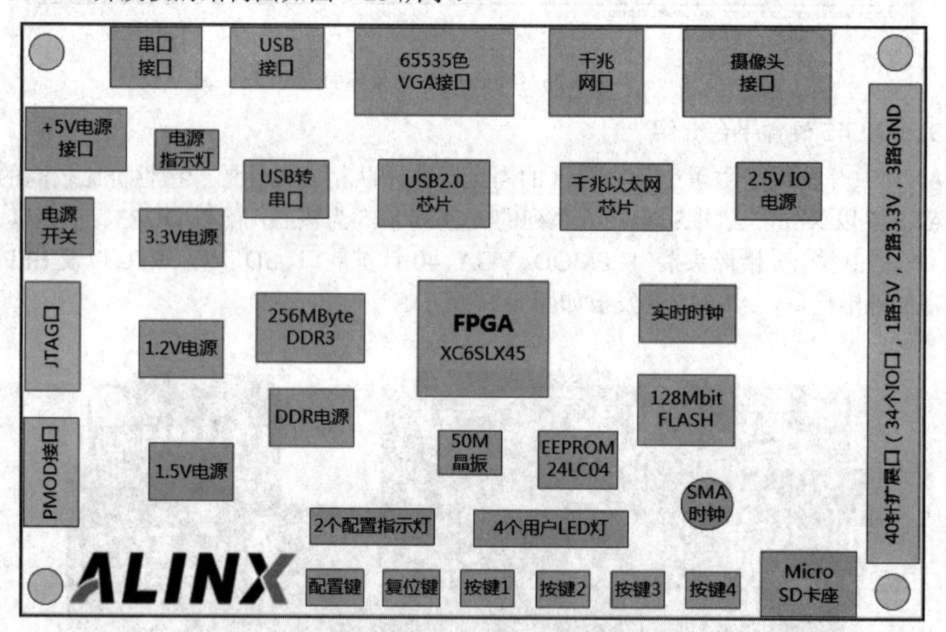

图 4-25　AX545 开发板的结构图

4.3　EEPROM 读写实例

4.3.1　系统设计

随着嵌入式设备的大量出现，EEPROM 因其简单、方便、可靠、稳定及价格低廉等优点而在嵌入式系统中被大量用于存储数据。对于采用 I^2C(Inter-Integrated Circuit)总线读写方式的EEPROM来说，实现像管理FLASH一样简单快捷的操作数据方式，具有很好的实用性。下面介绍使用I²C总线控制选用的EEPROM读写的实例，选用的EEPROM芯片为24LC04，其实物如图4-26所示。

图4-26　EEPROM芯片24LC04

1. I²C总线时序描述

I²C总线是由PHILIPS公司开发的两线式串行总线，用于连接微控制器及其外围设备，是微电子通信控制领域广泛采用的一种总线标准。I²C总线是同步通信的一种特殊形式，具有接口线少、控制方式简单、器件封装形式小、通信效率高等优点。

I²C总线是由数据线SDA(Serial Data Address，串行数据地址)和时钟SCL(Serial Clock Line，串行时钟线)构成的串行总线，可发送和接收数据，在CPU与被控IC之间、IC与IC之间进行双向传送，最高传送速率为100 kb/s。各种被控制电路均并联在这条总线上，但就像电话机一样，只有拨通各自的号码才能工作，所以每个电路和模块都有唯一的地址，在信息的传输过程中，I²C总线上并接的每一个模块电路既是主控器(或被控器)，又是发送器(或接收器)，这取决于它所要完成的功能。CPU发出的控制信号分为地址码和控制量两部分，地址码用来选址，即接通需要控制的电路，确定控制的种类；控制量决定该调整的类别(如对比度、亮度等)及需要调整的量。这样，各控制电路虽然挂在同一条总线上，但是又彼此独立，互不相关。

I²C总线在传送数据的过程中共有三种类型信号，即启动信号、停止信号和应答信号，具体传输数据流程如下：

(1) 发送启动(始)信号。在利用I²C总线进行一次数据传输时，首先由主机发送启动信号以启动I²C总线。在SCL为高电平期间，SDA出现上升沿则为启动信号，此时具有I²C总线接口的从器件会检测到该信号。

(2) 发送寻址信号。主机发送启动信号后，再发出寻址信号。器件地址有7位和10位两种，这里只介绍7位地址寻址方式。寻址信号由一个字节构成，高7位为地址位，最低位为方向位，用以表明主机与从器件的数据传送方向。方向位为“0”表示主机对从器件的写操作；方向位为“1”表示主机对从器件的读操作。

(3) 产生应答信号。I²C总线协议规定，每传送一个字节数据(含地址及命令字)后，都要有一个应答信号，以确定数据传送是否正确。应答信号由接收设备产生，在SCL信号为高电平期间，接收设备将SDA拉为低电平，表示数据传输正确，产生应答。

(4) 数据传输。主机发送寻址信号并得到从器件的应答后，便可进行数据传输，每次传输一个字节，但都应在得到应答信号后再进行下一字节传送。

(5) 产生非应答信号。当主机为接收设备时，主机对最后一个字节不应答，以向发送设备表示数据传送结束。

(6) 发送停止信号。在全部数据传送完毕后，主机发送停止信号，即在SCL为高电平期间，SDA上产生一个上升沿信号。

I²C总线由启动信号开始，停止信号结束。开始信号和结束信号都由主器件产生。图4-27显示了I²C总线的启动信号和停止信号时序图。

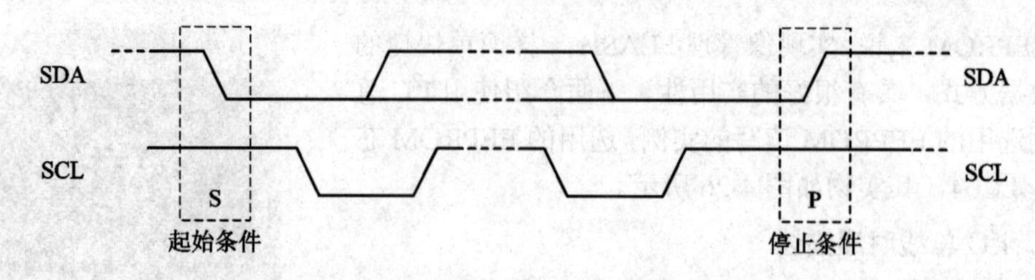

图 4-27　I^2C 总线的启动信号和停止信号时序图

在 I^2C 总线协议中，从器件地址是一个唯一的 7 位地址，接下来是一个读写方向标志位，读状态是高电平，写状态是低电平。当传输方向改变时，应重新产生开始信号和从器件地址，方向位取反，如图 4-28 所示。在数据传输时，数据线上的每个字节均为 8 位长度。在数据传输过程中必须确认数据，在接收数据期间，必须在接收到每个字节后产生响应信号，响应信号对应于主器件产生的一个时钟，在该时钟内，发送期间释放 SDA 数据线，接收期间必须在高电平时使得 SDA 数据线为稳定的低电平，否则将产生误码。在主器件接收数据的过程中，对于最后的一个数据字节，主器件不发送确认信号，表示数据传输过程结束，从发送期间释放 SDA 数据线，主器件产生一个结束信号(详细请参考 I^2C 总线协议)。

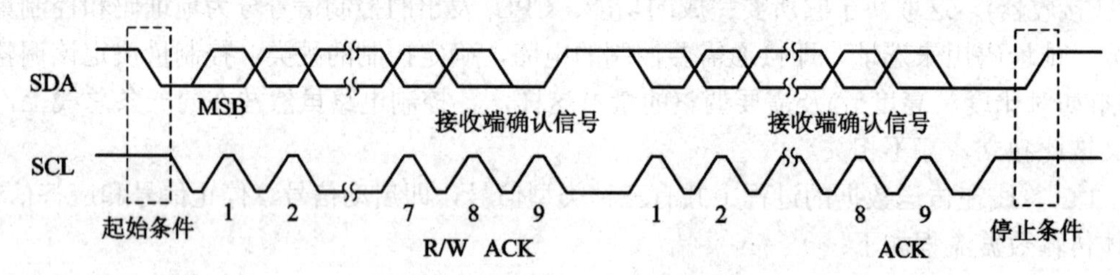

图 4-28　I^2C 数据通信时序

24LC04 是通过 I^2C 总线通信的板载 EEPROM，存储容量为 4 kb(2 × 256 × 8 b)，通常在用于仪器仪表的设计中，用作一些参数的存储，确保参数数据不丢失。24LC04 芯片操作简单，容量较大，且价格便宜，对于低成本要求的产品设计来说是不错的选择。24LC04 芯片的封装如图 4-29 所示。

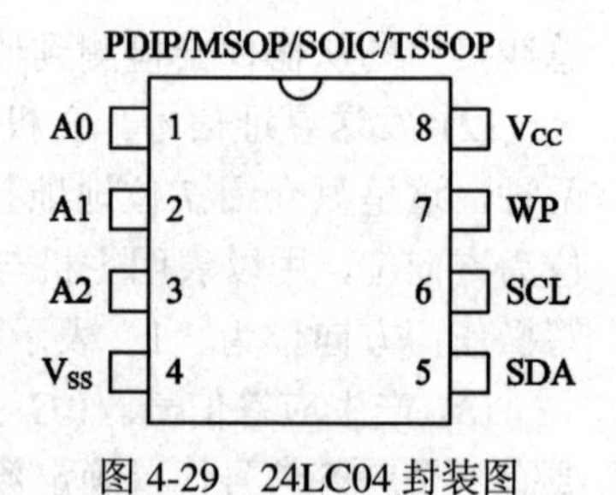

图 4-29　24LC04 封装图

设计者在使用 24LC04 芯片进行系统设计时，对芯片的内部结构需要有一个大致的了解，重点在于掌握如何利用 I^2C 总线对芯片进行控制。利用 I^2C 总线控制 24LC04 芯片时，主要应与其第 5 引脚(SDA)和第 6 引脚(SCL)相关。24LC04 芯片的具体引脚信息如表 4-3 所示。

表 4-3　24LC04 引脚描述

PIN	引脚	描　述	PIN	引脚	描　述
1	A0	设备地址	2	A1	设备地址
3	A2	设备地址	4	Vss	接地
5	SDA	串行数据	6	SCL	串行时钟
7	WP	写保护	8	Vcc	电源

2. I²C 模块设计

本实例主要实现利用 I²C 总线控制 24LC04 芯片，完成启动 I²C 总线、发送数据、接收确认信号 ACK、结束 I²C 总线的全过程。

下面给出 VerilogHDL 实现的控制代码：

```
module iic_com
(
    input   CLK,
    input   RSTn,
    input   [1:0]   Start_Sig,      //read or write command
    input   [7:0]   Addr_Sig,       //EEPROM words address
    input   [7:0]   WrData,         //EEPROM write data
    output  [7:0]   RdData,         //EEPROM read data
    output          Done_Sig,       //EEPROM read/write finish
    output          SCL,
    inout           SDA
);
parameter F250K = 9'd200;       //250 kHz 的时钟分频系数
reg     [4:0]   i;
reg     [4:0]   Go;
reg     [8:0]   C1;
reg     [7:0]   rData;
reg             rSCL;
reg             rSDA;
reg             isAck;
reg             isDone;
reg             isOut;
assign          Done_Sig = isDone;
assign          RdData = rData;
assign          SCL = rSCL;
assign          SDA = isOut ? rSDA : 1'bz; //SDA 数据输出选择
//******************************************//
//*                 I²C 读写处理程序            *//
//******************************************//
always @ ( posedge CLK or negedge RSTn )
  if( !RSTn )  begin
        i <= 5'd0;
        Go <= 5'd0;
        C1 <= 9'd0;
        rData <= 8'd0;
```

```
            rSCL <= 1'b1;
            rSDA <= 1'b1;
            isAck <= 1'b1;
            isDone <= 1'b0;
            isOut <= 1'b1;
        end
        else if( Start_Sig[0] )                         //I2C 数据写
            case( i )
              0:                                        //发送 I2C 开始信号
              begin
                    isOut <= 1;                         //SDA 端口输出
                    if( C1 == 0 ) rSCL <= 1'b1;
                    else if( C1 == 200 ) rSCL <= 1'b0;   //SCL 由高变低
                    if( C1 == 0 ) rSDA <= 1'b1;
                    else if( C1 == 100 ) rSDA <= 1'b0;   //SDA 先由高变低
                    if( C1 == 250 -1) begin C1 <= 9'd0; i <= i + 1'b1; end
                    else C1 <= C1 + 1'b1;
              end
              1:         // Write Device Addr
              begin rData <= {4'b1010, 3'b000, 1'b0}; i <= 5'd7; Go <= i + 1'b1; end
              2:         // Wirte Word Addr
              begin rData <= Addr_Sig; i <= 5'd7; Go <= i + 1'b1; end
              3:         // Write Data
              begin rData <= WrData; i <= 5'd7; Go <= i + 1'b1; end
              4:         //发送 I2C 停止信号
              begin
                 isOut <= 1'b1;
                 if( C1 == 0 ) rSCL <= 1'b0;
                 else if( C1 == 50 ) rSCL <= 1'b1;      //SCL 先由低变高
                 if( C1 == 0 ) rSDA <= 1'b0;
                 else if( C1 == 150 ) rSDA <= 1'b1;     //SDA 由低变高
                 if( C1 == 250 -1 ) begin C1 <= 9'd0; i <= i + 1'b1; end
                 else C1 <= C1 + 1'b1;
              end
              5:
              begin isDone <= 1'b1; i <= i + 1'b1; end      //写 I2C 结束
              6:
              begin isDone <= 1'b0; i <= 5'd0; end
              7,8,9,10,11,12,13,14:        //发送 Device Addr/Word Addr/Write Data
```

```
    begin
        isOut <= 1'b1;
        rSDA <= rData[14-i];      //高位先发送
        if( C1 == 0 ) rSCL <= 1'b0;
        else if( C1 == 50 ) rSCL <= 1'b1;
        //SCL 高电平有 100 个时钟周期，低电平有 100 个时钟周期
        else if( C1 == 150 ) rSCL <= 1'b0;
        if( C1 == F250K -1 ) begin C1 <= 9'd0; i <= i + 1'b1; end
        //产生 250 kHz 的 I2C 时钟
        else C1 <= C1 + 1'b1;
    end
    15:                     //waiting for acknowledge
    begin
    isOut <= 1'b0;          //将 SDA 端口改为输入
    if( C1 == 100 ) isAck <= SDA;        //读取 I2C 从设备的应答信号
        if( C1 == 0 ) rSCL <= 1'b0;
        else if( C1 == 50 ) rSCL <= 1'b1;
        //SCL 高电平有 100 个时钟周期，低电平有 100 个时钟周期
        else if( C1 == 150 ) rSCL <= 1'b0;
        if( C1 == F250K -1 ) begin C1 <= 9'd0; i <= i + 1'b1; end
        //产生 250 kHz 的 I2C 时钟
        else C1 <= C1 + 1'b1;
        end
    16:
    if( isAck != 0 ) i <= 5'd0;
    else i <= Go;
    endcase
else if( Start_Sig[1] )             //I2C 数据读
    case( i )
    0: // Start
    begin
    isOut <= 1;                     //SDA 端口输出
        if( C1 == 0 ) rSCL <= 1'b1;
        else if( C1 == 200 ) rSCL <= 1'b0;   //SCL 由高变低
        if( C1 == 0 ) rSDA <= 1'b1;
        else if( C1 == 100 ) rSDA <= 1'b0;   //SDA 先由高变低
        if( C1 == 250 -1 ) begin C1 <= 9'd0; i <= i + 1'b1; end
        else C1 <= C1 + 1'b1;
    end
```

```
1:        // Write Device Addr(设备地址)
begin rData <= {4'b1010, 3'b000, 1'b0}; i <= 5'd9; Go <= i + 1'b1; end
2:        // Wirte Word Addr(EEPROM 的写地址)
begin rData <= Addr_Sig; i <= 5'd9; Go <= i + 1'b1; end
3:        // Start again
begin
isOut <= 1'b1;
    if( C1 == 0 ) rSCL <= 1'b0;
    else if( C1 == 50 ) rSCL <= 1'b1;
    else if( C1 == 250 ) rSCL <= 1'b0;
    if( C1 == 0 ) rSDA <= 1'b0;
    else if( C1 == 50 ) rSDA <= 1'b1;
    else if( C1 == 150 ) rSDA <= 1'b0;
    if( C1 == 300 -1 ) begin C1 <= 9'd0; i <= i + 1'b1; end
    else C1 <= C1 + 1'b1;
end
4:        // Write Device Addr ( Read )
begin rData <= {4'b1010, 3'b000, 1'b1}; i <= 5'd9; Go <= i + 1'b1; end
5:        // Read Data
begin rData <= 8'd0; i <= 5'd19; Go <= i + 1'b1; end
6:        // Stop
begin
    isOut <= 1'b1;
    if( C1 == 0 ) rSCL <= 1'b0;
    else if( C1 == 50 ) rSCL <= 1'b1;
    if( C1 == 0 ) rSDA <= 1'b0;
    else if( C1 == 150 ) rSDA <= 1'b1;
    if( C1 == 250 -1 ) begin C1 <= 9'd0; i <= i + 1'b1; end
    else C1 <= C1 + 1'b1;
end
7:        //写 I2C 结束
begin isDone <= 1'b1; i <= i + 1'b1; end
8:
begin isDone <= 1'b0; i <= 5'd0; end
9,10,11,12,13,14,15,16:
//发生 Device Addr(write)/Word Addr/Device Addr(read)
begin
    isOut <= 1'b1;
    rSDA <= rData[16-i];     //高位先发送
```

```
        if( C1 == 0 ) rSCL <= 1'b0;
        else if( C1 == 50 ) rSCL <= 1'b1;
        //SCL 高电平有 100 个时钟周期，低电平有 100 个时钟周期
        else if( C1 == 150 ) rSCL <= 1'b0;
        if( C1 == F250K -1 ) begin C1 <= 9'd0; i <= i + 1'b1; end
        //产生 250 kHz 的 I2C 时钟
        else C1 <= C1 + 1'b1;
end
17:        // waiting for acknowledge
begin
        isOut <= 1'b0;        //SDA 端口改为输入
        if( C1 == 100 ) isAck <= SDA; //读取 I2C 的应答信号
        if( C1 == 0 ) rSCL <= 1'b0;
        else if( C1 == 50 ) rSCL <= 1'b1;
        //SCL 高电平有 100 个时钟周期，低电平有 100 个时钟周期
        else if( C1 == 150 ) rSCL <= 1'b0;
        if( C1 == F250K -1 ) begin C1 <= 9'd0; i <= i + 1'b1; end
        //产生 250 kHz 的 I2C 时钟
        else C1 <= C1 + 1'b1;
end
18:
        if( isAck != 0 ) i <= 5'd0;
        else i <= Go;
19,20,21,22,23,24,25,26:        // Read data
begin
      isOut <= 1'b0;
      if(C1 == 100 ) rData[26-i] <= SDA;   //高位先接收
      if( C1 == 0 ) rSCL <= 1'b0;
      else if( C1 == 50 ) rSCL <= 1'b1;
      //SCL 高电平有 100 个时钟周期，低电平有 100 个时钟周期
      else if( C1 == 150 ) rSCL <= 1'b0;
      if( C1 == F250K -1 ) begin C1 <= 9'd0; i <= i + 1'b1; end
      //产生 250 kHz 的 I2C 时钟
      else C1 <= C1 + 1'b1;
end
27:        // no acknowledge
begin
      isOut <= 1'b1;
      if( C1 == 0 ) rSCL <= 1'b0;
```

```
            else if( C1 == 50 ) rSCL <= 1'b1;
            else if( C1 == 150 ) rSCL <= 1'b0;
            if( C1 == F250K -1 ) begin C1 <= 9'd0; i <= Go; end
            else C1 <= C1 + 1'b1;
        end
        endcase
endmodule
```

iic_com 读写程序分为 I²C 数据读和 I²C 数据写，通过状态机 i 来切换 I²C 的不同状态。例如，接收到写命令时，状态机 i=0 转入 Start 状态，SDA 先变低，再 SCL 变低；状态机从 i=1 开始，转入写设备地址 0x80；之后，状态机转到 i=8，开始发送 8 位的数据，其中状态机 i=7,8,9,10,11,12,13,14 时 I²C 发送 8 位的数据；然后，状态机进入 i=15，等待 I²C 从设备的应答信号；状态机 i=16 为判断是否有应答，如果有，则状态机转到 i=2，写 I²C 的地址；然后，状态机又重复 i=7,8,9,10,11,12,13,14 时发送地址以及 i=15 时等待应答，i=16 时判断应答；最后，状态机 i=3 时开始发送 I²C 写数据；发送完数据时 i=4，发送 Stop 信号。

4.3.2 建立顶层文件

下面建立顶层测试文件，将子模块例化进去。

```
`timescale 1ns / 1ps
//////////////////////////////////////////////////////////////////////////////////
// Module Name:     eeprom_test
// Function: write and read eeprom using I²C bus
//////////////////////////////////////////////////////////////////////////////////
module eeprom_test
(
    input   CLK_50M,
    input   RSTn,
    output [3:0]  LED,
    output        SCL,              //EEPROM I²C clock
    inout         SDA               //EEPROM I²C data
);
wire   [7:0]   RdData;              //EEPROM 读出数据寄存器
wire           Done_Sig;            //I²C 通信完成信号
reg    [3:0]   i;
reg    [3:0]   rLED;
reg    [7:0]   rAddr;
reg    [7:0]   rData;
reg    [1:0]   isStart;
assign LED = rLED;
```

```
/****************************/
/*    EEPROM write and read */
/****************************/
always @ ( posedge CLK_50M or negedge RSTn )
      if( !RSTn ) begin
          i <= 4'd0;
          rAddr <= 8'd0;
          rData <= 8'd0;
          isStart <= 2'b00;
          rLED <= 4'b0000;
      end
      else
        case( i )
        0:
        if( Done_Sig ) begin isStart <= 2'b00; i <= i + 1'b1; end
        //等待 I2C 写操作完成，i 状态变为 1
        else begin isStart <= 2'b01; rData <= 8'h12; rAddr <= 8'd0; end
        //EEPROM 写数据(0x12)到 addr 0
        1:
        if( Done_Sig ) begin isStart <= 2'b00; i <= i + 1'b1; end
        //等待 I2C 读操作完成，i 状态变为 2
        else begin isStart <= 2'b10; rAddr <= 8'd0; end
        //EEPROM 读 addr 0 的数据
        2:
        begin rLED <= RdData[3:0]; end
        //led 灯赋值
        endcase
/****************************/
//I2C 通信程序//
/****************************/
iic_com U1
   (
        .CLK( CLK_50M ),
        .RSTn( RSTn ),
        .Start_Sig( isStart ),      //iic 读写命令: 2'b01 为 I2C 写; 2'b10 为 I2C 读
        .Addr_Sig( rAddr ),         //EEPROM 的 iic 读写地址
        .WrData( rData ),           //EEPROM 的 iic 写数据
        .RdData( RdData ),          //EEPROM 的 iic 读数据
        .Done_Sig( Done_Sig ),  //I2C 读写完成信号,高 I2C 读写操作完成
```

```
        .SCL( SCL ),
        .SDA( SDA )
    );
    /*********************************/
    //ChipScope icon 和 ila, 用于观察信号//
    /*********************************/
    wire        [35:0]    CONTROL0;
    wire        [255:0]   TRIG0;
    chipscope_icon icon_debug (
        .CONTROL0(CONTROL0)           // INOUT BUS [35:0]
    );
    chipscope_ila ila_filter_debug (
        .CONTROL(CONTROL0),           // INOUT BUS [35:0]
        // .CLK(dma_clk),             // IN
        .CLK(CLK_50M),                // IN：ChipScope 的采样时钟
        .TRIG0(TRIG0)                 // IN BUS [255:0]：采样的信号
        //.TRIG_OUT(TRIG_OUT0)
    );
    assign   TRIG0[7:0]=RdData;       //采样 RdData 信号
    endmodule
```

顶层文件用于实现以下两部分功能：

(1) 上电后写一个数据到 EEPROM 的地址 0，再读出地址 0 的内容。实例中写的数据是 0x12，可以根据需要进行修改。

(2) 实例化 iic_com 模块和 ChipScope 的两个模块：chipscope_icon 和 chipscope_ila。使用 50 MHz 时钟作为 ChipScope 的采样时钟，采样的信号为从 EEPROM 读出的数据 RdData。

工程的 UCF 约束文件代码如下：

```
NET "CLK_50M" LOC = V10 | TNM_NET = sys_clk_pin;
TIMESPEC TS_sys_clk_pin = PERIOD sys_clk_pin 50000 kHz;
##
NET RSTn     LOC = N4 | IOSTANDARD = "LVCMOS15"; ## SW2 pushbutton
##
########EEPROM Pin define#####################
NET     SCL        LOC = P6 | IOSTANDARD = "LVCMOS33";
NET     SDA        LOC = N5 | IOSTANDARD = "LVCMOS33";
########LED Pin define########################
NET     LED<0>     LOC = V5 | IOSTANDARD = "LVCMOS33";    ## LED1
NET     LED<1>     LOC = R3 | IOSTANDARD = "LVCMOS33";    ## LED2
NET     LED<2>     LOC = T3 | IOSTANDARD = "LVCMOS33";    ## LED3
NET     LED<3>     LOC = T4 | IOSTANDARD = "LVCMOS33";    ## LED4
```

4.3.3 ChipScope Pro 设置

EEPROM 读写例程是指程序上电后通过 I^{2}C 总线往 EEPROM 的地址 0 写入一个数据，再通过 I^{2}C 总线读出地址 0 的数据。为了更直观地看到 I^{2}C 读写的过程、写入的数据和读出的数据，需要加入 ChipScope Pro 来观察内部信号。ChipScope Pro 工具是 FPGA 程序调试必备的利器，通过它可以观察到 FPGA 内部想要观察的任何信号，程序中加入 ChipScope Pro，就相当于在 FPGA 内部安装了一个数字示波器。ChipScope Pro 的具体操作过程如下：

(1) 打开 ISE Design Tools 目录下的 CORE Generator 工具，如图 4-30 所示。

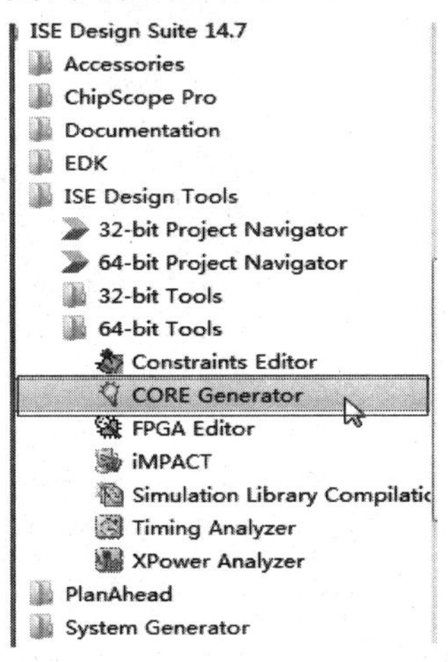

图 4-30　打开 CORE Generator 工具

(2) 在 Xilinx CORE Generator 环境中依次选择菜单“File”→“New Project”，在弹出的对话框中选择存放的目录并保存，如图 4-31 所示。

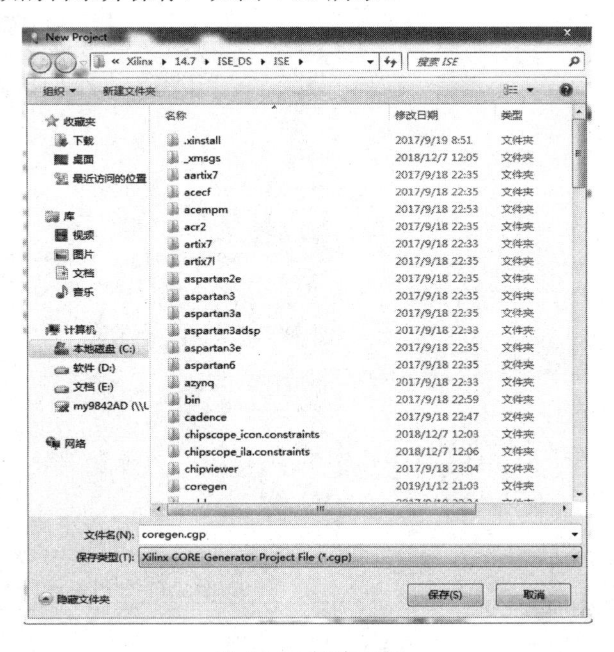

图 4-31　新建工程

(3) 在“Project Options”的“Part”项里选择正确的芯片，以AX545为例，其设置如图4-32所示。

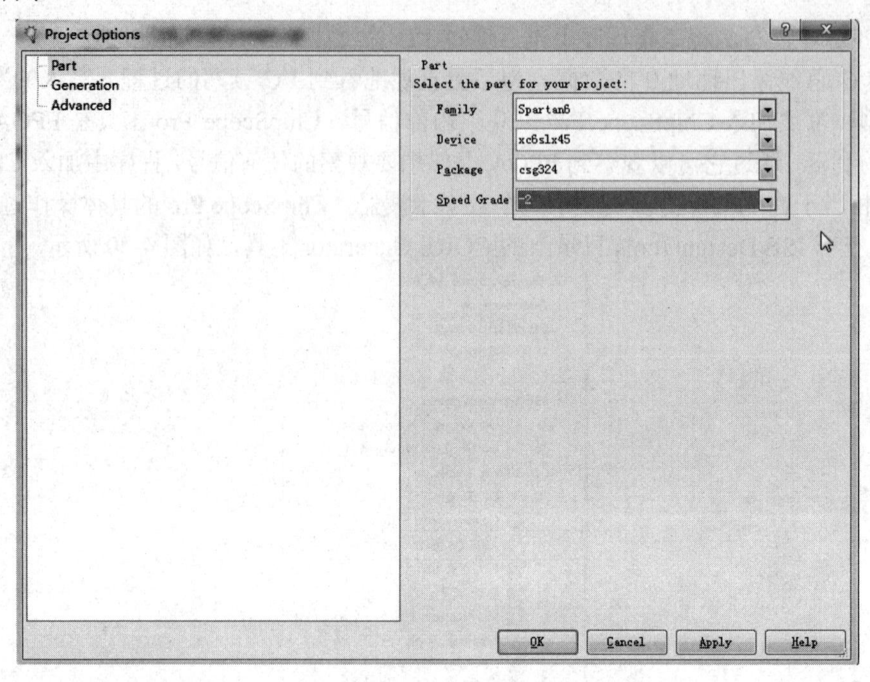

图4-32 选择芯片

(4) 在“Generation”项的“Design Entry”里设置“Verilog”，选完后单击“Apply”按钮，再单击“OK”按钮关闭，如图4-33所示。

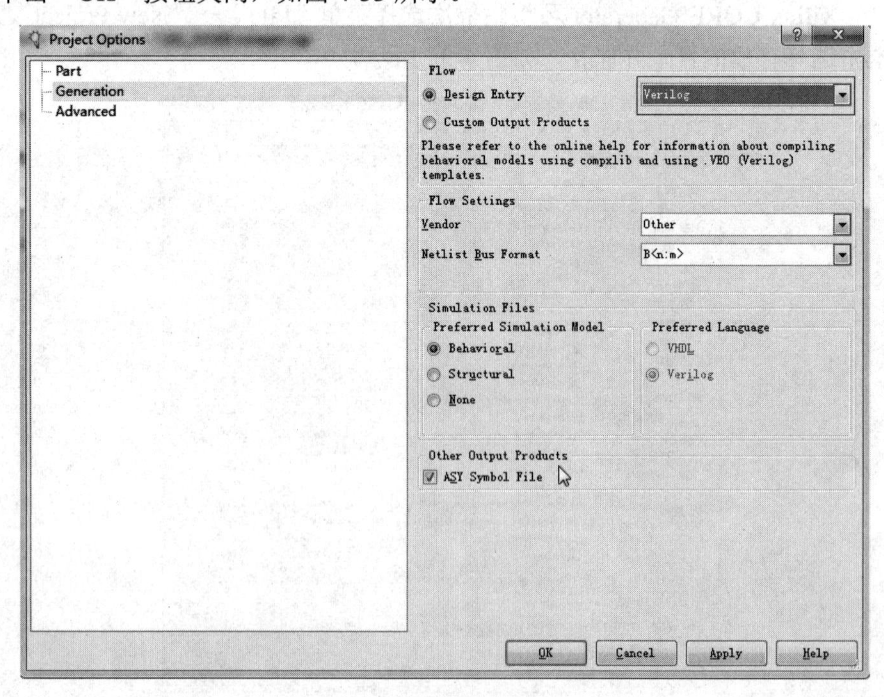

图4-33 选择编程语言

(5) 双击“IP Catalog”窗口“Debug & Verification”→“Debug”下的“ICON(ChipScope Pro-Integrated Controller)”，如图 4-34 所示。

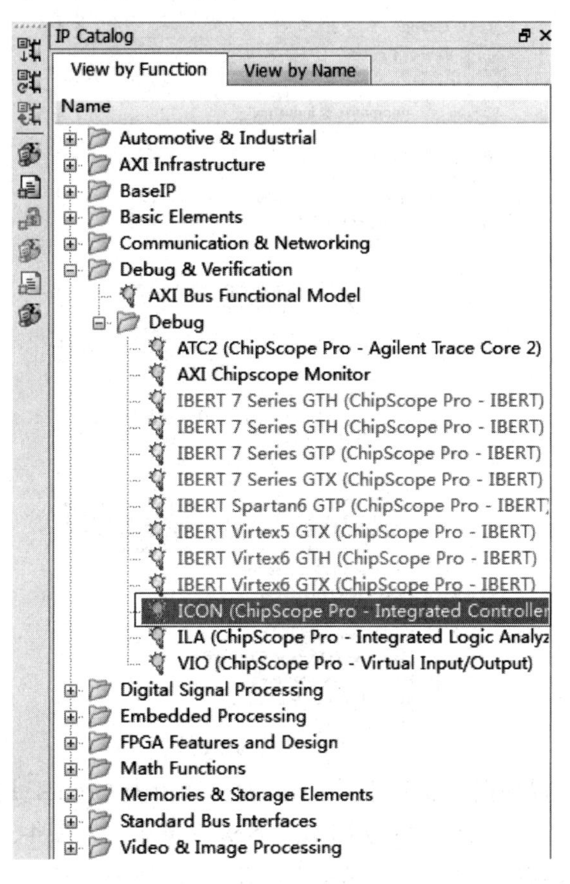

图 4-34　添加 ICON 核

(6) 在弹出的窗口中单击“Generate”按钮进行 ICON 核的配置，如图 4-35 所示。

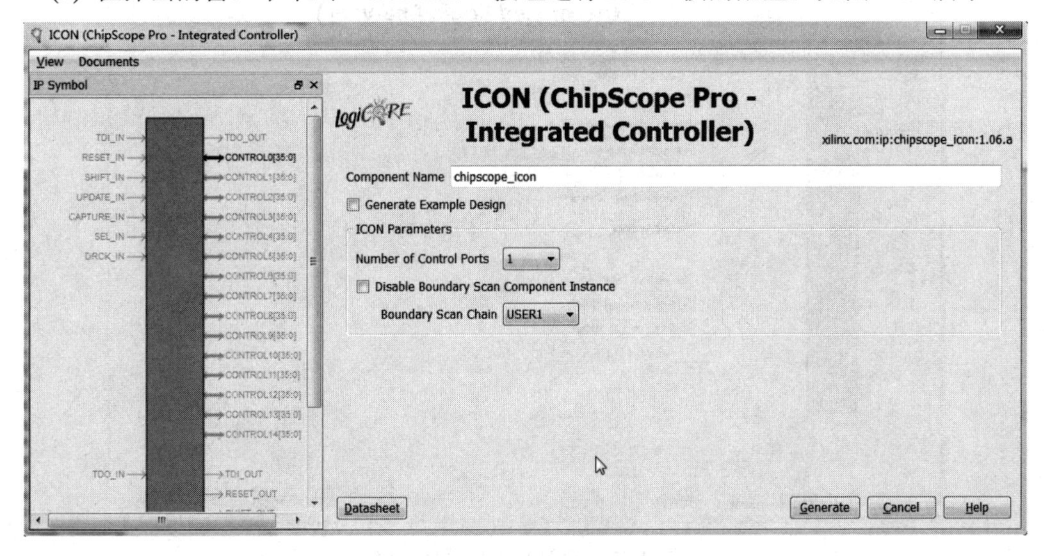

图 4-35　ICON 核配置界面

(7) ICON 生成后，再双击“IP Catalog”窗口的“Debug & Verification”→“Debug”下的“ILA(ChipScope Pro–Integrate Logic Analyzer)”，添加 ILA 核，如图 4-36 所示。

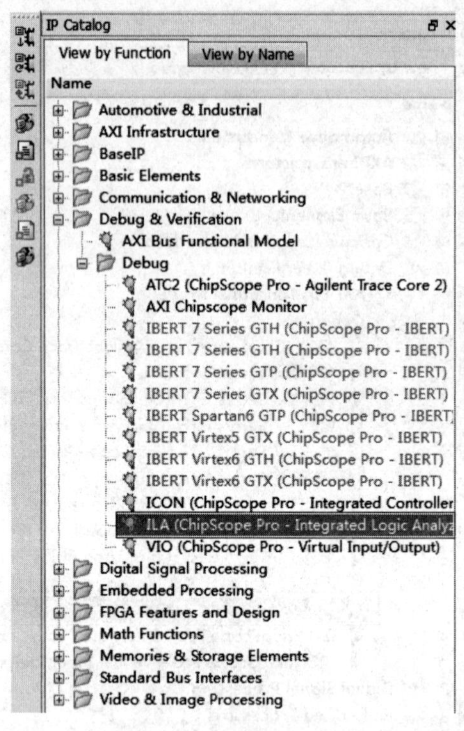

图 4-36　添加 ILA 核

(8) ILA 的配置可以根据需要来选择，如选择一个触发 Group，选择数据的采样深度为 2048(一次采样 2048 个点)。设置完成后单击“Next”按钮，如图 4-37 所示。

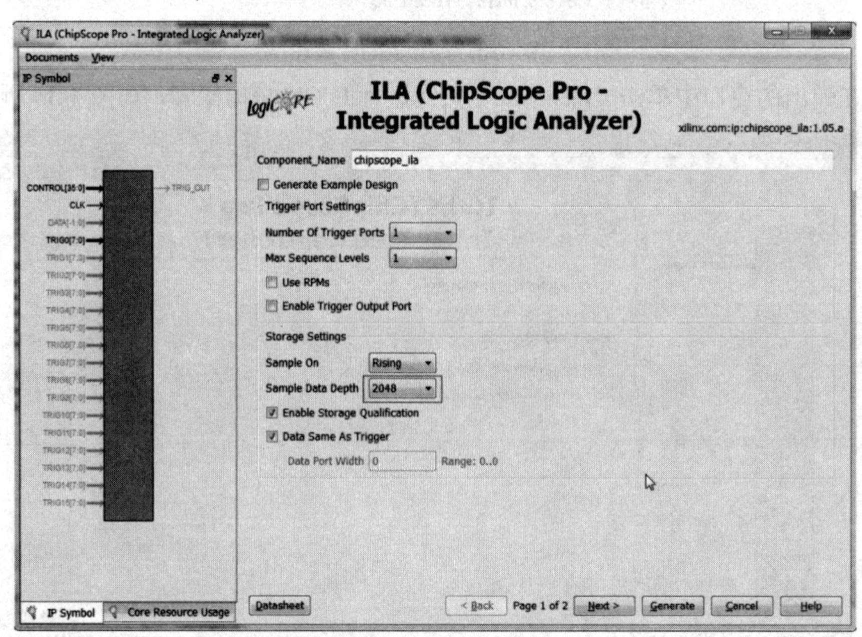

图 4-37　设置 ILA 核采样深度

(9) 设置触发端口的数量为最大的 256，这是因为以后其他的项目也会用到 ChipScope Pro，这样程序中的信号基本上都能观察到。设置完后再单击“Generate”按钮，如图 4-38 所示。

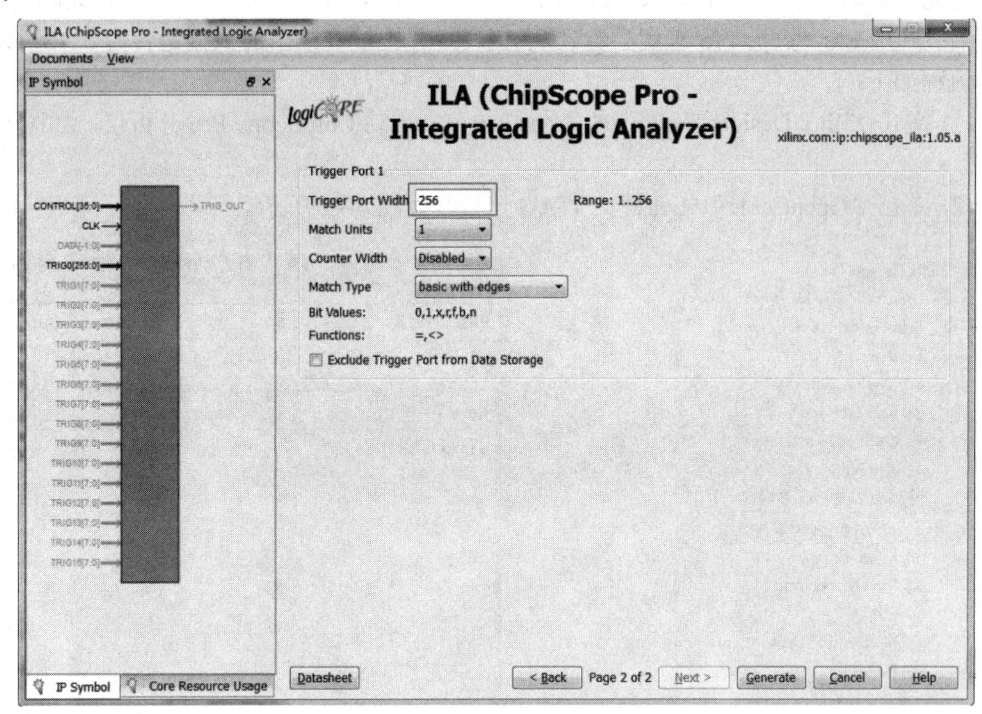

图 4-38　设置 ILA 核触发端口数

(10) 此时所需的 ChipScope Pro 文件都已经生成好了，可以在 eeprom_test 的目录下看到生成的文件，如图 4-39 所示。特别要注意其中圈出来的文件，如果在其他的工程中也需要使用 ChipScope Pro 工具，则只需复制这 4 个文件。

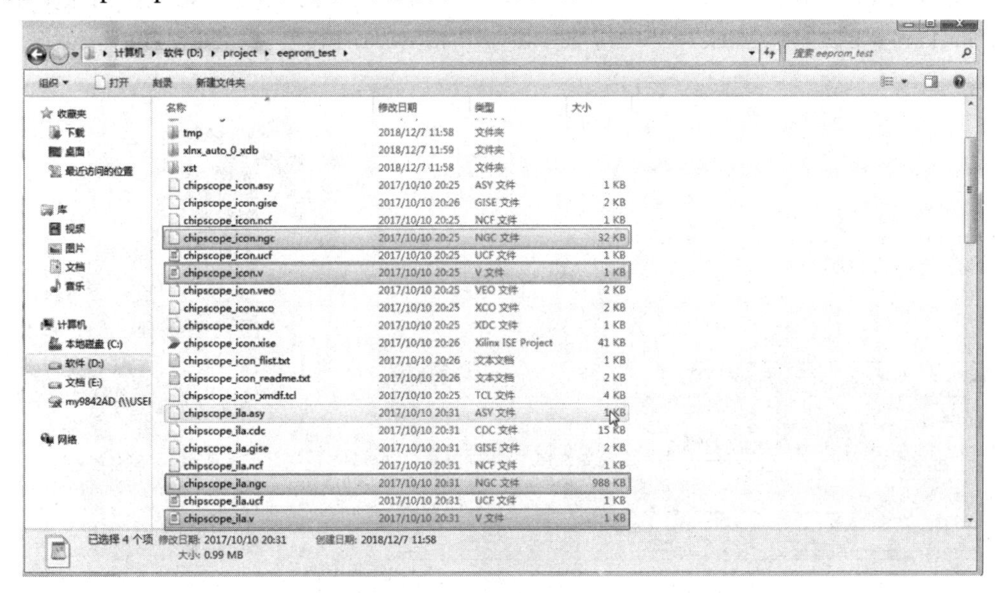

图 4-39　生成所需文件

4.3.4　利用 ChipScope Pro 进行分析

首先重新编译生成 eeprom_test.bit 文件，然后下载 .bit 文件到 FPGA 中。完成上述准备工作后，利用 ChipScope Pro 来观察验证从 EEPROM 地址 0 读出的数据是否为 0x12。具体操作流程如下：

(1) 单击 Xilinx Design Tools 下的“Analyzer”，启动 ChipScope Pro 分析仪，如图 4-40 所示。

(2) 单击“OpenCable”按钮建立 JTAG 连接，如图 4-41 所示。

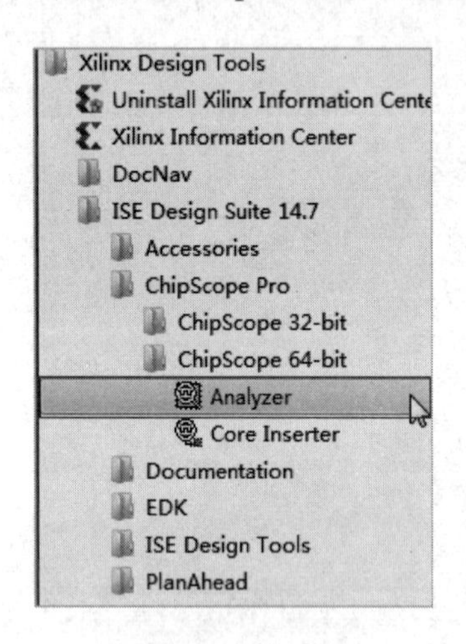

图 4-40　启动 ChipScope Pro 分析仪

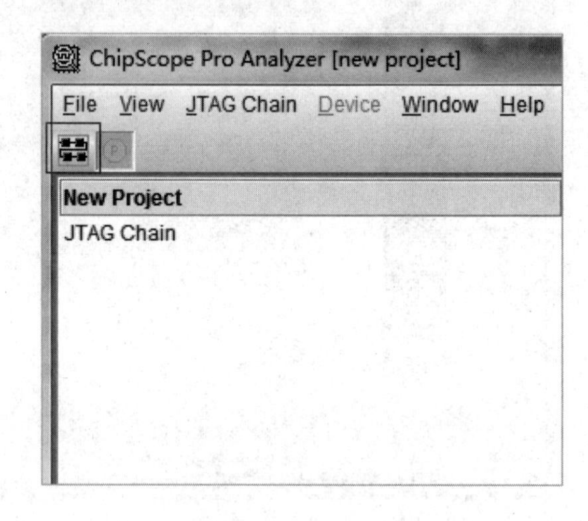

图 4-41　建立 JTAG 连接

(3) 如果开发板和 JTAG 连接正常，则 ChipScope Pro 能找到开发板使用的 FPGA 芯片，单击“OK”按钮，如图 4-42 所示。

(4) 将 Data Port 里的 CH:0～CH:7 组合成一个组。具体方法是：按住 Ctrl 键，再选择 Data Port 里的 CH:0～CH:7，单击右键，选择“Move to Bus”→“New Bus”，如图 4-43 所示。

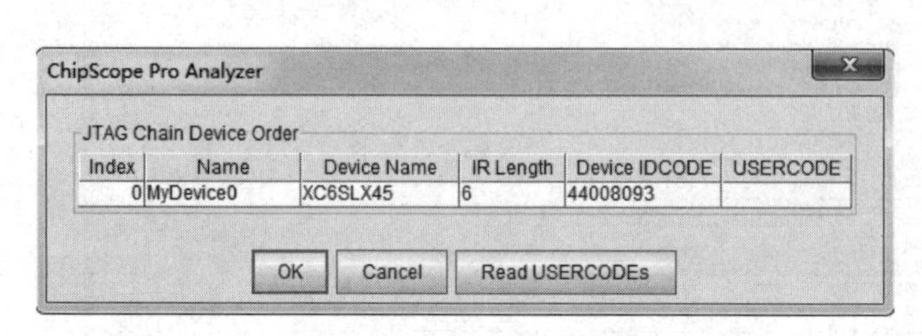

图 4-42　检测 FPGA 芯片

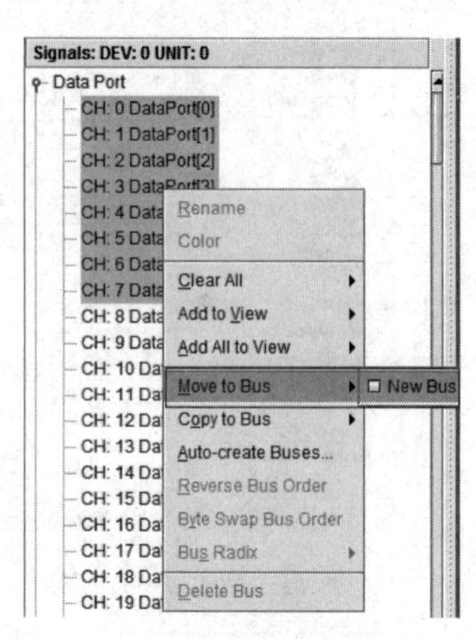

图 4-43　建立分组

(5) 将名称重命名为 RdData，使名称和程序里要观察的信号名称相一致，如图 4-44 所示。

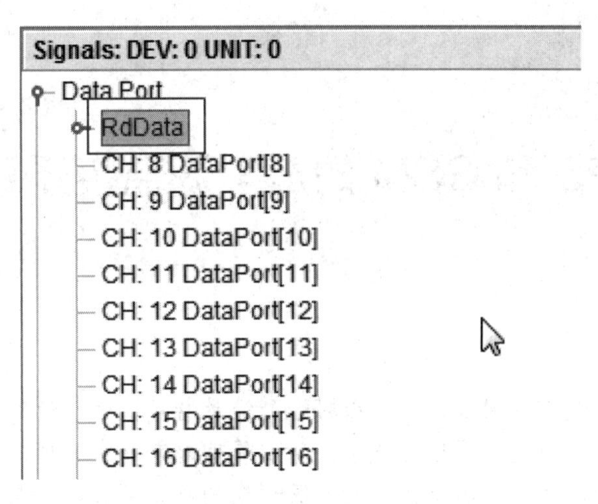

图 4-44　重命名

(6) 单击“Apply Setting and Arm Trigger”按钮，开始运行查看 RdData 的数据，如图 4-45 所示。

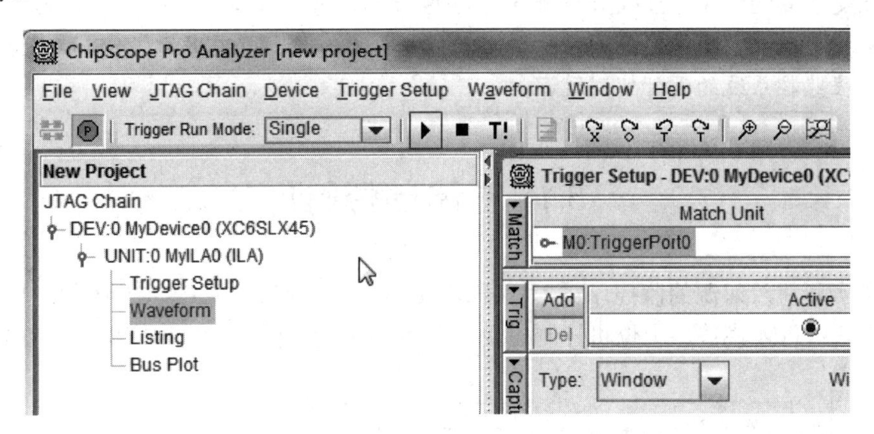

图 4-45　开始运行

(7) 可以看到从 EEPROM 地址 0 读出的 RdData 的数据为 0x12，如图 4-46 所示。

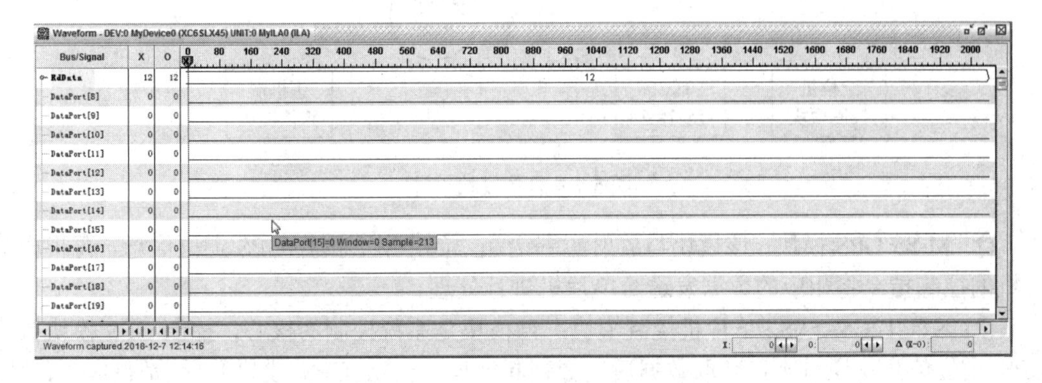

图 4-46　Analyzer 分析结果局部示意图

第 5 章 基于 GPS 和 GSM 的放射源监控系统设计实例

目前，很多工厂利用放射源对化工原料进行流量监控，由于使用的放射源广泛分布于厂区内，且大多依靠人力进行管理与监控，所以管理起来非常麻烦，并且放射源具有极大的危害性，一旦失控，将留下隐患，影响人民群众的身体健康，甚至引起恐慌，对社会的稳定造成威胁。根据这一背景，制作一个利用 GPS 和 GSM 短信模块将放射源的位置数据向控制中心自动报告的监控系统，具有重要意义。该系统不需要人员进行实时监控，可向监控节点发送查询命令，接收监控节点的 GPS 数据，并在计算机终端显示其地理位置。同时，当监控节点被移出规定范围时，会自动报警。本章详细介绍基于 GPS 和 GSM 模块的放射源远程监控系统的设计实现过程。

5.1 总体方案设计

为了实现对放射源的监控，将工程分为 M-89 GPS 模块、STC12C5A60S2 单片机控制模块、TC35 GSM 模块、上位机控制模块以及手机端软件模块。具体模块如图 5-1 所示。

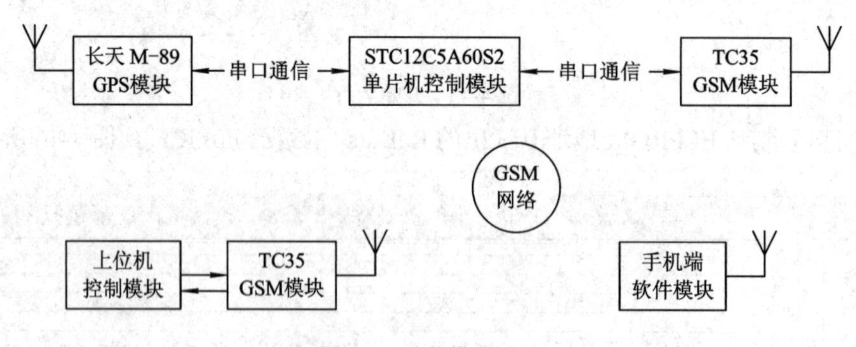

图 5-1 总体模块设计

(1) M-89 GPS 模块：该模块与放射源绑定在一起，用于接收 GPS 定位信息，再根据单片机的控制指令将相应的数据发送给单片机进行处理。

(2) STC12C5A60S2 单片机控制模块：该模块是系统控制的核心，控制 GPS 模块接收 GPS 定位信息，通过串口获取数据后进行判断处理，根据 GPS 模块的反馈信息，可控制 TC35 GSM 模块将位置或报警信息发送给相应的接收端。

(3) TC35 GSM 模块：通过串口与 STC12C5A60S2 单片机控制模块相连，根据单片机的指令发送关于放射源的信息给指定用户端。

(4) 上位机控制模块：该模块利用 Visual Basic 开发控制软件，根据 TC35 GSM 模块获得的数据，调用 GoogleMap 将定位信息显示出来，以便于用户端对放射源的监控。

下面根据总体设计的思想，将工程分为硬件部分和软件部分来讲解。

(1) 硬件部分：包括 M-89 GPS、TC35 GSM、STC12C5A60S2 单片机以及原理图与 PCB 设计。理解硬件设计是软件编程的基础。

(2) 软件部分：包括单片机程序部分和 Windows 端程序设计部分。下面详细介绍每一部分的具体实现。

5.2 硬 件 设 计

5.2.1 模块主要特性介绍

1. M-89 GPS 模块介绍

M-89 是一种根据低耗电 Mediatek GPS 解决方案设计的小型(25.4 mm × 25.4 mm × 3 mm)GPS 模块，为导航应用提供高达−159 dBm 的灵敏度与快速的第一次定位时间，可嵌入需要 GPS 服务的 PDA、PND、移动电话、便携式装置设计中。M-89 GPS 模块的主要特性参数如表 5-1 所示，引脚特性如表 5-2 所示，实物如图 5-2 所示。

图 5-2　M-89 GPS 模块实物图

表 5-1　M-89 GPS 模块主要特性参数

特　性	参　数
通道	并行 32 通道
频率	L1 1575.42 MHz
跟踪灵敏度	−159 dB
数据传输速率/(b/s)	4800～38 400 (标准：9600)
DGPS 协议	RTCM SC-104，类型 1，2 和 9
脉冲延时	100 ms
输入电压	3.3～5 V(直流)
尺寸	25.4 mm(D) × 25.4 mm(W) × 3 mm(H)
精度定位	10 m(2D RMS) 1 m～5 m(DGPS)
速度	0.1 m/s
重获取时间	0.1 s
热启动时间	1 s
温启动时间	33 s
冷启动时间	36 s
后备电源	3 V
重量	7 g

表 5-2　M-89 GPS 模块引脚定义

引脚	引脚名称	类型	描　述
1	VCC_IN	输入	3.3～5 V 供电输入
2	GND	地	地
3	NC		NC
4	RXDA	输入	串行数据输入 A
5	TXDA	输出	串行数据输出 A
6	TXDB	输出	串行数据输出 B
7	RXDB	输入	串行数据输入 B
8	GPIO0	输入/输出	普通输入/输出口
9	INT1	输入/输出	普通输入/输出口
10	GND	地	地
11	GND	地	地
12	GND	地	地
13	GND	地	地
14	GND	地	地
15	GND	地	地
16	GND	地	地
17	RF_IN	输入	GPS 信号输入
18	GND	地	地
19	V_ANT_IN	输入	天线电源提供输入 3.3～5 V
20	VCC_RF_O	输出	天线电源供给 2.8 V
21	V_BAT	输入	RTC、SRAM 电源 2.6～3.6 V(直流)
22	HRST	输入	复位，低电平有效
23	GPIO1	输入/输出	普通输入/输出口
24	GPIO2	输入/输出	普通输入/输出口
25	GPIO3	输入/输出	普通输入/输出口
26	GPIO4	输入/输出	普通输入/输出口
27	GPIO5	输入/输出	普通输入/输出口
28	GPIO6	输入/输出	普通输入/输出口
29	PPS	输出	1PPS 输出，与 GPS 时钟同步精确至 1 μs/s
30	GND	地	地

2．TC35 GSM 模块介绍

TC35(TC35i/MC35/MC35i)无线 GSM/GPRS 通信模块集成了标准的 RS232 接口以及 SIM 卡，可以在 PC 机上用 AT 命令通过串口对它进行设置，可作为产品的一部分应用于无线短信工业控制、远程通信、现场监控等诸多无线通信领域。TC35 GSM 模块实物如图 5-3 所示，主要特性参数如表 5-3 所示。

图 5-3　TC35 GSM 模块实物图

表 5-3　TC35 GSM 主要特性参数

特　性	参　数
电源	单电源 3.3～5.5 V
发射功率	2 W(GSM900 MHz Class4 1WDCS1800 MHz Class 1)
天线	由天线连接器连接外部天线
通话模式	损耗 300 mA(典型值)
空闲模式	3.5 mA(最大值)
省电模式	100 μA(最大值)
短信息	MT，MO，CB 和 PDU 模式
模块复位	采用 AT 指令或掉电复位
串口通信波特率	300 b/s～115 kb/s
频段	双频 GSM900 MHz 和 DCS1800 MHz(Phase 2+)
SIM 卡连接方式	外接
工作温度	-20℃～+55℃
储存温度	-30℃～+85℃
三种速率	半速(ETS 06.20) 全速(ETS 06.10)增强型全速(ETS 06.50/06.60/06.80)
外形尺寸	54.5 mm × 36 mm × 6.7 mm
音频接口	模拟信号
通信接口	RS232
自动波特率范围	4.8～115 kb/s

3. STC12C5A60S2 单片机控制模块介绍

STC12C5A60S2/AD/PWM 系列单片机是宏晶科技生产的单时钟/机器周期单片机，其指令代码完全兼容传统的8051单片机，但比8051单片机的速度快8～12倍。STC12C5A60S2单片机内部集成 MAX810 专用复位电路、2 路 PWM、8 路高速 10 位 A/D 转换(250 kb/s)，其 PDIP-40 引脚如图 5-4 所示。

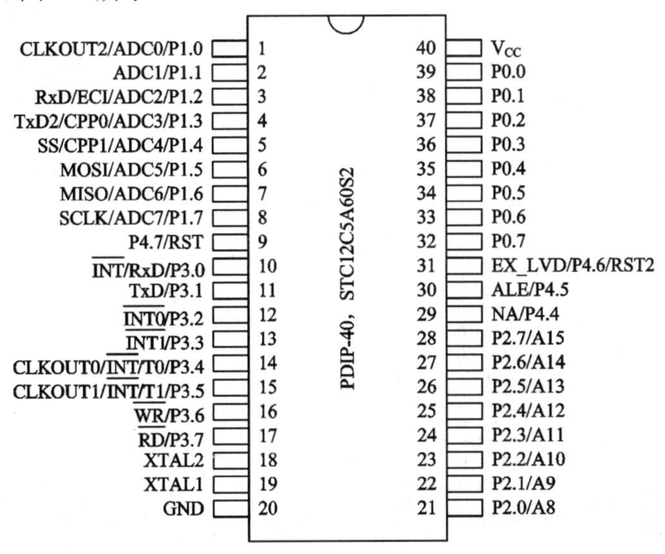

图 5-4　STC12C5A60S2 单片机 PDIP-40 引脚示意图

STC12C5A60S2 单片机控制模块中包含中央处理器(CPU)、程序存储器(Flash)、数据存储器(SRAM)、定时/计数器、UART 串口、串口 2、I/O 接口、高速 A/D 转换、SPI 接口、PCA、看门狗及片内 R/C 振荡器和外部晶体振荡电路等模块。详细信息可参考 STC12C5A60S2 芯片手册。

5.2.2 硬件电路实现

硬件电路实现中 GSM 模块和主控模块的原理图分别如图 5-5、图 5-6 所示。GSM 模块主要采用芯片手册中的典型电路，电源模块采用 LM2576 做稳压芯片来提供开关电源。GSM 模块与单片机的通信部分直接连接至 RXD/TXD，不需要 RS232 芯片。

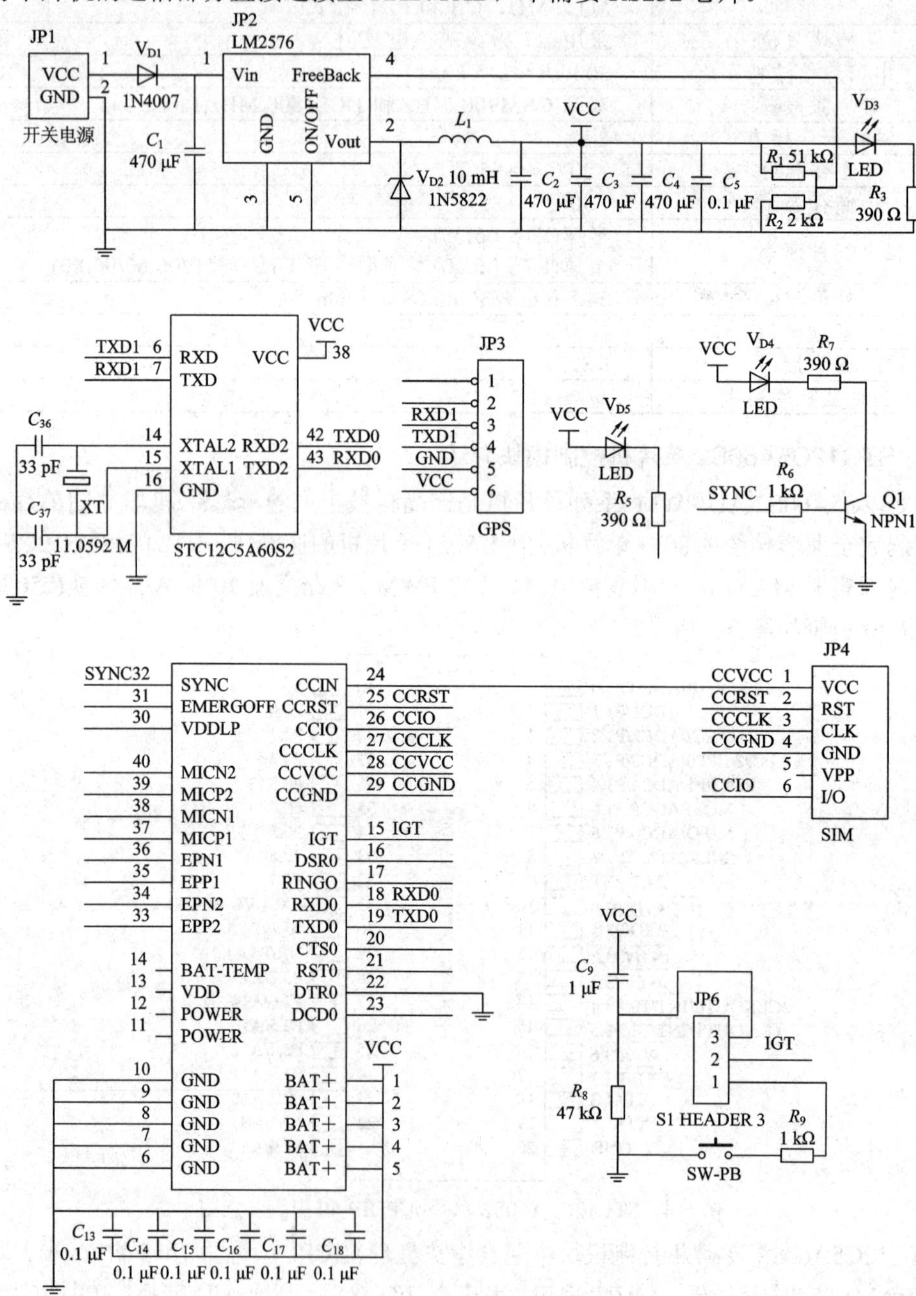

图 5-5　GSM 模块原理图

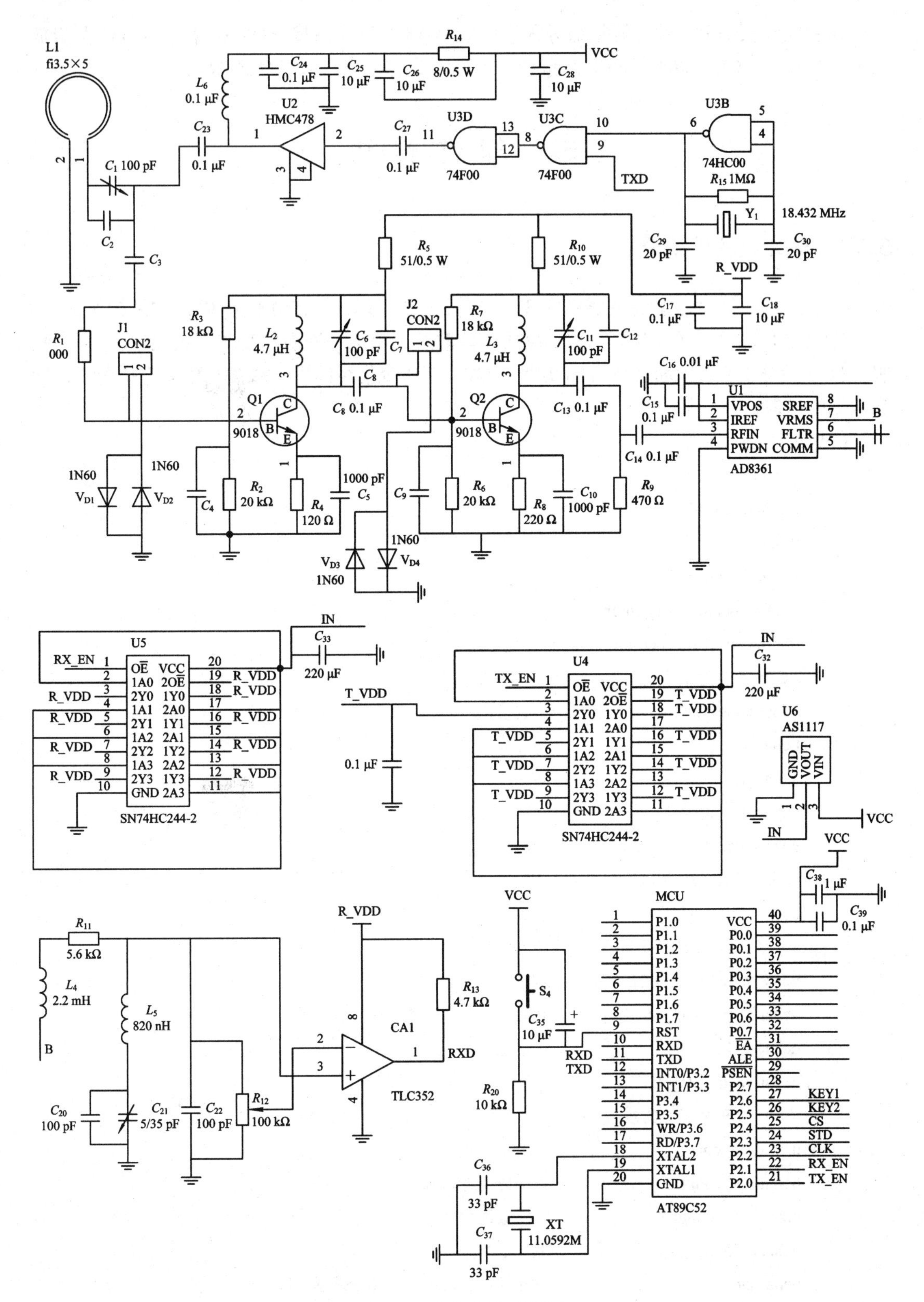
L1
fi3.5×5
R_{14}
8/0.5 W
VCC
C_{24}
0.1 μF
C_{25}
10 μF
C_{26}
10 μF
C_{28}
10 μF
L_6
0.1 μF
U2
HMC478
C_{23}
0.1 μF
C_{27}
0.1 μF
U3D
U3C
74F00
74F00
U3B
74HC00
TXD
C_1 100 pF
C_2
C_3
R_{15} 1MΩ
Y_1
18.432 MHz
C_{29}
20 pF
C_{30}
20 pF
R_VDD
R_5
51/0.5 W
R_{10}
51/0.5 W
C_{17}
0.1 μF
C_{18}
10 μF
R_1
000
J1
CON2
J2
CON2
R_3
18 kΩ
L_2
4.7 μH
C_6
100 pF
C_7
C_8
C_8 0.1 μF
R_7
18 kΩ
L_3
4.7 μH
C_{11}
100 pF
C_{12}
C_{13} 0.1 μF
C_{16} 0.01 μF
C_{15}
0.1 μF
U1
VPOS
IREF
RFIN
PWDN
SREF
VRMS
FLTR
COMM
B
AD8361
C_{14} 0.1 μF
Q1
9018
Q2
9018
1N60
1N60
V_{D1}
V_{D2}
C_4
R_2
20 kΩ
R_4
120 Ω
1000 pF
C_5
C_9
R_6
20 kΩ
R_8
220 Ω
C_{10}
1000 pF
R_9
470 Ω
1N60
V_{D3}
1N60
V_{D4}
IN
C_{33}
220 μF
U5
RX_EN
R_VDD
OE
VCC
1A0
2OE
2Y0
1Y0
1A1
2A0
2Y1
1Y1
1A2
2A1
2Y2
1Y2
1A3
2A2
2Y3
1Y3
GND
2A3
SN74HC244-2
T_VDD
0.1 μF
IN
C_{32}
220 μF
U4
TX_EN
T_VDD
SN74HC244-2
U6
AS1117
GND
VOUT
VIN
VCC
IN
VCC
C_{38}
1 μF
C_{39}
0.1 μF
R_{11}
5.6 kΩ
L_4
2.2 mH
B
L_5
820 nH
R_VDD
R_{13}
4.7 kΩ
CA1
RXD
TLC352
C_{20}
100 pF
C_{21}
5/35 pF
C_{22}
100 pF
R_{12}
100 kΩ
VCC
S_4
C_{35}
10 μF
R_{20}
10 kΩ
RXD
TXD
MCU
P1.0
P1.1
P1.2
P1.3
P1.4
P1.5
P1.6
P1.7
RST
RXD
TXD
INT0/P3.2
INT1/P3.3
P3.4
P3.5
WR/P3.6
RD/P3.7
XTAL2
XTAL1
GND
VCC
P0.0
P0.1
P0.2
P0.3
P0.4
P0.5
P0.6
P0.7
EA
ALE
PSEN
P2.7
P2.6
P2.5
P2.4
P2.3
P2.2
P2.1
P2.0
KEY1
KEY2
CS
STD
CLK
RX_EN
TX_EN
AT89C52
C_{36}
33 pF
XT
11.0592M
C_{37}
33 pF

图 5-6 主控部分原理图

在主控模块部分，天线射频部分采用两级9018三极管后接AD8361和TLC352两级放大。单片机与LCD12864之间串行布线，这种方式方便操作，节省资源。

5.3 软件设计

5.3.1 单片机软件部分

在单片机软件设计模块主要包含3个文件：GPS模块、GSM模块和MAIN模块。

(1) GPS.c文件主要声明了GPS数据存储数组、串口中断所需变量以及GPS串口中断服务程序。GPS串口中断服务程序实现了GPS芯片接收经纬度、海拔高度、方位角、日期等数据的控制。

GPS.c详细代码如下：

```
#include<STC_12c5a.H>
#include<intrins.h>
#include <string.h>
#include "head.h"
#define uchar unsigned char
#define uint unsigned int
//GPS数据存储数组
uchar xdata JD[10];             //经度
uchar JD_a;                     //经度方向
uchar xdata WD[9];              //纬度
uchar WD_a;                     //纬度方向
uchar xdata time[6];            //时间
uchar xdata speed[5];           //速度
uchar xdata high[6];            //高度
uchar xdata angle[5];           //方位角
uchar xdata use_sat[2];         //使用的卫星数
uchar xdata total_sat[2];       //天空中总卫星数
uchar lock;                     //定位状态
uchar xdata date[6];            //日期
//串口中断所需的变量
uchar seg_count;                //逗号计数器
uchar dot_count;                //小数点计数器
uchar byte_count;               //位数计数器
uchar cmd_number;               //命令类型
uchar mode;                     //0：结束模式；1：命令模式；2：数据模式
uchar buf_full;                 //1：整句接收完成，相应数据有效；0：缓存数据无效
```

```
uchar cmd[5];                      //命令类型存储数组
/*****************************************************
//函数名称：void uart() interrupt 4
//函数功能：GPS 串口中断服务程序，读取 GPS 及 GPGGA 数据
//参数：void
//返回值：void
//*****************************************************/
void uart() interrupt 4
{
    uchar temp;
    if(RI)
    {
      temp=SBUF;
      switch(temp)
      {
      case '$':
            cmd_number=0;              //类型命令清空
            mode=1;                    //接收命令模式
            byte_count=0;              //接收位数清空
            break;
      case ',':
            seg_count++;               //逗号计数器加 1
            byte_count=0;              //若出现逗号则进另一字段
            break;
      case '*':
            switch(cmd_number)
            {
                case 1:buf_full|=0x01;break;       //有效接收 GPGGA 数据
                case 2:buf_full|=0x02;break;       //有效接收 GPGSV 数据
                case 3:buf_full|=0x04;break;       //有效接收 GPRMC 数据
            }
            mode=0;
            break;
            default:
              if(mode==1)              //接收命令
            {
              cmd[byte_count]=temp;  //接收命令字符保存于 cmd
              if(byte_count>=4)
                {
```

```
if(cmd[0]=='G')
{
  if(cmd[1]=='P')
  {
    if(cmd[2]=='G')
    {
      if(cmd[3]=='G')
      {
         if(cmd[4]=='A')
         {
           cmd_number=1;              //接收到 GPGGA 类型
           mode=2;
           seg_count=0;
           byte_count=0;
         }
      }
      else
      if(cmd[3]=='S')
      {
        if(cmd[4]=='V')
        {
           cmd_number=2;              //接收到 GPGSV 类型
           mode=2;
           seg_count=0;
           byte_count=0;
        }
      }
    }
    else
    if(cmd[2]=='R')
    {
      if(cmd[3]=='M')
      {
        if(cmd[4]=='C')
        {
          cmd_number=3; //接收到 GPRMC 类型
          mode=2;
          seg_count=0;
          byte_count=0;
```

```
                }
              }
            }
          }
        }
      }
    }
      else
          if(mode==2)             //数据命令
          {
            switch(cmd_number)
            {
               case 1:            //GPGGA 类型
               switch(seg_count)
               {
                   case 2:     //接收字段 2 纬度信息
                   if(byte_count<9)
                   {
                       WD[byte_count]=temp;
                   }
                   break;
                   case 3:     //接收字段 3 纬度方向
                   if(byte_count<1)
                   {
                     WD_a=temp;
                   }
                   break;
                   case 4:     //接收字段 4 经度信息
                   if(byte_count<10)
                   {
                       JD[byte_count]=temp;
                   }
                   break;
                   case 5:     //接收字段 5 经度方向
                     if(byte_count<1)
                     {
                       JD_a=temp;
                     }
                     break;
```

```
case 6:     //GPS 状态：0 表示未定位，1/2 表示已定位
  if(byte_count<1)
  {
      lock=temp;
  }
   break;
case 7:     //接收字段 7 定位使用的卫星数信息
  if(byte_count<2)
  {
      use_sat[byte_count]=temp;
  }
   break;
case 9:     //接收字段 9 海拔高度信息
   if(byte_count<6)
   {
     high[byte_count]=temp;
   }
   break;
 }
 break;
 case 2:     //GPGSV 类型
 switch(seg_count)
 {
     case 3:        //接收字段 3 天空中的卫星总数信息
           if(byte_count<2)
           {
               total_sat[byte_count]=temp;
            }
            break;
   }
           break;
   case 3:  //GPRMC 类型
   switch(seg_count)
 {
 case 1:    //接收字段 1 时间信息
         if(byte_count<6)
         {
          time[byte_count]=temp;
         }
```

```
                        break;
                        case 7:  //接收字段 7 速度信息，单位为节(Knots)
                            if(byte_count<5)
                            {
                              speed[byte_count]=temp;
                            }
                        break;
                        case 8:  //接收字段 8 方位角信息
                            if(byte_count<5)
                            {
                              angle[byte_count]=temp;
                            }
                        break;
                        case 9:  //接收字段 9 日期信息
                            if(byte_count<6)
                            {
                              date[byte_count]=temp;
                            }
                        break;
                        }
                      break;
                    }
                }
                byte_count++;  //接收数位加 1
                break;
        }
    }
    RI=0; //清除 RI 位
}
```

(2) 在 GSM.c 文件中定义了接收端、数据格式以及通信协议。程序中还定义了 GSM 模块初始化代码、短信收发代码、检测放射源位置、安全与否判断以及发送警报短信代码等。

GSM.c 详细代码如下：

```
#include<STC_12c5a.H>
#include<intrins.h>
#include <string.h>
#include "head.h"
#define uint unsigned int
#define uchar unsigned char
```

```
#define RxIn 90
#define S2RI 0x01
#define S2TI 0x02
sbit led3 =P0^2;
//main 中定义的全局变量
extern uchar idata sendtime;
extern uchar idata autosend;
extern bit idata newmsg;
extern bit idata msgcmd;
uchar code AT[]="AT";              //握手信号
uchar code ATE[]="ATE";            //关回显
uchar code AT_CNMI[]="AT+CNMI=2,1";
//设置这组参数来将新信息直接显示到串口，不作存储
uchar code AT_CSCA[]="AT+CSCA=+86138xxx";        //设置服务中心号码
uchar code AT_CSCS[]="AT+CSCS=GSM";              //设置服务中心号码(北京)
uchar code AT_CMGF[]="AT+CMGF=1";                //设置短信的格式为 text 格式
uchar code AT_CMGR[]="AT+CMGR=";                 //读取短信指令
uchar code AT_CMGS[]="AT+CMGS=";                 //发送短信指令
//uchar code AT_CMGS[]="AT+CMGS=\"+86136xxxxxxxx\"";     //发送端手机号
//发送短信 SIM 卡号指令
uchar code AT_CMGD[]="AT+CMGD=";                 //删除短信指令
uchar code successfully[]="Operate Successfully!";    //发送操作成功信息到目标号码
uchar code fail[]="Operate failed,try again!";        //发送操作失败信息到目标号码
uchar code nosignal[]="Sorry,No GPS Signal";
//uchar code simCardNumber[] = "\"+86136xxxxxxxx\"";     //发送端手机号
uchar code AT_alarm[19]="AT+CMGS=159xxxxxxxx";        //目标手机号
//初始化发送短信号码指令
uchar code SOS[]="SOS!";           //初始化发送短信号码指令
uchar AT_delete[10];
uchar AT_Read[11];                 //存储发送读取短信指令
uchar AT_SendNumber[19]="AT+CMGS=159xxxxxxxx";  //目标手机号
//初始化发送短信号码指令
//uchar AT_SendNumber[25];
uchar numberbuf[3];                //保存短信条数
uchar idata SystemBuf[RxIn];       //储存出口接收数据
uchar CommandBuf[6];               //储存指令
uchar GsmSendOnlyOnce = 0;         //只执行一次
uchar idata Rx = 0;
//bit permitAnalyzeMessage = 0; //允许解析短信
```

```
//bit receiveLegalCommand = 0;  //收到命令符合规定,否则发送错误指令返回

/*********************************************
//函数名称：void uart2_isr(void)
//函数功能：串口 2 中断服务程序
//参数：void
//返回值：void
//*********************************************/
void uart2_isr(void) interrupt 8
{
      if(S2CON&S2RI)
      {
        S2CON&=~S2RI;          //清除接收标志
        if(Rx<RxIn)
        {
          SystemBuf[Rx] = S2BUF;
          Rx++;
        }
      }
    if(S2CON&S2TI)
    {
        S2CON&=~S2RI;
    }
}

/************************************************
//函数名称：void GsmInit(void)
//函数功能：GSM 初始化
//参数：void
//返回值：void
//************************************************/
void GsmInit(void)
{
    loop:
    DELAY1S(1);
    sendtc35asc(AT);
    send_tc35hex(0x0D);
    DELAY1S(1);
    sendtc35asc(ATE);
```

```
    send_tc35hex(0x0D);
    DELAY1S(2);
    sendtc35asc(AT_CNMI);
    send_tc35hex(0x0D);
    DELAY1S(1);
    sendtc35asc(AT_CSCS);
    send_tc35hex(0x0D);
    DELAY1S(1);
    sendtc35asc(AT_CSCA);
    send_tc35hex(0x0D);
    DELAY1S(1);
    sendtc35asc(AT_CNMI);
    send_tc35hex(0x0D);
    DELAY1S(2);
    for(Rx=0; Rx<RxIn; Rx++)
    {
      SystemBuf[Rx]=0x00;
    }                                          //接收缓冲器清空
    Rx=0;
    sendtc35asc(AT_CMGF);                      //设置短信为 text 模式
    send_tc35hex(0x0D);
    DELAY1S(1);
    //判断模块初始化是否成功，如果成功，则模块回复“OK”给单片机
    if((SystemBuf[2] == 'O') && (SystemBuf[3] == 'K')) {for(Rx=0; Rx<RxIn; Rx++)
      {
           SystemBuf[Rx] = 0x00; //清空
      }
      Rx = 0;
}
    //如果单片机没有收到“OK”，则继续发送初始化指令/0D 0A 4F 4B 0D 0A
    else{
        for(Rx=0; Rx<RxIn; Rx++)
        {
          SystemBuf[Rx] = 0x00;
        }
        Rx = 0;
        goto loop;
    }
}
```

```
/************************************************
//函数名称：void judgeNewMessageCome(void)
//函数功能：判断是否有新的短信，若有则标志位置 1，将内容放到缓冲数组，否则清空
//缓冲数组
//参数：void
//返回值：void
//***********************************************/
void JudgeNewMessageCome(void)
{
    uchar i;
    if((SystemBuf[5] == 0x54) || (SystemBuf[6] == 0x49))
    {
        newmsg = 1;
    }
    else
    {                       //收到新短信，+CMTI:"SM",3
        for(i=0;i<Rx;i++)
        {
            SystemBuf[i]=0x00;
        }
        Rx=0;
    }
}

/************************************************
//函数名称：void ReadMessage(void)
//函数功能：读短信操作，可以读取某条指定短信
//参数：void
//返回值：void
//***********************************************/
void ReadMessage(void)
{
    uchar i;
    DELAY1S(3);
    for(i=0; i<3; i++)
    {
        numberbuf[i] = SystemBuf[14+i];     //保存短信条数
    }
    for(i=0;i<8;i++)
```

```
    {
      //存储发送读取短信指令，AT_CMGR[]="AT+CMGR="
       AT_Read[i]=AT_CMGR[i];
    }
    for(i=8;i<11;i++)
    {
      AT_Read[i] = numberbuf[i-8];              //第几条短信
    }
    for(Rx=0; Rx<RxIn; Rx++)
    {
        SystemBuf[Rx] = 0x00;
    }
    Rx = 0;
   for(i=0;i<11;i++)
   {
        send_tc35hex(AT_Read[i]);               //第几条短信
    }
    send_tc35hex(0x0D);
    send_tc35hex(0x0A);
    DELAY1S(1);
}

/***********************************************************
//函数名称：uchar AnalyseMsg(void)
//函数功能：解析短信内容，读取查询命令和设置自动回复时间命令
//参数：void
//返回值：1 表示收到查询命令，2 表示收到自动设定时间命令
//*********************************************************/
uchar AnalyseMsg(void)
{
    uchar i;
     for(i=0;i<5;i++)
     //将短信内容中的指令部分截取出来放到 CommandBuf 数组中
     {
        CommandBuf[i]=SystemBuf[64+i];    //从第 65 个字符开始为有效字符
     }
     if((CommandBuf[0]=='c')&&(CommandBuf[1]=='c')&&(CommandBuf[2]=='c')
     &&(CommandBuf[3]=='c'))                    //查询指令
     {
```

```
        led3=1;
        return 1;
    }
    else if(((CommandBuf[0]-'0'))>0&&((CommandBuf[0]-'0'<10)))
    //判断指令为设置时间指令
    {
        return (((CommandBuf[0]-'0'))*5);      //将 asc 转换为数字
    }
    else return 0;
}

/****************************************************
//函数名称：void SendLocation(void)
//函数功能：发送带有位置信息的短信
//参数：void
//返回值：void
//**************************************************/
void SendLocation(void)
{
    uchar i;
    for(i=0;i<8;i++)
    {
        AT_SendNumber[i] = AT_CMGS[i];
    }
    for(i=8;i<19;i++) //这里发送 11 位电话号码
    {
        AT_SendNumber[i] = SystemBuf[18+i];
        //可考虑直接发送到指定号码，26 开始是电话号码。
    }
    for(i=0;i<19;i++)
    {
        send_tc35hex(AT_SendNumber[i]);
    }
    send_tc35hex(0x0D);
    DELAY1S(1);             //等待返回“>”
    DELAY1MS(100);
    if(buf_full != 0)
    {
      if(lock){             //如果定位成功，则发送定位信息
```

```
            send_tc35hex(JD_a);
            for(i=0;i<3;i++)
            {
                send_tc35hex(JD[i]);
            }
                sendtc35asc(".");
            for(i=3;i<5;i++)
            {
                send_tc35hex(JD[i]);
            }
            for(i=6;i<10;i++)
            {
                send_tc35hex(JD[i]);
            }
            sendtc35asc("   ");
            send_tc35hex(WD_a);
            for(i=0;i<2;i++)
            {
                send_tc35hex(WD[i]);
            }
                sendtc35asc(".");
            for(i=2;i<4;i++)
            {
                send_tc35hex(WD[i]);
            }
            for(i=5;i<9;i++)
            {
                send_tc35hex(WD[i]);
            }
                sendtc35asc("   ");
            lock = 0;
            }
            buf_full=0;
            }
            else sendtc35asc(nosignal);
            send_tc35hex(0x1A);              //结束字符(Ctrl+Z)
}

/**********************************************
```

```
//函数名称：void DeleteMessage(void)
//函数功能：删除短信
//参数：void
//返回值：void
//***********************************************/
void DeleteMessage(void)
{
    uchar i;
    DELAY1S(1);
    for(i=0;i<8;i++)
    {
      AT_delete[i]=AT_CMGD[i];                    //删除短信头
    }
      for(i=8;i<11;i++)
      {
          AT_delete[i] = numberbuf[i-8];          //第几条短信
      }
      for(Rx=0; Rx<RxIn; Rx++)
      {
          SystemBuf[Rx] = 0x00;
      }
      Rx=0;
      for(i=0;i<10;i++){
        send_tc35hex(AT_delete[i]);
    }
    send_tc35hex(0x0D);
    DELAY1S();
}

/*****************************************
//函数名称：void SendAlarm(void)
//函数功能：发送报警短信
//参数：void
//返回值：void
//****************************************/
void SendAlarm(void)
{
uchar i;
    for(i=0;i<19;i++)
```

```
{
    send_tc35hex(AT_alarm[i]);
}
send_tc35hex(0x0D);
DELAY1S(1);              //等待返回“>”
sendtc35asc(SOS);
send_tc35hex(0x0D);
if(buf_full != 0)
{
    if(lock){            //如果定位成功，则发送定位信息
    send_tc35hex(JD_a);
      for(i=0;i<3;i++)
      {
          send_tc35hex(JD[i]);
      }
     sendtc35asc(".");
      for(i=3;i<5;i++)
      {
          send_tc35hex(JD[i]);
      }
      for(i=6;i<10;i++)
      {
          send_tc35hex(JD[i]);
      }
      sendtc35asc("   ");
      send_tc35hex(WD_a);
      for(i=0;i<2;i++)
      {
          send_tc35hex(WD[i]);
      }
      sendtc35asc(".");
      for(i=2;i<4;i++)
      {
          send_tc35hex(WD[i]);
      }
      for(i=5;i<9;i++)
      {
          send_tc35hex(WD[i]);
      }
```

```
            sendtc35asc("    ");
            lock = 0;
        }
      buf_full=0;
    }
    else sendtc35asc(nosignal);DELAY1S(1);
    send_tc35hex(0x1A);          //结束字符 Ctrl+Z
}

/****************************************
//函数名称：void Autoss(void)
//函数功能：发送报警短信
//参数：void
//返回值：void
//****************************************/
void Autoss(void)
{
uchar i;
    for(i=0;i<19;i++)
    {
        send_tc35hex(AT_alarm[i]);
    }
    send_tc35hex(0x0D);
    DELAY1S(3);                  //等待返回“>”
    if(buf_full != 0)
    {
        if(lock){                //如果定位成功，则发送定位信息
          send_tc35hex(JD_a);
          for(i=0;i<3;i++)
            {
                send_tc35hex(JD[i]);
            }
            sendtc35asc(".");
            for(i=3;i<5;i++)
            {
                send_tc35hex(JD[i]);
            }
            for(i=6;i<10;i++)
            {
```

```
                    send_tc35hex(JD[i]);
                }
            sendtc35asc("   ");
            send_tc35hex(WD_a);
            for(i=0;i<2;i++)
            {
                send_tc35hex(WD[i]);
            }
            sendtc35asc(".");
            for(i=2;i<4;i++)
            {
                send_tc35hex(WD[i]);
            }
            for(i=5;i<9;i++)
            {
                send_tc35hex(WD[i]);
            }
            sendtc35asc("   ");
            lock = 0;
          }
        buf_full=0;
    }
    else sendtc35asc(nosignal);DELAY1S(1);
  send_tc35hex(0x1A);        //结束字符(Ctrl+Z)
}

/**********************************************
//函数名称：void CheckLocation(void)
//函数功能：检查位置异常函数
//参数：void
//返回值：1 表示物体移动超过 500 m，0 表示未移动超过 500 m
//**********************************************/
uchar CheckLocation(void){
  static bit fst = 0;
  static double xdata jddot=0;
  static double xdata wddot=0;
  double detjd=0;
double detwd=0;
if(!fst){
```

```
        if(buf_full != 0){
        jddot=(JD[0]-'0')*360000*25.5783+(JD[1]-'0')*36000*25.5783+(JD[2]-'0')*3600*25.5783+
        ((JD[3]-'0')*10+(JD[4]-'0')+(JD[6]-'0')*0.1+(JD[7]-'0')*0.01+(JD[8]-'0')*0.001+(JD[9]-'0')*
        0.0001)*60*25.5783;
        wddot=(WD[0]-'0')*36000*31.0278+(WD[1]-'0')*3600*31.0278+((WD[2]-'0')*10+(WD[3]-'0')+
        (WD[5]-'0')*0.1+(WD[6]-'0')*0.01+(WD[7]-'0')*0.001+(WD[8]-'0')*0.0001)*60*31.0278;
            fst=1;
              }
            }
       else{
        if(buf_full != 0){
    detjd=(JD[0]-'0')*360000*25.5783+(JD[1]-'0')*36000*25.5783+(JD[2]-'0')*3600*25.5783+
    ((JD[3]-'0')*10+(JD[4]-'0')+(JD[6]-'0')*0.1+(JD[7]-'0')*0.01+(JD[8]-'0')*0.001+(JD[9]-'0')*
    0.0001)*60*25.5783-jddot;
    detwd=(WD[0]-'0')*36000*31.0278+(WD[1]-'0')*3600*31.0278+((WD[2]-'0')*10+(WD[3]-'0')+
    (WD[5]-'0')*0.1+(WD[6]-'0')*0.01+(WD[7]-'0')*0.001+(WD[8]-'0')*0.0001)*60*31.0278-wddot;
              }
            }
            if(detwd>500||detjd>500||detwd<-500||detjd<-500){
                return 1;
            }
            else return 0;
        }
```

(3) 主程序文件 Main.c 中定义了每个所用到的串口初始化程序，在主函数中完成各模块的初始化并循环读取 GPS 坐标信息，同时对放射源进行检测，并根据目标位置汇报相应数据。

Main.c 详细代码如下：

```
#include<STC_12c5a.H>
#include<intrins.h>
#include <string.h>
#include "head.h"
#define uint unsigned int
#define uchar unsigned char
sbit led =P0^0;
sbit led2 =P0^1;
sbit led3 =P0^2;
uint idata sendtime=2;
bit idata newmsg=0;
bit asflag = 0;
```

```
//GSM 中定义的全局变量
extern uchar idata SystemBuf[90];
extern uchar idata Rx;
/*************************************************
//函数功能：GPS 串口 UART0 初始化波特率为 4800 b/s，晶振为 11.0592 MHz
//函数名称：void UartInit(void)
//参数：void
//返回值：void
//************************************************/
void Uart0Init(void)
{
    EA=0;
    PCON &= 0x7f;          //波特率不倍速
    SCON = 0x50;           //8 位数据,可变波特率
    AUXR &= 0xbf;          //定时器 1 时钟为 Fosc/12,即 12T
    AUXR &= 0xfe;          //串口 1 选择定时器 1 为波特率发生器
    TMOD &= 0x0f;          //清除定时器 1 模式位
    TMOD |= 0x20;          //设定定时器 1 为 8 位自动重装方式
    TL1 = 0xFA;            //设定定时初值
    TH1 = 0xFA;            //设定定时器重装值
    ET1 = 0;               //禁止定时器 1 中断
    TR1 = 1;               //启动定时器 1
    PS = 0;
    IPH=IPH&0xEF;          //设置 GPS 中断优先级为最低
    ES=1;
    EA=1;
}

/***************************************************************
//函数功能：GPS 串口 UART1 初始化波特率为 4800 b/s，晶振为 11.0592 MHz
//函数名称：void Uart1Init(void)
//参数：void
//返回值：void
//*************************************************************/
void Uart1Init(void)
{
    EA=0;
    AUXR &= 0xf7;          //波特率不倍速
    S2CON = 0x50;          //8 位数据，可变波特率
```

```
    BRT = 0xFD;                //设定独立波特率发生器重装值
    AUXR &= 0xfb;              //独立波特率发生器时钟为 Fosc/12，即 12T
    AUXR |= 0x10;              //启动独立波特率发生器
    IE2=IE2|0x01;              //开串口中断
    IPH2=IPH2|0x01;
    IP2=IP2|0x01;              //设置 GSM 串口中断优先级为最高
    EA=1;
}

/***********************************************************
//函数功能：串口 0 初始用于自动发送位置短信方式 1 为 16 位 50 000 μs
//函数名称：void Time0Init(void)
//参数：void
//返回值：void
//**********************************************************/
void Time0Init(void){
    TMOD &= 0xf0;              //清除定时器 0 模式位
    TMOD |= 0x01;              //设定定时器 0 为 16 位自动重装方式
    TH0 = 0x4C;
    TL0 = 0x00;
    EA = 1;
    ET0 = 1;
    TR0 = 1;
}

/***********************************************************
//函数功能：GPS 串口 0 发送 hex 数据
//函数名称：void send_gpshex(unsigned char i)
//参数：void
//返回值：void
//**********************************************************/
/*
void send_gpshex(unsigned char i)      //向 GPS 口发送 hex 数据
{
    ES = 0;                    //关串口中断
    TI = 0;                    //清零串口发送完成中断请求标志
    SBUF= i;
    while(TI ==0);             //等待发送完成
    TI =0;                     //清零串口发送完成中断请求标志
```

```
 ES=1;                       //允许串口中断
}

/*****************************************************
//函数功能：GPS 串口 0 发送字符串数据
//函数名称：void sendgpsasc(unsigned char *s)
//参数：void
//返回值：void
//*****************************************************/
/*
void sendgpsasc(unsigned char *s)      //向 GPS 口发送字符串数据
{
   while(*s!='\0')                     // \0 是字符串结束标志
     {
     send_gpshex(*s);
     s++;
     }
}  */

/*****************************************************
//函数功能：GPS 串口 1 发送 hex 数据
//函数名称：void send_tc35hex(unsigned char i)
//参数：void
//返回值：void
//*****************************************************/
void send_tc35hex(unsigned char i)     //向 TC35 口发送 hex 数据
{
   unsigned char temp = 0;
   IE2=0x00;                           //关串口 2 中断，ES2=0
   S2CON=S2CON & 0xFD;                 //B'11111101，清零串口 2 发送完成中断请求标志
   S2BUF=i;
   do{
     temp = S2CON;
     temp = temp & 0x02;
     }while(temp==0);
     S2CON=S2CON & 0xFD;               //B'11111101，清零串口 2 发送完成中断请求标志
   IE2=0x01;                           //允许串口 2 中断，ES2=1
}
```

```
/*******************************************************
//函数功能：GSM 串口 1 发送字符串数据
//函数名称：void sendtc35asc(unsigned char *s)
//参数：void
//返回值：void
//*****************************************************/
void sendtc35asc(unsigned char *s)      //向 TC35 口发送字符串数据
{
   while(*s!='\0')                      // \0 是字符串结束标志
   {
   send_tc35hex(*s);
   s++;
   }
}

/*******************************************************
//函数功能：串口服务程序，自动发送位置短信
//函数名称：void Timer0()
//参数：void
//返回值：void
//*****************************************************/
void Timer0(void) interrupt 1
{
static unsigned char count = 0;         //定义静态变量 count
static unsigned char sec = 0;           //定义静态变量 sec
static unsigned char min = 0;           //定义静态变量 min
   TH0 = 0x4C;
   TL0 = 0x00;
   TR0=0;
   count++;
   if(count >= 20){
       count = 0;
       sec++;
       if(sec == 60){
         sec = 0;
         min++;
         if(min >= sendtime){
           min=0;
             led2=!led2;
```

```
            asflag=1;
        }
    }
  }
  TR0=1;
}

/*****************************************************
//函数功能：主函数
//函数名称：main(void)
//参数：void
//返回值：void
//****************************************************/
void main(){
  uchar msgcmd =0;
  bit alarm=0;
  led=0;
  led2=0;
  led3=0;
  DELAY1S(1);                  //延时 20 秒
  Uart0Init();
  Uart1Init();                 //对两个串口进行初始化
  Time0Init();                 //对定时器 0 进行初始化
  GsmInit();                   //对 TC35 GSM 模块进行初始化
  led=1;
  while(1){
    JudgeNewMessageCome();     //判断是否有新短信到来
    DELAY1MS(100);
    if(asflag){
        Autoss();              //发送位置信息
        asflag=0;
    if(newmsg==1){             //有短信
        ES =0;                 //关 GPS 串口中断
        TR0 =0;
        led=0;
        ReadMessage();         //读短信内容
        DELAY1S(1);
        msgcmd=AnalyseMsg();   //解析短信命令
        if(msgcmd==1){         //命令为查询状态
```

```
                SendLocation();             //发送位置信息
                DeleteMessage();            //删除短信
                msgcmd=0;
            }
            else if(msgcmd==0){
                DeleteMessage();
                for(Rx=0;Rx<90;Rx++){
                SystemBuf[Rx]=0x00;         //每次操作完成后将接收数组清零
                }
              Rx=0;
            }
          else {
                sendtime=msgcmd;            //设置自动发送时间
                DeleteMessage();            //删除短信
                msgcmd=0;
              }
            for(Rx=0;Rx<90;Rx++){
              SystemBuf[Rx]=0x00;           //每次操作完成后将接收数组清零
            }
            Rx=0;
            newmsg=0;
            ES =1;
            TR0 = 1;
          }
          alarm =CheckLocation();           //检查位置函数
          if(alarm==1){
          SendAlarm();
          alarm=0;
          }
        DELAY1S(1);
      }
  }
```

5.3.2　Windows 端软件设计

Windows 端利用 VB 开发设计软件，方便实现对目标放射源的控制及监测。

在软件端主要包含 3 个部分：串口控制部分、节点信息部分和 Google Map 部分。串口控制部分主要实现通信计算机串口初始化并选定使用串口、设定波特率以及显示方式，是实现控制的基础；节点信息部分主要将通过串口获取的放射源 GPS 节点信息显示出来；

Google Map 部分通过编写 XML 代码调用 Google 地图将放射源位置加以显示。具体如图 5-7 所示。

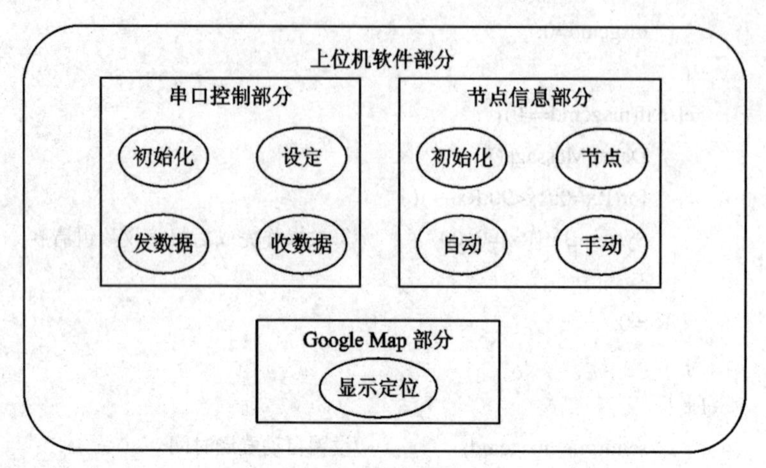

图 5-7　上位机软件主要功能划分

上位机软件示意图如图 5-8 所示。

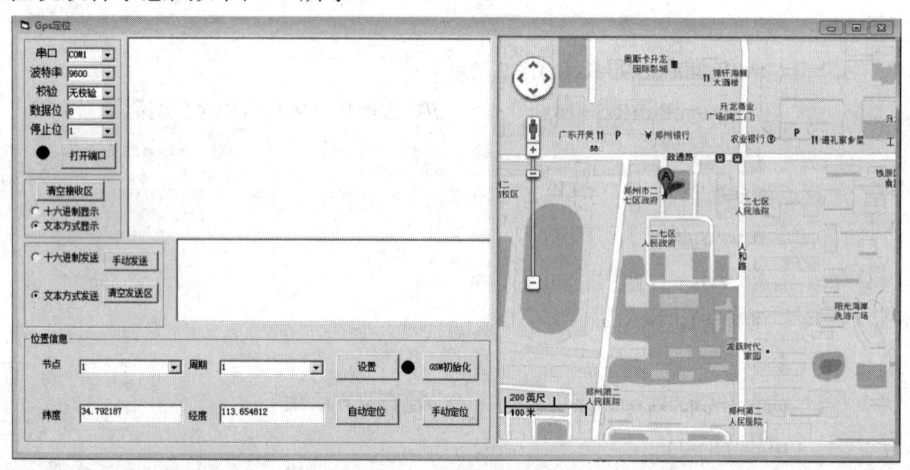

图 5-8　上位机软件示意图

上位机 VB 软件部分代码如下：

```
Private Declare Function ShellExecute Lib "shell32.dll" Alias "ShellExecuteA" (ByVal hwnd As Long, ByVal lpOperation As String, ByVal lpFile As String, ByVal lpParameters As String, ByVal lpDirectory As String, ByVal nShowCmd As Long) As Long
Private Declare Sub Sleep Lib "kernel32" (ByVal dwMilliseconds As Long)
Private Declare Function timeGetTime Lib "winmm.dll" () As Long
Private Declare Function Beep Lib "kernel32" (ByVal dwFreq As Long, ByVal dwDuration As Long) As Long
Private Sub Check1_Click()
If Check1.Value = 1 Then
intTime = Val(Text3.Text)
Timer1.interval = intTime
```

```
Timer1.Enabled = True
Else
Timer1.Enabled = False
End If
End Sub
Private Sub Combo1_Click()
If Combo1.ListIndex + 1 <> com_last_num Then  ' 选的端口跟上次相同时不检测
   ' 先关闭上一个打开的端口
   If com_last_open_num <> 0 Then
   MSComm1.PortOpen = False
   End If
   If Test_COM(Combo1.ListIndex + 1) = True Then
   Command1.Caption = "关闭端口"
   Shape1.FillColor = RGB(0, 255, 0)
   If Combo3.Text = "无校验" Then
   jiaoyan = "N"
   ElseIf Combo3.Text = "奇校验" Then
   jiaoyan = "O"
   ElseIf Combo3.Text = "偶校验" Then
   jiaoyan = "E"
   End If
   com_setting=Combo2.Text+","+jiaoyan+","+Combo4.Text+","+Combo5.Text
   'Text1.Text = com_setting
   initial_com (Combo1.ListIndex + 1)
   com_last_open_num = Combo1.ListIndex + 1
   Else
   Command1.Caption = "打开端口"
   Shape1.FillColor = RGB(0, 0, 0)
   com_last_open_num = 0                    ' 注意此处要清零
   End If
   com_last_num = Combo1.ListIndex + 1
End If
End Sub
Private Sub Combo2_Click()
   On Error GoTo erRH
   If MSComm1.PortOpen = True Then MSComm1.PortOpen = False
   gSettings = Combo2.Text &",n," & Combo4.Text & "," & Combo5.Text
   If Command1.Caption = "关闭端口" Then
        MSComm1.Settings = gSettings
```

```
            gComport = Val(Right(Combo1.Text, 1))
            MSComm1.CommPort = gComport
            MSComm1.PortOpen = True
        Else
            gComport = Val(Right(Combo1.Text, 1))
            MSComm1.Settings = gSettings
            MSComm1.CommPort = gComport
            MSComm1.PortOpen = True
          End If
          Exit Sub
erRH:
          MsgBox Err.Description, , "提示窗口"
End Sub
Private Sub Command1_Click()
          On Error GoTo erRH
          gSettings = Combo2.Text &",n," & Combo4.Text & "," & Combo5.Text
          MSComm1.Settings = gSettings
          gComport = Val(Right(Combo1.Text, 1))
          If Command1.Caption = "关闭端口" Then
            MSComm1.PortOpen = False
            Command1.Caption = "打开端口"
            Shape1.FillColor = RGB(0, 0, 0)
            com_last_open_num = 0
          Else
                If Test_COM(Combo1.ListIndex + 1) = True Then
                    MSComm1.CommPort = gComport
                    MSComm1.PortOpen = True
                    Command1.Caption = "关闭端口"
                    Shape1.FillColor = RGB(0, 255, 0)
                    Timer2.Enabled = True
                End If
          End If
          Exit Sub
erRH:
        MsgBox Err.Description, , "提示窗口"
End Sub
' 手动发送按钮
Private Sub Command2_Click()
Call Timer1_Timer
```

```
End Sub
' GPS 数据传递
Private Sub Command3_Click()
    On Error Resume Next
    '--------------------------------------------------------
    Dim xmldoc As DOMDocument
    Dim proinst As IXMLDOMProcessingInstruction
    Dim rootelement As IXMLDOMElement
    Dim aelement As IXMLDOMElement
    '--------------------------------------------------------
    Set xmldoc = New DOMDocument
    Set proinst = xmldoc.createProcessingInstruction("xml", "version=""1.0""")
    xmldoc.appendChild proinst
    '--------------------------------------------------------
    Set rootelement = xmldoc.createElement("wroot")
    Set xmldoc.documentElement = rootelement
    '--------------------------------------------------------
    Set aelement = xmldoc.createElement("Latitude")
    ' aelement.nodeTypedValue = Me.Text1.Text
    aelement.nodeTypedValue = Text4.Text
    rootelement.appendChild aelement
    Set aelement = xmldoc.createElement("longitutde")
    ' aelement.nodeTypedValue = Me.Text2.Text
    aelement.nodeTypedValue = text5.Text
    rootelement.appendChild aelement
    rootelement.appendChild aelement
    xmldoc.save App.Path & "\testWebStudents.xml"
    ' MsgBox (App.Path & "\testWebStudents.xml")
    WebBrowser1.Navigate App.Path & "\main.html"
End Sub
' 清空接收区
Private Sub Command4_Click()
Text1.Text = ""
End Sub
' 设置自动查询周期
Private Sub Command5_Click()
    Text1.Text = ""
    intOutMode = 1
    If Combo7.Text = 2 Then                    ' 选择节点
```

```
        strSendText="xxxx"                        ' 节点手机号，如 138xxxxxxxx
        send1 = send(strSendText)
        delay (500)
        strSendText = Hex(Asc(Combo6.Text))
        send1 = send(strSendText)
        delay (500)
        strSendText = "1A"
        send1 = send(strSendText)                 ' 下接短信发送成功判断
        delay (3000)
        MsgBox "设置成功", "提示窗口"
        Else
        strSendText="xxxx"                        ' 节点手机号
        send1 = send(strSendText)
        delay (500)
        strSendText = Hex(Asc(Combo6.Text))
        send1 = send(strSendText)
        delay (500)
        strSendText = "1A"
        send1 = send(strSendText)                 ' 下接短信发送成功判断
        delay (3000)
        compare (Text1.Text)
        MsgBox "设置成功", "提示窗口"
        End If
        Text1.Text = ""
    End Sub
    ' 上位机 TC35 初始化
    Private Sub Command6_Click()
        strSendText = "41540D"
        send1 = send(strSendText)
        delay (500)
        Text1.Text = ""
        strSendText = "4154450D"
        send1 = send(strSendText)
        delay (500)
     Text1.Text = ""
        strSendText = "xxxx"
        send1 = send(strSendText)
        delay (500)
     Text1.Text = ""
```

```
    strSendText = "xxxx"
    send1 = send(strSendText)
    delay (500)
 Text1.Text = ""
 strSendText = "41542B435343413D2B3836313338303033373135303300D"
 ' XX 移动中心号设置
    send1 = send(strSendText)
    delay (500)
 Text1.Text = ""
    strSendText = "41542B434D47463D310D"
    send1 = send(strSendText)
    delay (500)
compare (Text1.Text)
 Text1.Text = ""
If a(3) = "O" Then MsgBox ("初始化成功"), "提示窗口"
            Else: MsgBox ("未能初始化"), "提示窗口"
End Sub
' 对接收区数据进行处理
Function compare(comString As String) As Integer
    ReDim a(1 To Len(comString)) As String
    For i = 1 To Len(comString)
    a(i) = Mid(Text1.Text, i, 1)
    Next i
End Function
' 延时函数
Function delay(interval As Integer) As Integer
 Dim savtime As Double
    Savetime = timeGetTime
While timeGetTime < Savetime + interval
    DoEvents
    Wend
End Function
Function send(strText As String) As Integer
    MSComm1.InBufferCount = 0               ' 清空接收缓冲区
    MSComm1.OutBufferCount = 0              ' 清空发送缓冲区
length = strHexToByteArray(strSendText, bytSendByte())
    If length > 0 Then
        MSComm1.Output = bytSendByte
    End If
```

```
End Function
' 自动查询位置
Private Sub Command7_Click()
    intOutMode = 1
    ' strSendText = "xxxx"                    ' xxxx 为手机号对应编码
    ' strSendText = "xxxx"                    ' xxxx 为手机号对应编码
    If Combo7.Text = 2 Then
    strSendText = "xxxx"                      ' xxxx 为手机号对应编码
    send1 = send(strSendText)
    delay (500)
    strSendText = "63636363"
    send1 = send(strSendText)
    delay (500)
    strSendText = "1A"
    send1 = send(strSendText)
    Else
    strSendText = "xxxx"                      ' xxxx 为手机号对应编码
    send1 = send(strSendText)
    delay (500)
    strSendText = "63636363"
    send1 = send(strSendText)
    delay (500)
    strSendText = "1A"
    send1 = send(strSendText)
    delay (1000)
    End If
    Text1.Text = ""
End Sub
Private Sub Form_Load()
' 界面初始化
Combo1.Text = "COM1"
Combo1.AddItem "COM5"
Combo1.AddItem "COM6"
Combo1.AddItem "COM7"
Combo2.Text = "9600"
Combo3.Text = "无校验"
Combo4.Text = "8"
Combo5.Text = "1"
Combo6.Text = "1"
```

```
Combo7.Text = "1"
Option2.Value = True
Option4.Value = True
Combo6.AddItem "1"
Combo6.AddItem "2"
Combo6.AddItem "3"
Combo6.AddItem "4"
Combo6.AddItem "5"
Combo6.AddItem "6"
Combo6.AddItem "7"
Combo6.AddItem "8"
Combo6.AddItem "9"
Combo6.AddItem "10"
Combo7.AddItem "1"
Combo7.AddItem "2"
' 初始化变量
com_last_num = 0                          ' 上一个串口号为 1
If Test_COM(1) = True Then
Command1.Caption = "关闭端口"
Shape1.FillColor = RGB(0, 255, 0)
com_setting = "9600,N,8,1"
com_last_open_num = 1                     ' 表示端口 1 打开
initial_com (1)
Else
Command1.Caption = "打开端口"
Shape1.FillColor = RGB(0, 0, 0)
com_last_open_num = 0                     ' 表示没有端口打开
End If
com_last_num = 1
End Sub
' 检测端口号函数
Private Function Test_COM(com_num As Integer) As Boolean
If com_num <> com_last_num Or Command1.Caption = "打开端口" Then
   On Error GoTo Comm_Error
      MSComm1.CommPort = com_num         ' 这里接收传入的串口号
      MSComm1.PortOpen = True
      MSComm1.PortOpen = False
      Test_COM = True
      ' 如果操作成功，则说明当前串口可用，返回 1
```

```
    Exit Function
Comm_Error:
        If Err.Number = 8002 Then
            MsgBox "串口不存在！", "提示窗口"
        ElseIf Err.Number = 8005 Then
            MsgBox "串口已打开！", "提示窗口"
        Else
            MsgBox "其他错误", "提示窗口"
        End If
        Test_COM = False                    ' 如果出错，则返回 0
    Exit Function
    Resume Next
End If
End Function
' 端口初始化子程序
Private Sub initial_com(com_num As Integer)
MSComm1.CommPort = com_num
MSComm1.OutBufferSize = 1024
MSComm1.InBufferSize = 1024
MSComm1.InputMode = 1
MSComm1.InputLen = 0
MSComm1.InBufferCount = 0
MSComm1.SThreshold = 1
MSComm1.RThreshold = 1
MSComm1.Settings = com_setting
MSComm1.PortOpen = True
End Sub
'**********************************
' 字符表示的十六进制数转化为相应的整数
' 错误则返回-1
'**********************************
Function ConvertHexChr(str As String) As Integer
    Dim test As Integer
    test = Asc(str)
    If test >= Asc("0") And test <= Asc("9") Then
        test = test - Asc("0")
    ElseIf test >= Asc("a") And test <= Asc("f") Then
        test = test - Asc("a") + 10
    ElseIf test >= Asc("A") And test <= Asc("F") Then
```

```
            test = test - Asc("A") + 10
        Else
            test = -1                    ' 出错信息
        End If
        ConvertHexChr = test
    End Function
    '***********************************
    ' 字符串表示的十六进制数据转化为相应的字节串
    ' 返回转化后的字节数
    '***********************************
    Function strHexToByteArray(strText As String, bytByte() As Byte) As Integer
        Dim HexData As Integer           ' 十六进制(二进制)数据字节对应值
        Dim hstr As String * 1           ' 高位字符
        Dim lstr As String * 1           ' 低位字符
        Dim HighHexData As Integer       ' 高位数值
        Dim LowHexData As Integer        ' 低位数值
        Dim HexDataLen As Integer        ' 字节数
        Dim StringLen As Integer         ' 字符串长度
        Dim Account As Integer           ' 计数
        strTestn = ""                    ' 设初值
        HexDataLen = 0
        strHexToByteArray = 0
        StringLen = Len(strText)
        Account = StringLen \ 2
        ReDim bytByte(Account)
        For n = 1 To StringLen
            Do                           ' 清除空格
                hstr = Mid(strText, n, 1)
                n = n + 1
                If (n - 1) > StringLen Then
                    HexDataLen = HexDataLen - 1
                  Exit For
                  End If
              Loop While hstr = " "
              Do
                lstr = Mid(strText, n, 1)
                n = n + 1
                If (n - 1) > StringLen Then
                    HexDataLen = HexDataLen - 1
```

```
                Exit For
                End If
            Loop While lstr = " "
            n = n - 1
            If n > StringLen Then
                HexDataLen = HexDataLen - 1
                Exit For
            End If
            HighHexData = ConvertHexChr(hstr)
            LowHexData = ConvertHexChr(lstr)
            If HighHexData = -1 Or LowHexData = -1 Then  ' 遇到非法字符中断转化
                HexDataLen = HexDataLen - 1
                Exit For
            Else
                HexData = HighHexData * 16 + LowHexData
                bytByte(HexDataLen) = HexData
                HexDataLen = HexDataLen + 1
            End If
        Next n
        If HexDataLen > 0 Then                    ' 修正最后一次循环改变的数值
            HexDataLen = HexDataLen - 1
            ReDim Preserve bytByte(HexDataLen)
        Else
            ReDim Preserve bytByte(0)
        End If
        If StringLen = 0 Then                     ' 如果是空串，则不进入循环体
            strHexToByteArray = 0
        Else
            strHexToByteArray = HexDataLen + 1
        End If
    End Function
    ' 发送信息
    Private Sub Timer1_Timer()
        Dim length As Integer
        If Option3.Value = True Then
        intOutMode = 1
        MSComm1.InputMode = comInputModeBinary
        Else
        intOutMode = 0
```

```
    MSComm1.InputMode = comInputModeText
    End If
    strSendText = Text2.Text
    If intOutMode = 0 Then
        MSComm1.InBufferCount = 0        ' 清空接收缓冲区
        MSComm1.OutBufferCount = 0       ' 清空发送缓冲区
        MSComm1.Output = strSendText & vbCrLf
        Do                               ' 直到指令发送完毕
            DoEvents
        Loop Until MSComm1.OutBufferCount = 0
        Else
        MSComm1.InBufferCount = 0        ' 清空接收缓冲区
        MSComm1.OutBufferCount = 0       ' 清空发送缓冲区
        length = strHexToByteArray(strSendText, bytSendByte())
        If length > 0 Then
              MSComm1.Output = bytSendByte
        End If
    End If
End Sub
' 串口通信控件设置
Private Sub MSComm1_OnComm()
    Dim bytInput() As Byte
    Dim intInputLen As Integer
    Dim n As Integer
    Dim testString As String
    Select Case MSComm1.CommEvent
        Case comEvReceive
            If Option1.Value = True Then
            MSComm1.InputMode = 1        '0 表示文本方式，1 表示二进制方式
            Else
            MSComm1.InputMode = 0        '0 表示文本方式，1 表示二进制方式
            End If
                intInputLen = MSComm1.InBufferCount
            bytInput = MSComm1.Input
            If Option1.Value = True Then
            For n = 0 To intInputLen - 1
                Text1.Text = Trim(Text1.Text) & " " & IIf(Len(Hex$(bytInput(n))) > 1,
                        Hex$(bytInput(n)), "0" & Hex$(bytInput(n)))
            Next n
```

```
            Else
            testString = bytInput
            Text1.Text = Text1.Text + testString
            End If
    End Select
End Sub
' 对接收短信进行读取和判断
Private Sub Timer2_Timer()
Dim b As String
Dim c As Integer
     c = Len(Text1.Text)
 Select Case c
 Case Is > 15
    compare (Text1.Text)
    If a(6) & a(7) = "TI" Then
         b = a(15) & a(16)
         Text1.Text = ""
      strSendText = "AT+CMGR=" + b
      MSComm1.InBufferCount = 0                ' 清空接收缓冲区
      MSComm1.OutBufferCount = 0               ' 清空发送缓冲区
      MSComm1.Output = strSendText & vbCrLf
      Do                                       ' 直到指令发送完毕
            DoEvents
      Loop Until MSComm1.OutBufferCount = 0
    delay (1500)
      compare (Text1.Text)
      Text1.Text = ""
      strSendText = "AT+CMGD=" + b
      intOutMode = 0
      MSComm1.InBufferCount = 0                ' 清空接收缓冲区
      MSComm1.OutBufferCount = 0               ' 清空发送缓冲区
      MSComm1.Output = strSendText & vbCrLf
          Do                                   ' 直到指令发送完毕
                DoEvents
             Loop Until MSComm1.OutBufferCount = 0
      delay (700)
      Text1.Text = ""
      Select Case Asc(a(65))
      Case 69
```

```
            d = str(Val(a(70) & a(71) & "." & a(72) & a(73) & a(74) & a(75)) / 60 + 0.0053)
            ' GPS 数据修正
            E = Mid(d, 3, 10)
            text5.Text = a(66) & a(67) & a(68) & a(69) & E       ' 短信未读情况
            d = str(Val(a(82) & a(83) & "." & a(84) & a(85) & a(86) & a(87)) / 60 - 0.00009)
            'GPS 数据修正'
            E = Mid(d, 3, 10)
            Text4.Text = a(79) & a(80) & a(81) & E
            Call Command3_Click
            Case 78
            MsgBox "无法获得位置信息", "提示窗口"
            Case 83
            'WindowsMediaPlayer1.url = ".. \报警声.wav"       ' 指定警报声目录
            WindowsMediaPlayer1.url = App.Path & "\报警声.wav"
            WindowsMediaPlayer1.Settings.playCount = 3
            'Timer1.enable = ture
            For i = 0 To 100
                Shape2.FillColor = RGB(255, 0, 0)
                delay (100)
                Shape2.FillColor = RGB(255, 255, 255)
                delay (100)
                Next i
        End Select
        Else
        Text1.Text = ""
        End If
        End Select
    End Sub
```

第6章 电子设计竞赛获奖优秀作品

本章主要介绍全国大学生电子设计竞赛的基本情况、获得全国一等奖等优秀作品的设计报告实例、中国研究生电子设计竞赛的基本情况和若干获得全国一等奖等作品。

6.1 全国大学生电子设计竞赛简介

全国大学生电子设计竞赛是教育部倡导的大学生学科竞赛之一，是面向大学生的群众性科技活动，目的在于推动高等学校信息与电子类学科课程体系和课程内容的改革。该竞赛有助于高等学校实施素质教育，培养大学生的实践创新意识与基本能力、团队协作的人文精神和理论联系实际的学风；有助于学生工程实践素质的培养、提高学生针对实际问题进行电子设计制作的能力；有助于吸引、鼓励广大青年学生踊跃参加课外科技活动，为优秀人才的脱颖而出创造条件。

全国大学生电子设计竞赛每逢单数年的9月份举办，赛期四天。竞赛采用全国统一命题、分赛区组织，“半封闭、相对集中”的方式进行。每支参赛队由三名学生组成，竞赛期间学生可以查阅有关纸介或网络技术资料，队内学生可以集体商讨设计思想，确定设计方案，分工负责、团结协作，以队为基本单位独立完成竞赛任务；竞赛所需设备、元器件等均由各参赛学校负责提供。

竞赛内容包括以下几个方面：

(1) 以电子电路(含模拟和数字电路)应用设计为主要内容，可以涉及模-数混合电路、单片机、可编程器件、EDA软件工具和PC机(主要用于开发)的应用。题目包括“理论设计”和“实际制作与调试”两部分。竞赛题目应具有实际意义和应用背景，并考虑到目前教学的基本内容和新技术的应用趋势，同时对教学内容和课程体系改革起一定的引导作用。

(2) 题目着重考核学生综合运用基础知识进行理论设计的能力，考核学生的创新精神和独立工作能力，考核学生的实验技能(制作、调试)。

(3) 题目在难易程度方面，既要使一般参赛学生能在规定的时间内完成基本操作，又能使优秀学生有发挥与创新的余地。

具体情况请参考全国大学生电子设计竞赛网站(www.nuedc.com.cn)。

6.2 *LC* 谐振放大器(D 题)

6.2.1 赛题要求

一、任务

设计并制作一个 *LC* 谐振放大器。

二、要求

设计并制作一个低压、低功耗 *LC* 谐振放大器。为便于测试，在放大器的输入端插入一个 40 dB 的固定衰减器。电路框图如图 6-1 所示。

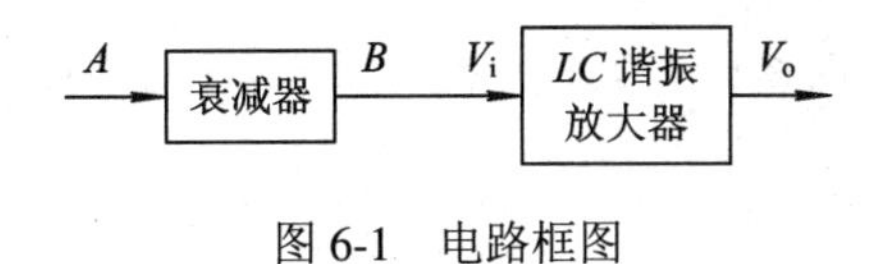

图 6-1 电路框图

1. 基本要求

(1) 衰减器指标：衰减量 40±2 dB，特性阻抗 50 Ω，频带与放大器相适应。

(2) 放大器指标：

① 谐振频率：f = 15 MHz，允许偏差 ±1000 kHz；

② 增益：不小于 60 dB；

③ −3 dB 带宽：$2\Delta f_{0.7}$ = 300 kHz，带内波动不大于 2 dB；

④ 输入电阻：R_{in} = 50 Ω；

⑤ 失真：负载电阻为 200 Ω，输出电压 1 V 时，波形无明显失真。

(3) 放大器使用 3.6 V 稳压电源供电(电源自备)。最大不得超过 360 mW，尽可能减小功耗。

2. 发挥部分

(1) 在 −3 dB 带宽不变的条件下，提高放大器增益到 80 dB 或以上。

(2) 在最大增益的情况下，尽可能减小矩形系数 $K_{r0.1}$。

(3) 设计一个自动增益控制(AGC)电路，使 AGC 控制范围大于 40 dB。AGC 控制范围由 $20\log(V_{omin}/V_{imin})-20\log(V_{omax}/V_{imax})$(dB)计算得出。

(4) 其他。

三、说明

(1) 图 6-2 所示为 *LC* 谐振放大器的典型特性曲线，矩形系数 $K_{r0.1}=\dfrac{2\Delta f_{0.1}}{2\Delta f_{0.7}}$。

(2) 放大器幅频特性应在衰减器输入端信号小于 5 mV 时测试(这时谐振放大器的输入

V_i＜50 μV)。所有项目均在放大器输出接 200 Ω 负载电阻的条件下测量。

(3) 功耗的测试应在输出电压为 1 V 时测量。

(4) 文中所有电压值均为有效值。

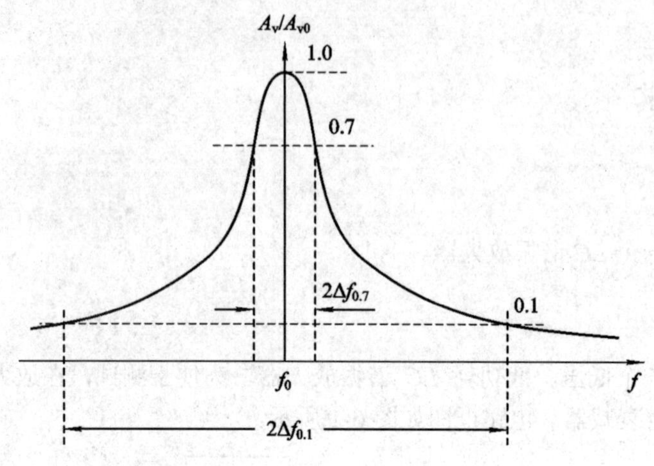

图 6-2 谐振放大器典型幅频特性示意图

四、评分标准

评分标准见表 6-1。

表 6-1 评 分 标 准

	项 目	主 要 内 容	满分
设计报告	方案论证	比较与选择 方案描述	3
	理论分析与计算	增益 AGC 带宽与矩形系数	6
	电路设计	完整电路图 输出最大不失真电压及功耗	6
	测试方案与测试结果	测试方法与仪器 测试结果及分析	3
	设计报告结构及规范性	摘要 设计报告正文的结构 图标的规范性	2
	总分		20
基本要求	实际制作完成情况		50
发挥部分	完成(1)		15
	完成(2)		19
	完成(3)		10
	其他		6
	小计		50

6.2.2　全国一等奖作品 1

全国一等奖作品信息见表 6-2。

表 6-2　全国一等奖作品

作品来源	2011 年全国大学生电子设计竞赛
参赛题目	*LC* 谐振放大器
参赛队员	张战韬、张东升、谢炜
赛前辅导教师	王斌、朱义君、田忠骏
文稿整理辅导教师	田忠骏
获奖等级	全国一等奖

摘要：本系统由衰减模块、谐振放大模块和 AGC 模块构成。衰减模块由 π 型电阻网络构成，衰减量为 40 dB。谐振放大模块由五级以双栅场效应管 BF909R 为核心的 *LC* 混合调谐放大器组成，谐振频率为 15 MHz，增益为 85 dB，−3 dB 带宽为 300 kHz，矩形系数为 1.9。第五级输出信号经检波反馈至五级 BF909R 的 G2 栅极，完成了 48 dB 的自动增益控制。由于采用了低功耗器件，所以系统功耗为 115 mW。

关键词：*LC* 谐振放大；双栅场效应管；自动增益控制

一、方案设计与论证

1. 衰减模块选择

方案一：选择数控衰减器。

多数数控衰减器能够在大动态范围内完成精确衰减。也可使用简单控制系统，与外围电路结合，实现数控衰减。但是由于使用了集成芯片，所以在一定程度上增加了系统的功耗，且成本高，器件购买困难。

方案二：π 型电阻衰减网络。

π 型电阻衰减网络利用电阻分压原理，由若干电阻搭建而成。该衰减网络无需控制，频带宽，输入输出阻抗稳定，工作频率宽，动态范围大，并且价格低廉，其增益误差由电阻的精度决定。

综合考虑功耗、频带与成本等因素，我们选择 π 型电阻衰减网络，衰减量为 40 dB。

2. 谐振放大模块选择

1) 放大器件选择

方案一：选择高频三极管。

使用高频三极管进行谐振放大，其电路简单、噪声较小，但是稳定性较差，增益控制比较复杂。

方案二：选择集成调谐放大器。

集成调谐放大器体积小，外部接线及焊点少，使电路的稳定性得以提高，且多数具备 AGC 功能。但是大多数该类芯片工作电压大于 3.6 V，且由于时间紧张，符合题目要求的芯片较难找到。

方案三：选择双栅场效应管。

双栅场效应管具备高跨导、高输入阻抗、低反馈电容、低失真、偏置电路简洁等优点，并且容易进行增益控制，能够在一定程度上提高调谐放大器的稳定性。

综合考虑稳定性、功耗、AGC 的实现等因素，我们选择双栅场效应管作为放大器件。它的缺点是在题目要求的工作频率下噪声相对较大。

2) 调谐方式选择

由于系统要求增益为 80 dB，单级或者两级放大很难完成系统指标，且单级增益太大会影响系统的稳定性，因此考虑使用多级放大，具体的调谐方式有三种：

方案一：采用多级单调谐放大器。

多级单调谐放大器各级谐振频率相同，随着级联级数的增加，带宽减小，但是在级联两级以上后矩形系数改变较小。

方案二：采用多级双调谐放大器。

多级双调谐放大器各级采用相同的双回路，随着级联数的增加，矩形系数明显改善，带宽减小程度比单调谐放大器要小，但是使用的回路元件多，调谐过程也比较复杂。

方案三：采用混合调谐放大器。

混合调谐放大器采用单调谐与多调谐组合的方式，能够在通频带为 300 kHz 时得到较低的矩形系数，且相对于多级双调谐放大器调试难度降低。

结合题目具体要求与实际效果，我们选择方案三。

3. AGC 模块选择

本系统采用双栅场效应管 BF909R，其两个栅极均能控制沟道电流，对输出信号进行检波后的直流电平经过简单运算后反馈至 G2 栅极，进而控制场效应管的增益，实现自动增益控制。

对输出信号进行检波主要有以下两种方案：

方案一：采用 AD8361 检波。

AD8361 输入、输出线性较好，检波灵敏度高。但是 AD8361 的输入阻抗典型值为 225 Ω，需要外加跟随器，外围电路比较复杂。

方案二：采用 1N60 检波二极管检波。

1N60 检波二极管检波范围较大，且电路简单，功耗较低。

综合题目要求、电路复杂性与功耗等因素，我们选择使用 1N60 检波二极管实现检波，并使用两级 LM358 进行运算放大。

4. 总体方案描述

本方案主要由衰减器、五级级联放大器和自动增益控制模块构成，框图如图 6-3 所示。

输入的小信号经过一个固定衰减为 40 dB 的 π 型电阻衰减网络后，再通过由双栅场效应管及 *LC* 谐振网络(并联电容与中频变压器)搭建的五级混合调谐谐振放大电路，总体增益为 85 dB，通过调整各级工作点和 *LC* 谐振网络的具体参数使得谐振频率为 15 MHz，−3 dB 带宽为 300 kHz，矩形系数为 1.9。输出信号经过检波、信号放大、反向差动运算后作用于各级双栅场效应管的 G2 栅极，进行自动增益控制，可控增益范围为 50 dB。

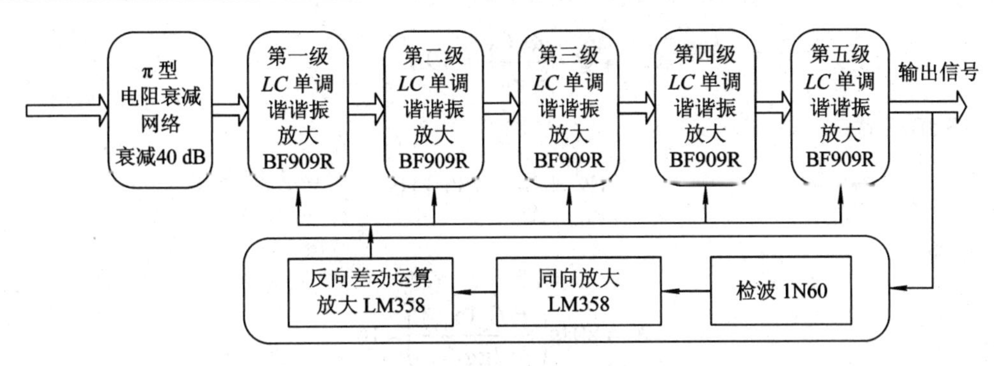

图 6-3　系统总体框图

二、理论分析与计算

1. 增益分配与通频带

考虑到放大器的增益很大，为了保证稳定性采用多级放大的方式，本方案共有五级放大，各级增益分配如图 6-4 所示(无 AGC 控制模式下)。

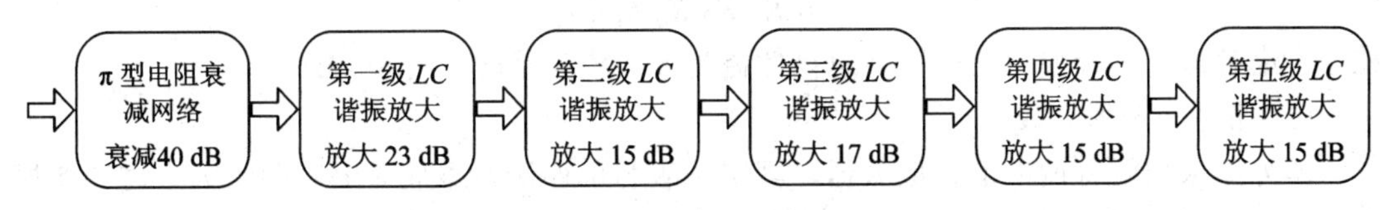

图 6-4　LC 谐振放大器各级增益分配

对于每一级放大器，增益和选择性是一对矛盾的参数。在保证电路稳定性的基础上尽量提供大的增益，同时由于采用了多级混合调谐方式，所以各级的调谐频率和通频带有一定的微小差异，对各级电路参数进行仔细调整，使得五级级联放大器的总体 −3 dB 带宽达到 300 kHz 左右。

2. 放大电路指标计算

1) 单级增益和 −3 dB 带宽计算

双栅场效应管的高频小信号等效电路图见本作品后面的附录 1，根据如下理论计算方法确定各元件的具体数值。

电感线圈接入比：

$$P_1 = \frac{N_{12}}{N_{13}} = \frac{1}{2},\quad P_2 = \frac{N_{45}}{N_{13}} = \frac{3}{8}$$

总电导：

$$g_{\Sigma} = g_0 + g_{\mathrm{L}} + g_{\mathrm{ds}} \approx 0.08\ \mathrm{ms}$$

其中：g_0 为线圈损耗；g_{L}、g_{ds} 分别为负载和漏极输出电导经变压器耦合折算的等效值。

总电容：

$$C_{\Sigma} = C_0 + C_{\mathrm{ds}} \approx 101.8\ \mathrm{pF}$$

其中：C_0 为谐振电路中的电容；C_{ds} 为源极和漏极的极间电容。品质因数可表示为

$$Q=\frac{\omega_0 C_\Sigma}{g_\Sigma}\approx 19.1$$

–3 dB 带宽：

$$BW=\frac{f_0}{Q}=785\ \text{kHz}$$

增益：

$$K=20\lg\left(\frac{P_1P_2\,|\,y_{fs}\,|}{2\pi g_\Sigma}\right)\approx 16$$

其中：跨导 $|y_{fs}|$ 由芯片手册查得(具体对应图见本作品后面的附录 2)。在 G2 栅极电压 V_{G2s} 为 2.5 V，G1 栅极电压 V_{G1s} 为 1.4 V 时，跨导 $|y_{fs}|$ 约为 20。

2) 放大器总体指标计算

(1) 总体增益。

级联后的放大器总增益为

$$K=K_{01}K_{02}K_{03}K_{04}K_{05}$$

在不考虑各级间耦合损耗的情况下总体增益为各级放大器增益之和(dB)。

(2) 带宽与矩形系数。

本方案采用混合调谐谐振放大器，其中三级为单调谐谐振放大器，两级为多调谐谐振放大器。在保证谐振回路器件 Q 值的条件下，矩形系数可参照多级双调谐放大器的带宽与矩形系数，如表 6-3 所示。

表 6-3　多级双调谐放大器的带宽与矩形系数

级数 N	1	2	3	4
B_n/B_1	1.0	0.8	0.71	0.66
$K_{r0.1}$	3.15	2.16	1.9	1.8

本方案在三级单调谐与两级多调谐的情况下，矩形系数为 1.9。

3. AGC 计算

自动增益控制的目标是在设定一个基准输出电平 U_{ref} 后，通过检测输出信号，自动调整放大电路的增益，使输出信号有效值稳定在基准输出电平 U_{ref} 上。根据本系统实际情况，确定输出电压有效值在 700 mV 左右时进行自动增益控制，使得输出信号电压有效值稳定。

本系统的自动增益控制范围是 50 dB。当 AGC 电路的输入信号有效值 U_{AGCin} 小于或等于基准输出电平 U_{ref} 时，不进行增益控制。若 U_{AGCin} 大于 U_{ref}，则通过改变双栅场效应管 BF909R 的 G2 栅极电压，使各级放大器的增益改变。由于 BF909R 在放大状态下，加在 G2 栅极上的电压越大其增益越大，故对 AGC 电路的输入信号进行检波后，需要做差动运算反向放大，以获得 G2 栅极所需要的电压。

4. 低功耗设计

为满足本系统的低功耗要求，在系统设计上主要基于以下几点考虑：

(1) 谐振放大器采用低功耗的 MOS 场效应管。

(2) 谐振放大器不同级采用不同的增益，使每级谐振放大器在满足自身要求的前提下降低功耗。

(3) 外围电路尽可能简洁，以减少不必要的损耗。

(4) 尽量选择低功耗芯片，如 AGC 中使用低功耗运算放大器。

通过以上四点，本系统获得了很好的功耗控制，最终实际测试中整体功耗为 115 mW，为题目控制功率的 30%。

5. 放大器稳定性

由于电路工作频率高，级联级数多，所以稳定性易受影响，制作过程中也曾出现自激振荡现象。我们主要采取以下措施来提高稳定性：

(1) 选用双栅场效应管作放大器，双栅场效应管由于 G2 栅极接地的屏蔽作用，大大减小了引起不稳定的反馈电容的频率，较单栅极场效应管稳定很多。

(2) 根据双栅场效应管 BF909R 特性曲线，选择两个栅极的最佳工作点，进而确定偏置电路，以保证双栅场效应管工作在最佳稳定状态。

(3) 在总体设计上，各级谐振放大器相对独立，以消除各级之间的相互影响。

(4) 布线时考虑信号流向，防止级间干扰，并且采用正反两面布局，将 *LC* 谐振回路放置在反面，用地隔离，每个 *LC* 谐振都使用屏蔽壳进行屏蔽。

(5) 控制单级增益，避免单级增益过高而产生自激。

三、电路设计

1. 衰减器

衰减器由π型电阻衰减网络构成，能实现 40 dB 衰减，具体电路如图 6-5 所示。

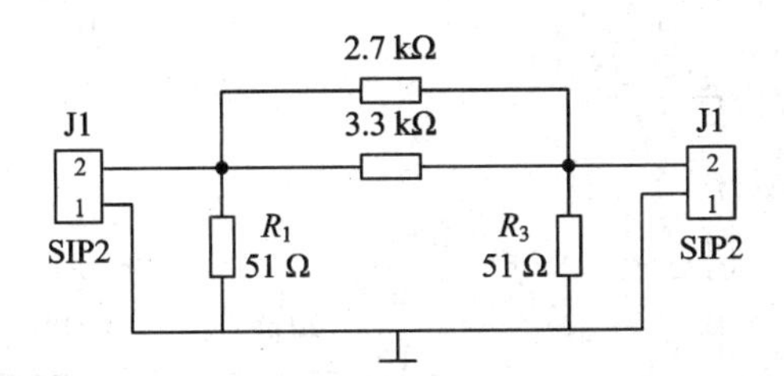

图 6-5 π型电阻衰减网络

衰减网络的输入阻抗 R_{in}、输出阻抗 R_{out} 均为 50 Ω，与前后电路匹配。

衰减器的衰减值 A 的大小为 40 dB，由以下设计公式计算元件参数：

$$\alpha = 10^{\frac{A}{10}} = 10\ 000$$

$$R_s = Z_0 \frac{|\alpha - 1|}{2\sqrt{\alpha}} = 2499.75\ \Omega$$

$$R_1 = R_3 = Z_0 \frac{\sqrt{\alpha} + 1}{\sqrt{\alpha} - 1} = 50.01\ \Omega$$

我们采用 2.7 kΩ 与 3.3 kΩ 电阻并联得到 R_s。

2. 单调谐谐振放大电路

单调谐谐振放大电路主要采用双栅场效应管 BF909R 与中周设计制作，如图 6-6 所示。

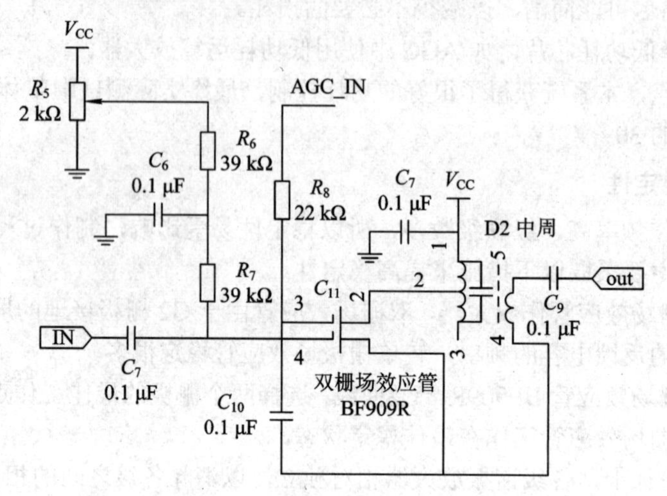

图 6-6　双栅场效应管谐振放大电路

信号通过 BF909R 的 G1 栅极输入，滑动变阻器 R_5 调节 G1 的直流偏置，改变单级增益。G2 外接 AGC 控制信号，信号经场效应管放大后通过漏极部分接入到 *LC* 谐振回路，通过变压器方式耦合至下一级。

3. 多调谐谐振放大电路

多调谐谐振放大电路采用三个 *LC* 谐振回路，如图 6-7 所示。

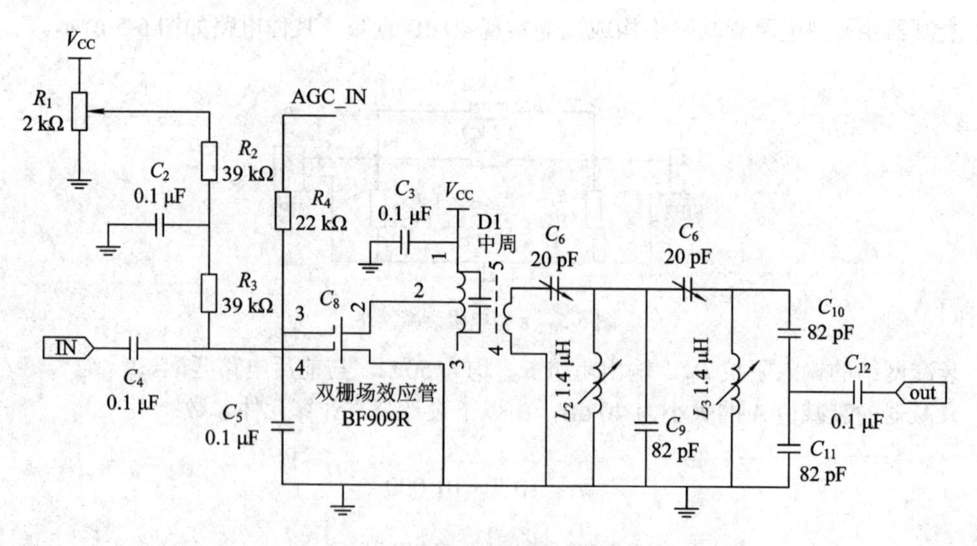

图 6-7　多调谐谐振放大电路

在单调谐谐振放大电路的基础上，多调谐谐振放大电路的信号输出经电容与后两级 *LC* 谐振回路耦合。该电路明显改善了放大器的选择性，增加了通频带，有效降低了矩形系数，较好地解决了带宽与选择性的矛盾。

4. AGC 电路

AGC 电路由二极管检波电路和两级 LM358 级联放大电路组成，如图 6-8 所示。

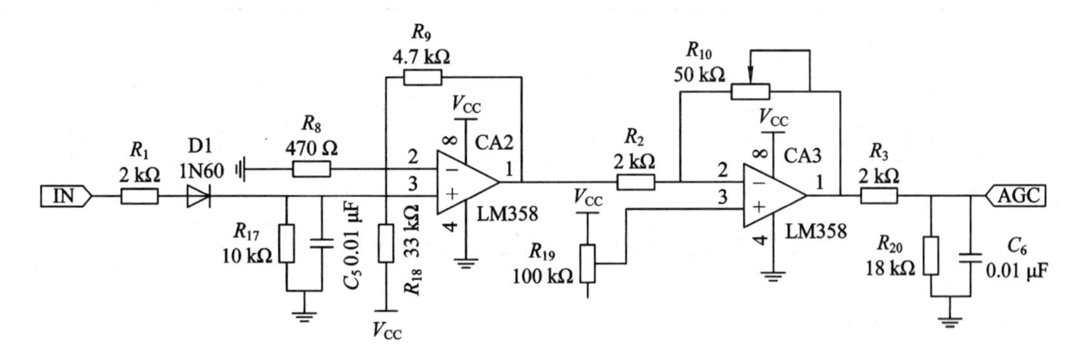

图 6-8　AGC 电路

在 AGC 电路中，信号经过二极管检波后，输入运算放大器 LM358 进行直流放大，之后经过 LM358 进行差动反向放大后输入到双栅场效应管的 G2 栅极。

5. 完整电路图

完整电路图见本作品后面的附录 3。

四、测试方案与测试结果

1. 测试仪器

(1) IWATSU SS-7840 模拟 400 MHz 示波器；

(2) HP 8656B 射频信号发生器；

(3) Agilent E4405B 频谱分析仪(内置跟踪源)；

(4) MOTECH LPS-305 直流电压源。

2. 测试方案和结果

1) 总体测试方案

采用扫频/频谱分析仪进行幅频特性测量，用示波器观察波形的失真与输出最大峰峰值，测试框图如图 6-9 所示。

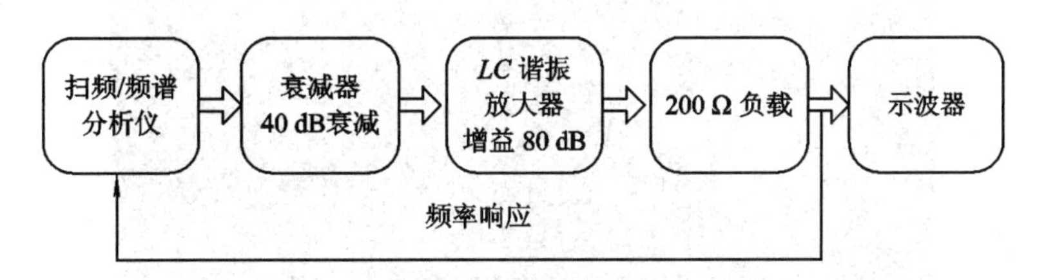

图 6-9　测试方案框图

2) 衰减器测试

测试条件：输入信号 $f = 15$ MHz，测试不同输入下的输出指标。

衰减量可表示为

$$衰减量 = 输入 - 输出$$

测试结果如表 6-4 所示。

表 6-4　衰减器衰减量测试

输入/dBm	−15	−18	−20	−22	−25
输出/dBm	−55	−58.1	−60.6	−61	−64
衰减量/dB	40	40.1	40.6	39	39

3) 放大器增益及输出幅度

测试条件：扫频中心频率为 15 MHz，扫描宽度为 ± 1 MHz，测试不同输入下输出信号的大小。

测试结果如表 6-5 所示。

表 6-5　增 益 测 量

输入信号/mVrms	输出信号/mVrms	增益/dB
1	194.0	85.76
2	396.3	85.94
3	587.6	85.84
4	604.0	83.58
5	979.4	85.84

调节信号幅度，测得最大不失真电压 $V_{omax} = 1.3$ V。

当输出有效值为 1 V 时，稳压源电流为 32 mA，此时谐振放大器总体功耗为 115.2 mW。

4) 幅频特性曲线测试

按照上述测试方案，扫频中心频率为 15 MHz，扫描宽度为 ± 1 MHz，输入信号幅度为 −68 dB，测试系统幅频特性曲线。中心频率、−3 dB 带宽、−20 dB 带宽等数据分别如图 6-10、图 6-11、图 6-12 所示(图为调试过程中的幅频特性曲线)。

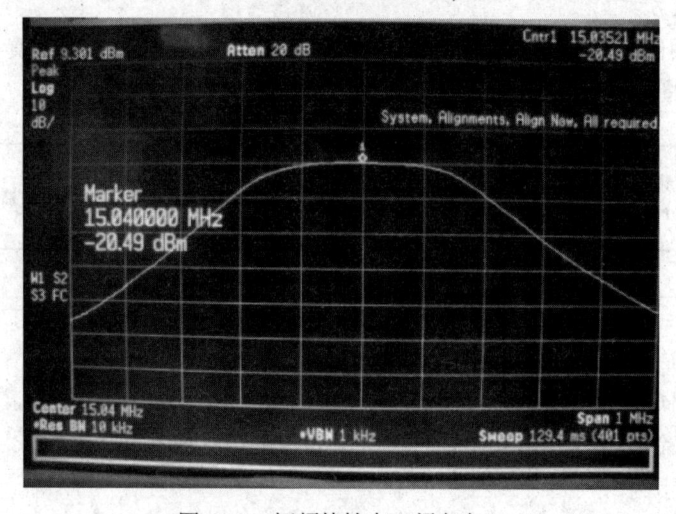

图 6-10　幅频特性中心频率点 f_0

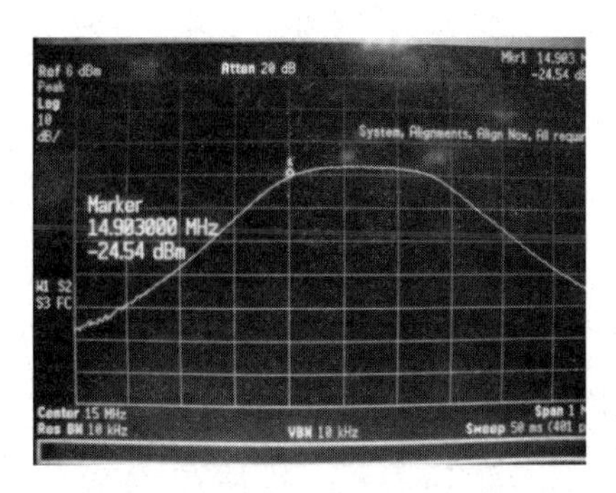

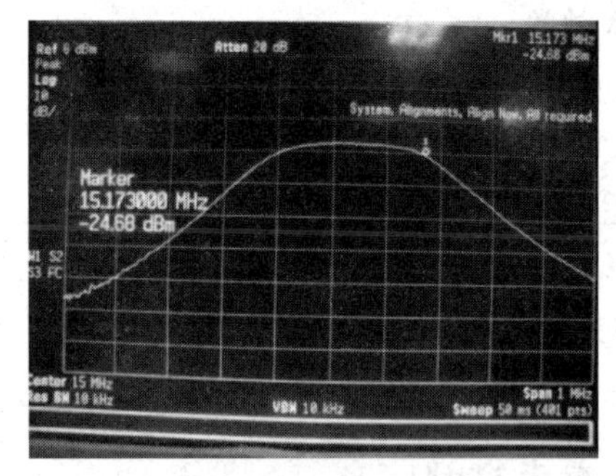

图 6-11　幅频特性 $-\Delta f_{0.7}$ 频率点与 $+\Delta f_{0.7}$ 频率点(−3 dB 带宽)

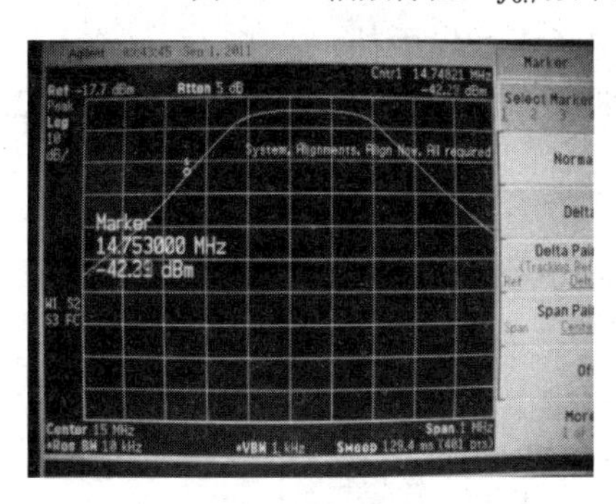

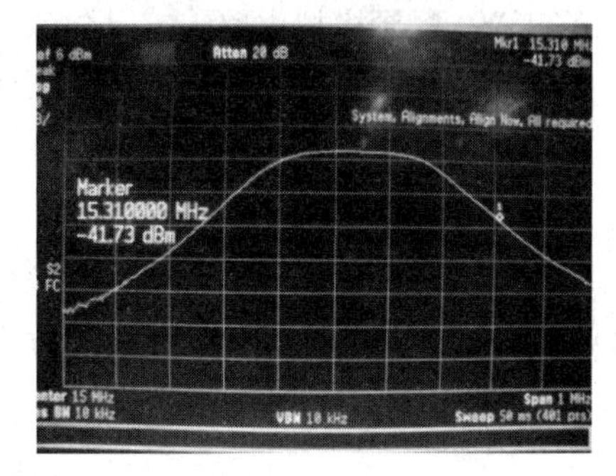

图 6-12　幅频特性 $-\Delta f_{0.1}$ 频率点与 $+\Delta f_{0.1}$ 频率点(−20 dB 带宽)

由图可知，放大器谐振频率为 15 MHz，放大器增益为 90 dB，−3 dB 带宽为 290 kHz，−20 dB 带宽为 493 kHz，矩形系数为 1.7。

5) AGC 指标测试

测试条件：扫频中心频率为 15 MHz，扫描宽度为 ± 3 MHz，开启 AGC 模式，测试不同输入下的输出信号大小。

测试结果如表 6-6 所示。

表 6-6　AGC 控制测量

输入信号/mV	输出信号/mV	增益/dB
1	388.9	51.80
2	565.7	49.03
50	569.3	21.13
100	576.3	15.21
200	568.9	9.08
300	594.0	5.93
400	601.3	3.54

根据 AGC 控制范围公式 $20\log(V_{omin} / V_{imin}) - 20\log(V_{omax} / V_{imax})$，得 AGC 控制范围为 48.26 dB。

3. 测试结果分析

通过以上测试结果分析可得：

衰减器衰减量：40 dB。

总体增益：85 dB。

−3 dB 带宽：300 kHz。

最大不失真电压：1.3 V。

功耗：115 mW。

矩形系数：1.9。

AGC 控制范围：50 dB。

本系统各项指标均达到题目要求，部分指标超过题目要求。

五、参考文献

[1] 张玉兴. 射频模拟电路[M]. 北京：电子工业出版社，2003.

[2] 杜武林. 高频电路原理与分析[M]. 西安：西安电子科技大学出版社，2001.

六、附录

附录 1　高频场效应管等效模型

高频场效应管等效模型图如图 6-13 所示。

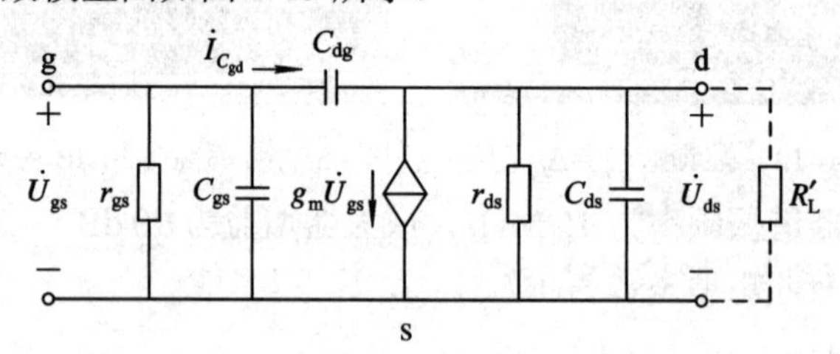

图 6-13　高频场效应管等效模型图

附录 2　双栅场效应管 BF909R 跨导、漏极电流与 G2 栅极电压的关系

双栅场效应管 BF909R 跨导、漏极电流与 G2 栅极电压的关系如图 6-14 所示。

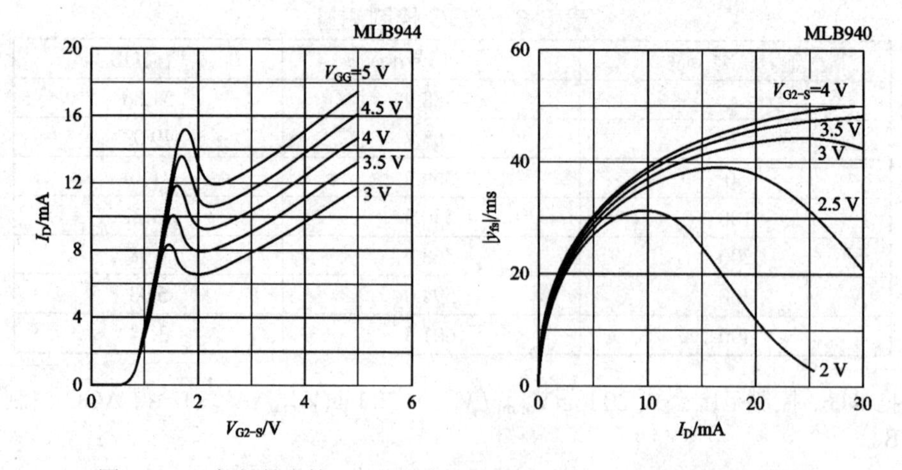

图 6-14　双栅场效应管 BF909R 跨导与漏极电流与 G2 栅极电压的关系

附录 3　完整电路图

完整电路图如图 6-15 所示。

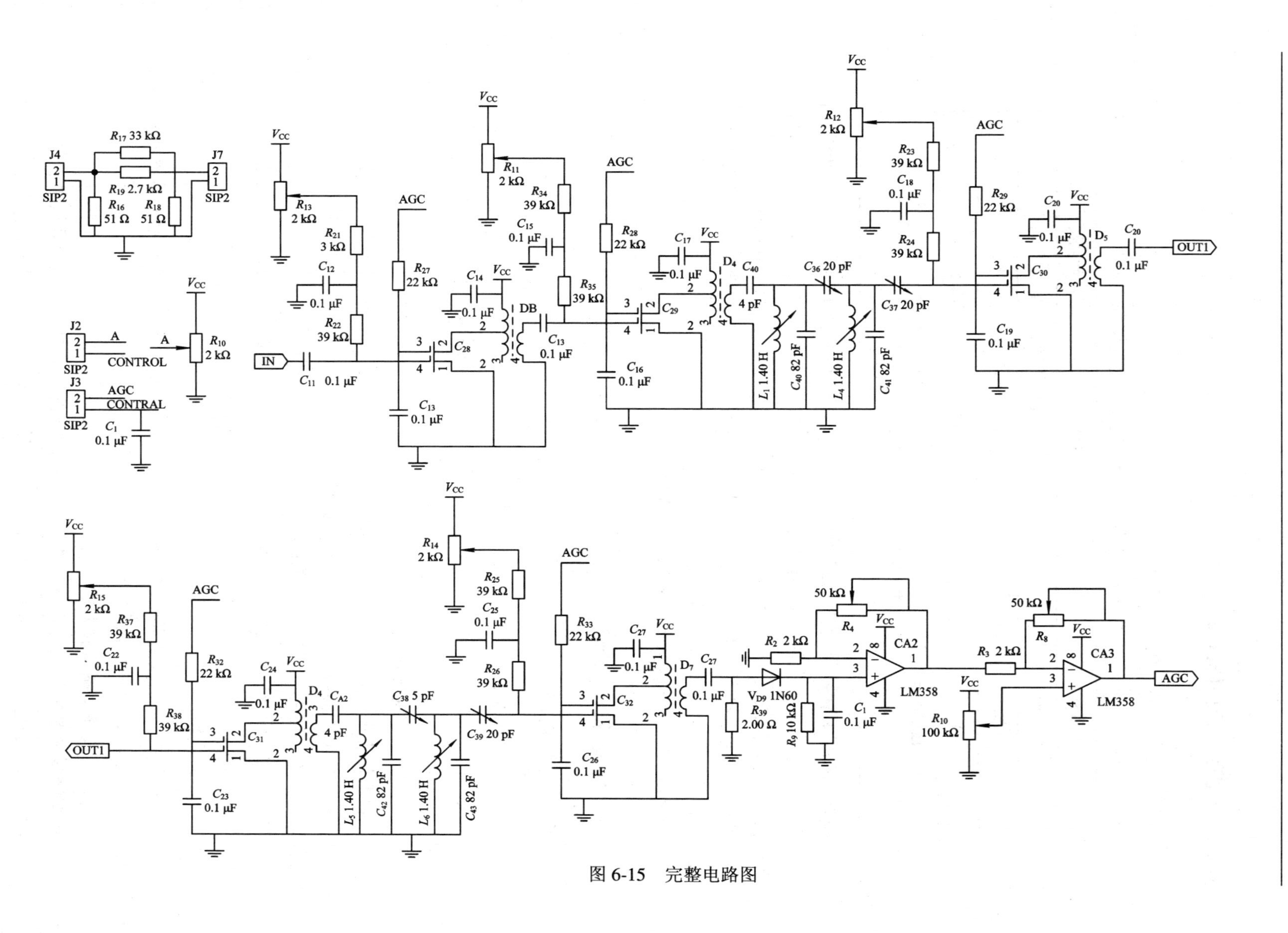
OUT1
IN
AGC
CONTROL
CONTRAL
LM358
CA2
CA3
V_{CC}
SIP2
J2
J3
J4
J7
C_{20} 0.1 μF
R_{29} 22 kΩ
C_{19} 0.1 μF
R_{23} 39 kΩ
R_{24} 39 kΩ
C_{18} 0.1 μF
R_{12} 2 kΩ
C_{37} 20 pF
C_{41} 82 pF
L_4 1.40 H
C_{36} 20 pF
C_{40} 82 pF
L_1 1.40 H
C_{40} 4 pF
R_{28} 22 kΩ
C_{16} 0.1 μF
R_{35} 39 kΩ
R_{34} 39 kΩ
C_{15} 0.1 μF
R_{11} 2 kΩ
C_{13} 0.1 μF
R_{27} 22 kΩ
R_{21} 3 kΩ
R_{22} 39 kΩ
C_{12} 0.1 μF
R_{13} 2 kΩ
C_{11} 0.1 μF
R_{17} 33 kΩ
R_{19} 2.7 kΩ
R_{18} 51 Ω
R_{16} 51 Ω
R_{10} 2 kΩ
C_1 0.1 μF
R_8 50 kΩ
R_3 2 kΩ
R_{10} 100 kΩ
R_4 50 kΩ
R_2 2 kΩ
C_1 0.1 μF
R_9 10 kΩ
V_{D9} 1N60
R_{39} 2.00 Ω
C_{27} 0.1 μF
R_{33} 22 kΩ
C_{26} 0.1 μF
R_{25} 39 kΩ
R_{26} 39 kΩ
C_{25} 0.1 μF
R_{14} 2 kΩ
C_{39} 20 pF
C_{43} 82 pF
L_6 1.40 H
C_{38} 5 pF
C_{42} 82 pF
L_5 1.40 H
C_{A2} 4 pF
C_{24} 0.1 μF
R_{32} 22 kΩ
C_{23} 0.1 μF
R_{38} 39 kΩ
R_{37} 39 kΩ
C_{22} 0.1 μF
R_{15} 2 kΩ

图 6-15 完整电路图

6.2.3　全国一等奖作品 2

全国一等奖作品 2 相关信息见表 6-7。

表 6-7　全国一等奖作品 2 相关信息

作品来源	2011 年全国大学生电子设计竞赛
参赛题目	*LC* 谐振放大器
参赛队员	姜宏、顾孟昶、吕晨杰
赛前辅导教师	王斌、朱义君、田忠骏
文稿整理辅导教师	田忠骏
获奖等级	全国一等奖

摘要：系统由衰减器模块、*LC* 谐振放大器、AGC 控制模块构成。衰减器模块由 π 型衰减网络搭建。*LC* 谐振放大器由两级放大器芯片 RF2637、两级运放 OPA354 级联而成，级间插入 *LC* 谐振回路。系统最大增益达到 80 dB，总功耗约 180 mW，矩形系数约为 2.4。通过增益设置电压接入的不同，切换增益手动可调模式和 AGC 模式。所用放大器芯片具有低电压、低功耗及性价比高的特点。

关键词：*LC* 谐振放大器；RF2637；AGC

一、方案设计与论证

1．衰减器模块部分

方案一：选择 MOS 有源衰减器。

MOS 有源衰减器是 MOS 晶体管的一种应用，具有频带宽、信号功率消耗低等优点，但是设计过程复杂。

方案二：选择 π 型电阻衰减网络。

在仪器仪表中，广泛采用无源电阻网络作衰减器。π 型电阻衰减网络由电阻搭建而成，其增益误差由电阻的精度决定。这种电阻网络噪声低，工作频率动态范围宽，输入/输出阻抗稳定。另外，使用电阻搭建的衰减网络价格低，可靠性高。

综合考虑频带适应、精密度、稳定性、性价比等因素后，我们选择 π 型电阻衰减网络作为衰减器。

2．谐振回路

LC 谐振放大器是以谐振回路为负载的高频小信号放大器，主要有单调谐放大器、双调谐放大器、多级调谐放大器等。

方案一：选择单调谐放大器。

单调谐放大器是负载为单个 *LC* 调谐回路的调谐放大器。单调谐回路具有选频和阻抗变换的作用，其优点是结构简单，易于调整。但是单调谐放大器的选频特性不理想。

方案二：选择双调谐放大器。

双调谐放大器的负载由两种相互耦合的谐振回路组成。双调谐放大器比单调谐放大器矩形系数小，但是其相互耦合的谐振回路不易调整谐振频率和带宽等。

方案三：选择多级调谐放大器。

在高频调谐放大器的某些应用中(比如作接收机主中放)，通常将几级调谐放大器进行级联，构成多级调谐放大器。多级调谐放大器主要有多级单调谐放大器、多级双调谐放大器、参差调谐放大器等形式。

多级调谐放大器可以增加带宽，同时得到边沿较陡峭的频率特性，主要用于宽带和高选择性的场合。

综合考虑带宽、矩形系数等因素，选择多级调谐放大器。

3. 放大器部分

LC 谐振放大器的放大器件可以是三极管、场效应管、集成运算放大器等。

方案一：选择分立元件放大电路。

用三极管、场效应管等搭建的分立元件放大电路，可以经过计算得到合适的输入输出阻抗、增益等，电阻电容可根据需要更换，设计灵活。缺点是电路体积大，设计较复杂。

方案二：选择集成放大器。

集成放大器使用集成芯片，电路简单，使用方便，性能稳定。接收放大器 RF2637 采用低噪声的 SiGe 技术，工作频段为 12～385 MHz，使用 2.7～3.4 V 单电源供电，工作电流约 10 mA，芯片自带 GC(增益控制)输入，通过设置增益控制电压可改变增益、实现 AGC 等，并提供大于 90 dB 的增益控制范围。

接收放大器 RF2637 带负载能力有限，为达到设计指标，后级可级联带负载能力强的放大器芯片。运算放大器 OPA354 的单位增益带宽为 250 MHz，使用 2.5～5.5 V 的单电源供电，最高输出电流大于 100 mA，静态电流为 4.9 mA。

综合考虑低压、低功耗、性价比等因素后，我们选择了价格低廉且易于购买的接收放大器 RF2637 和运算放大器 OPA354。

4. AGC 部分

AGC 电路是一种在输入信号幅度变化很大的情况下，使输出信号幅度保持恒定或仅在较小范围内变化的自动控制电路。AGC 电路主要由控制电路和被控电路两部分组成，控制电路为 AGC 直流电压的产生部分，被控电路按照控制电路所产生的控制电压来调节增益。

根据本系统的实际情况，被控电路为 RF2637 放大电路，只需改变芯片 GC(增益控制)引脚的电压，讨论控制电路即可。

方案一：采用 AD8361 检波。

AD8361 检波输入阻抗低，检波外围电路复杂，功耗不够低。

方案二：采用二极管检波。

二极管检波电路简单，经过合适的放大处理可以完成设计要求。

考虑到低功耗要求，二极管检波电路较为合适。

5．功耗分析

在 3.6 V 供电状态下，最大工作电流为 100 mA。选用的接收放大器 RF2637 的最大消耗电流为 15 mA；运算放大器选用 OPA354，其最大消耗电流为 10 mA。根据设计要求，在满足一定增益的前提下，可设计出低功耗的放大模块。

6．总体方案描述

本方案采用分级放大，系统框图如图 6-16 所示。

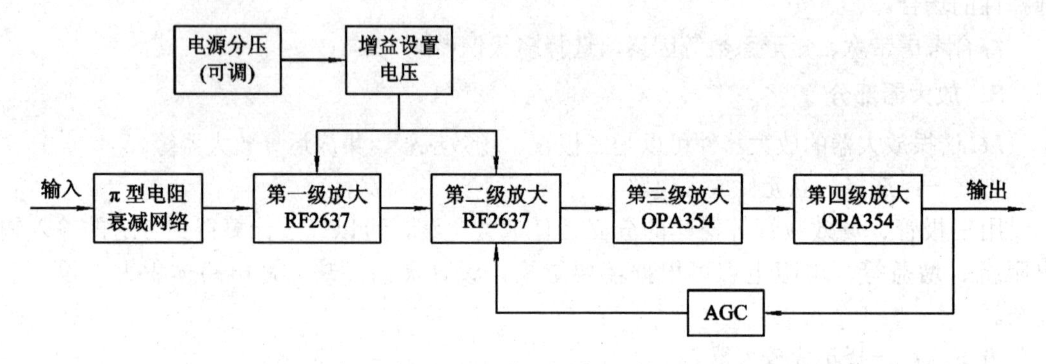

图 6-16　系统总体方案图

输入的信号经过π型电阻衰减网络后进入 *LC* 谐振放大器。

放大器输出端接谐振回路噪声系数较大，如图 6-17 所示，放大器芯片 RF2637 的输出为平衡的集电极开路输出，因此可以接入并联调谐回路，两片 RF2637 构成两级三调谐。

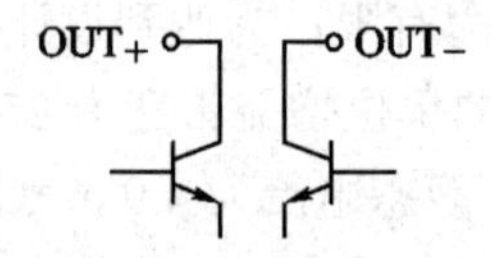

图 6-17　RF2637 输出结构

通过开关切换增益设置电压，选择增益手动可调模式(控制两级 RF2637)和 AGC 模式(只控制第二级 RF2637)。在手动可调模式下，可通过调整电位器改变系统增益。在 AGC 模式下，第二级 RF2637 增益设置电压由 AGC 控制电路提供。之后级联两级 OPA354，提高增益和带负载能力。电源部分为外接 3.6 V 稳压电源。

二、理论分析与计算

1．增益

RF2637 工作频段为 12～385 MHz，典型工作频率为 85 MHz。当 $f_0=85$ MHz、$f_0=15$ MHz 时，RF2637 增益与增益控制引脚输入电压的对应关系分别如图 6-18、图 6-19 所示。

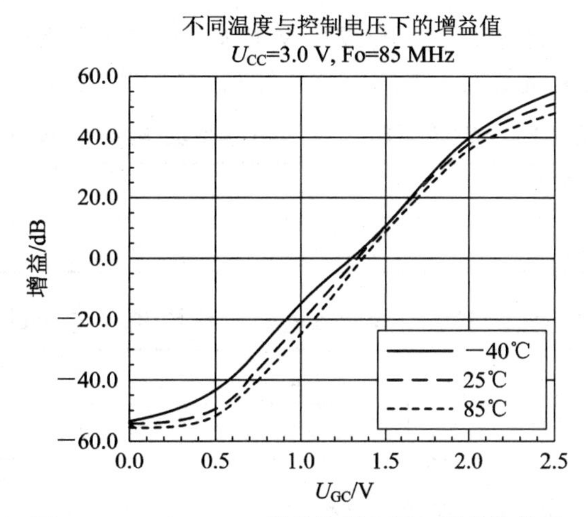

图 6-18　$f_0 = 85$ MHz 增益控制电压与增益的关系

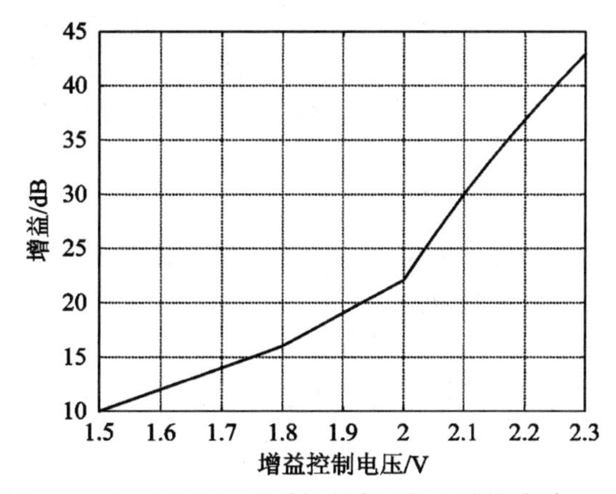

图 6-19　$f_0 = 15$ MHz 增益控制电压与增益的关系

LC 谐振放大器电路的增益应适中。若增益过大则会使下一级输入太大，产生失真。若增益太小则不利于抑制后面各级的噪声对系统的影响。考虑到放大器带宽较宽，放大倍数高，为了保证稳定性只能采用多级放大。综合考虑功耗要求，选用两级 RF2637 放大。

通过增益设置电压接入的不同，可切换增益可调模式和 AGC 模式。在增益可调模式下，通过滑动变阻器对供电电压分压进行增益设置，该模式下两级 RF2637 默认增益为 45 dB，两级 OPA354 每级默认增益为 10 dB，减去电路衰减量(衰减器衰减量除外)，即是系统总增益。

2．AGC

RF2637 的 GC 引脚的输入为 AGC 输出电压时即可实现自动增益控制。由图 6-18 和图 6-19 分析可知，增益控制电压范围为 1.0～2.5 V 时，受控增益可大于设计要求的 40 dB。根据本系统的实际情况，确定输出电压在 1.5～2.5 V 范围内进行自动增益控制，可使得输出信号电压相对稳定。

3．带宽与矩形系数

带宽约为 300 kHz。矩形系数 $K_{r0.1} = \dfrac{2\Delta f_{0.1}}{2\Delta f_{0.7}}$，在带宽变化不大的前提下，$2\Delta f_{0.1}$ 要尽可能小。

多级单谐振放大器矩形系数 $K_{r0.1}$ 与级数 N 的关系如表 6-8 所示。当 $N \geqslant 2$ 时，选择性的改善明显缓慢。多级双谐振放大器的矩形系数 $K_{r0.1}$ 与级数 N 的关系如表 6-9 所示。

表 6-8　多级单调谐放大器的矩形系数 $K_{r0.1}$ 与 N 的关系

N	1	2	3	4	5	6	7	8	Inf
$K_{r0.1}$	9.95	4.8	3.75	3.4	3.2	3.1	3.0	2.94	2.56

表 6-9　多级双调谐放大器的矩形系数 $K_{r0.1}$ 与 N 的关系

N	1	2	3	4
$K_{r0.1}$	3.15	2.16	1.9	1.8

多级多调谐放大器的矩形系数最小值小于 2。

4．稳定性

由于电路工作频率高，放大器级数多，所以稳定性易受影响，制作过程中也曾出现自激振荡现象。不良接地和不充分的供电电源滤波、输入杂散电容、高频噪声等都对放大器的稳定性有影响。

我们主要采取以下措施提高稳定性：

(1) 设置放大器工作点时，尽量选用芯片手册推荐的电阻值、电容值，合理设置芯片的增益，以保证芯片工作在稳定状态。

(2) 电感易相互干扰，要有屏蔽措施。

(3) 对外加电源进行滤波，保证系统供电的稳定和纯净。

(4) 布线时考虑信号流向，防止级间干扰，同时确保电源靠近后级，防止各级形成共阻。

三、电路设计

1．总体电路

总体电路如图 6-20 所示。

2．π型电阻衰减网络设计

我们用一级π型电阻衰减网络实现所要求的 40 dB 固定衰减器，如图 6-21 所示。

π型电阻衰减网络等效示意图如图 6-22 所示，衰减器特性阻抗为 50 Ω，放大器输出电阻 R_{out} 为 50 Ω。

$$R_{in} = R_{out} = r // [R + r // 50] = 50 \tag{6-1}$$

$$A_V = \frac{r // 50}{r // 50 + R} \tag{6-2}$$

由式(6-1)可知，衰减网络的输入阻抗 R_{in}、输出阻抗 R_{out} 均为定值 50 Ω，与放大电路匹配；由式(6-2)可知，固定衰减倍数 A_V 可由 R 与 r 确定，由此可计算出图 6-21 中所需阻值。

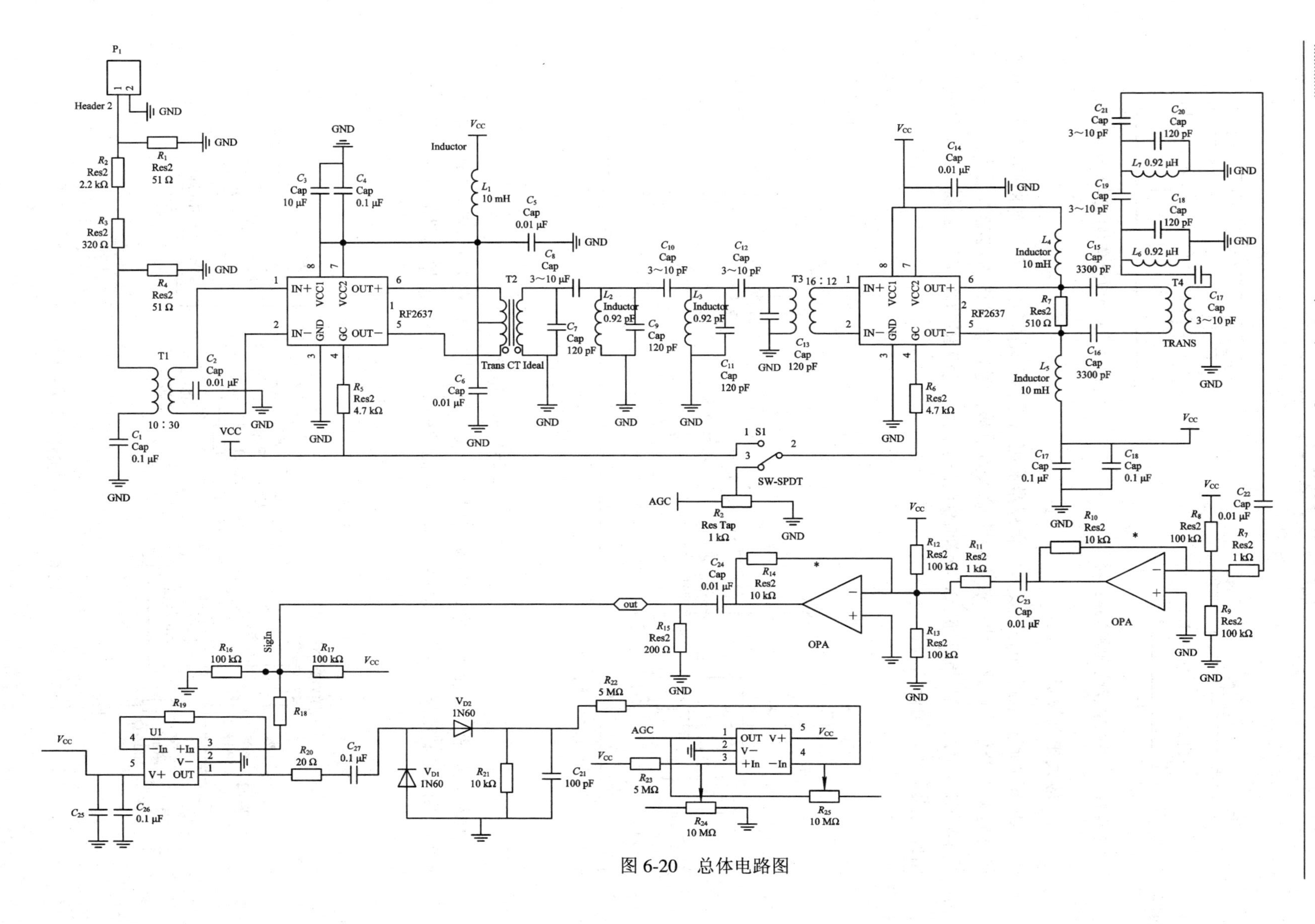

图6-20 总体电路图

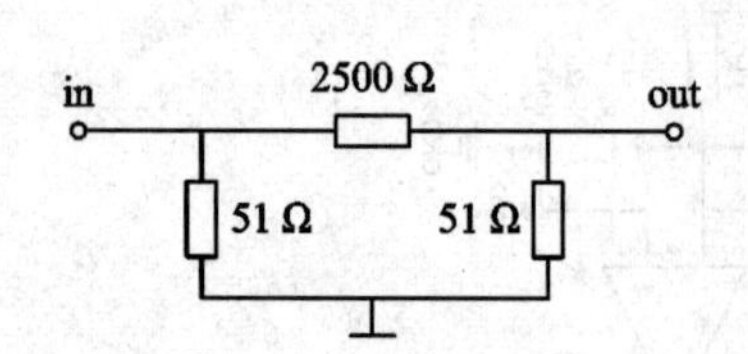

图 6-21 π 型电阻衰减网络电路连接

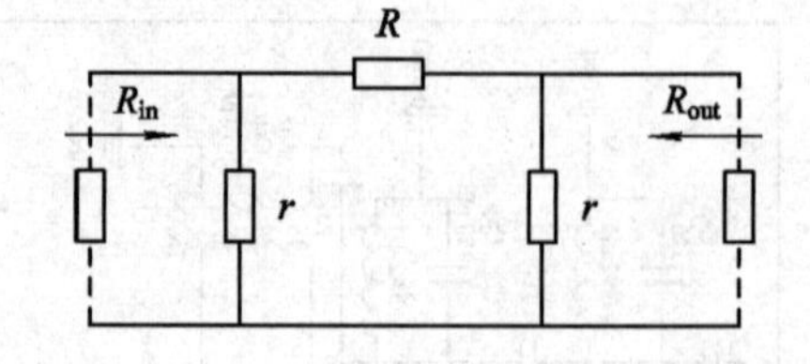

图 6-22 π 型电阻衰减网络等效示意图

3. 放大电路设计

RF2637 放大电路为差分放大，衰减器输出信号为单端信号。第一级 RF2637 前有单端信号转换差分信号电路。功率放大电路输入为单端信号，第二级 RF2637 后有差分信号转换单端信号电路。RF2637 放大部分如图 6-23 所示。两级 RF2637 间为三级 *LC* 谐振回路，由此构成多级多调谐结构。

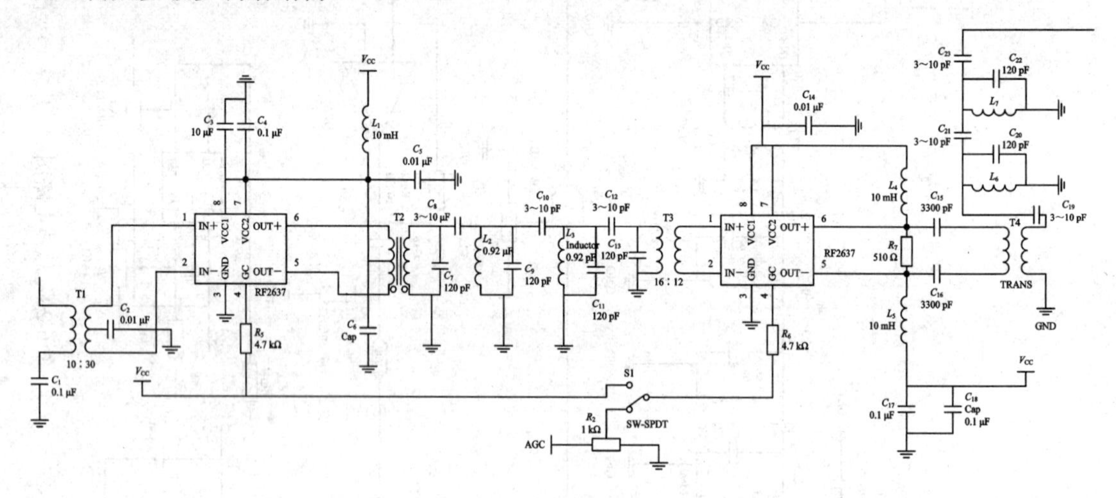

图 6-23 RF2637 放大电路

RF2637 带负载能力有限，为满足设计要求，第二级 RF2637 后级联两级 OPA354，电路如图 6-24 所示。两级 OPA354 可实现高阻输出，减小对谐振回路的影响，同时放大输出。

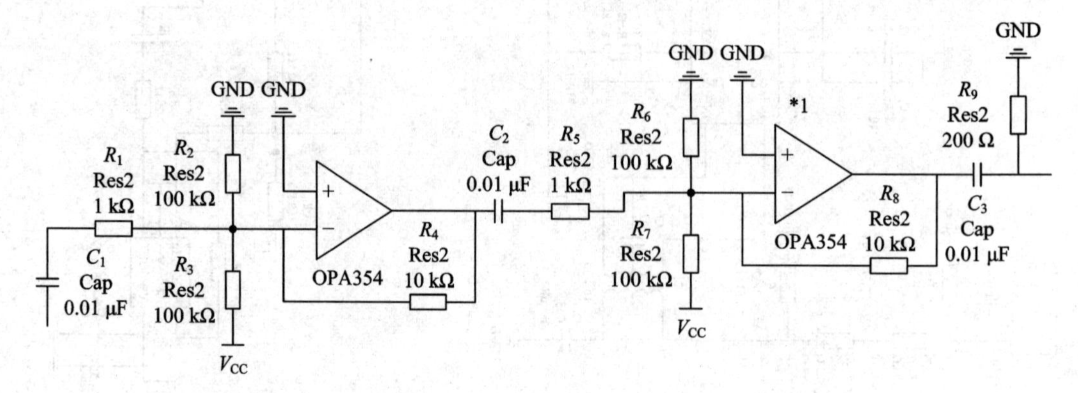

图 6-24 两级 OPA354 放大电路

4. AGC 电路

AGC 电路如图 6-25 所示。放大电路输出信号在二极管检波之前先通过电压跟随器，以减小对放大电路的影响。检波输出经运算电路将检波输出放大，并接入第二级 RF2637 的增益控制输入。

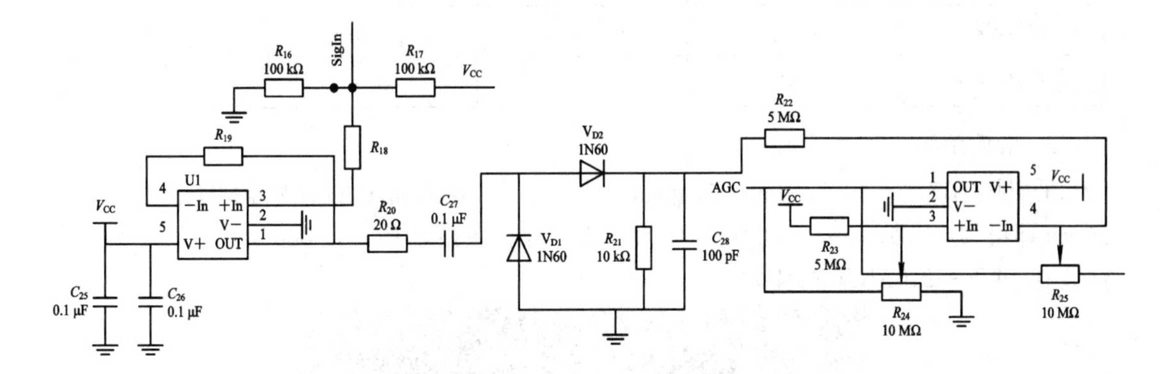

图 6-25　AGC 电路

5. 输出最大不失真电压及功耗

在 3.6 V 供电状态下，芯片最大输出电压大于 1 V 有效值，能满足要求。选用的接收放大器 RF2637 最大消耗电流为 15 mA；运算放大器选用 OPA354，其最大消耗电流为 10 mA。两级 RF2637 放大电路的最大功耗为 3.6 × 15 × 2 = 108 mW，两级 OPA354 放大电路的最大功耗 3.6 × 10 × 2 = 72 mW，AGC 部分的两级 OPA354 消耗较大，为 3.6 × 10 × 2 = 72 mW，芯片理论最大功耗为 252 mW，能满足功耗设计要求。

四、测试方案与测试结果

1. 测试仪器

(1) IWATSU SS—7821 型示波器；

(2) HP 8656B 型信号发生器；

(3) Agilent E4405B 型频谱分析仪；

(4) array 3645A 型直流稳压源。

2. 测试方法和结果

根据测试要求，放大器幅频特性应该在衰减器输入端信号小于 5 mV 时测量，输出始终接有 200 Ω 负载。幅频特性测试框图如图 6-26 所示。

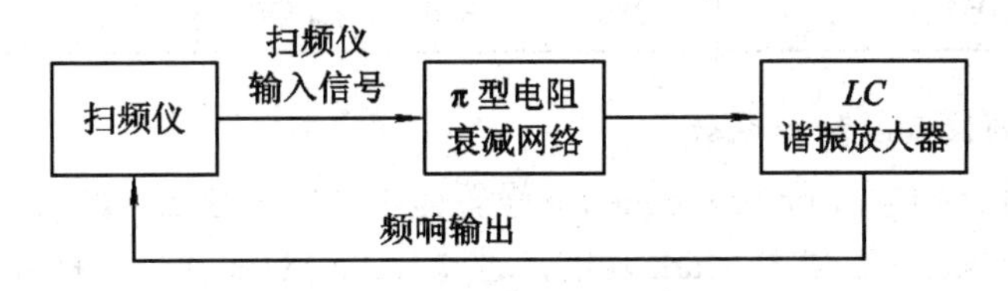

图 6-26　幅频特性测试框图

1) 衰减器衰减量

采用扫频仪进行测量。衰减网络衰减量约为 40 dB(如表 6-10 所示)。

表 6-10 衰减网络测试

输入/dBm	−33.5	−32.1	−31.2	−30.5
输出/dBm	−73.5	−72.2	−71.3	−70.9
衰减/dBm	40	40.1	40.1	40.4

2) 谐振频率

采用扫频仪进行扫频，center frequence 设置为 15 MHz，span 设置为 1 MHz，使用 peak search 即可找出谐振频率。实测结果如图 6-27 所示，谐振频率为 15.008 MHz，满足设计指标(f_0 在 14.9～15.1 MHz 范围内)。

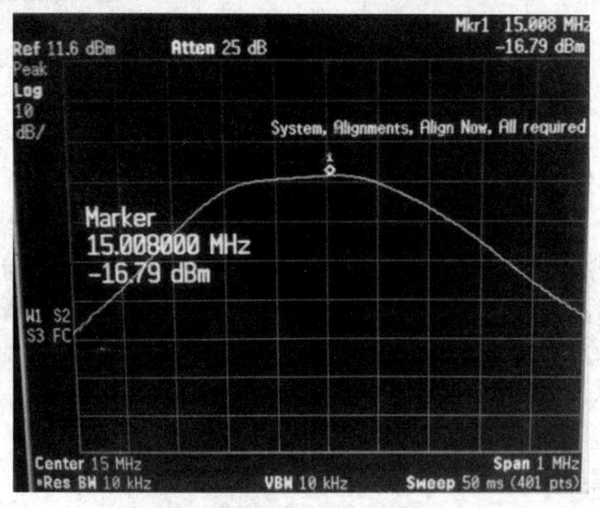

图 6-27 谐振频率频谱图

3) 增益

输入信号频率为 15 MHz，幅度在 1～30 mV 范围内变化(有效值)，记录输出信号幅度在表 6-11 中。

表 6-11 输入与输出关系

输入/mV	1	2	3	4	5	6	7	8
输出/mV	125	235	355	470	585	690	805	930
输入/mV	9	10	11	12	13	14	15	16
输出/mV	1055	1170	1280	1360	1450	1500	1560	1560

4) 带宽、带内波动及矩形系数

采用扫频仪进行扫频，Center Frequence 设置为 15 MHz，Span 设置为 1 MHz，通过 Peak Search 即可找出谐振频率。选择 mark 功能，通过 Delta Mark 找出目标频率。−3 dB 带宽可由图 6-28、图 6-29 得到；$\Delta f_{0.1}$ 即−20 dB 点带宽可由图 6-30、图 6-31 得到。

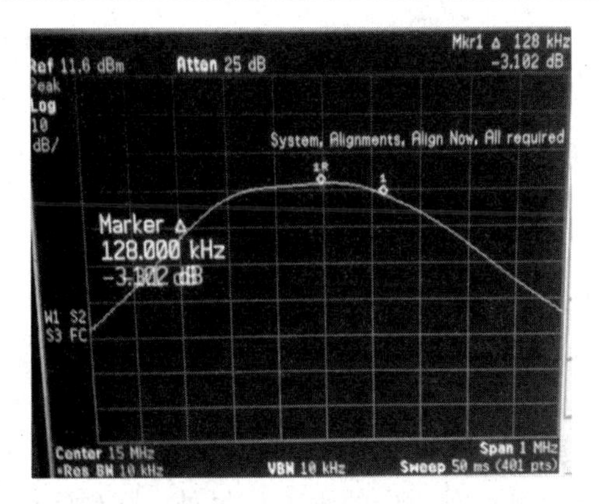

图 6-28　−3 dB 点 1

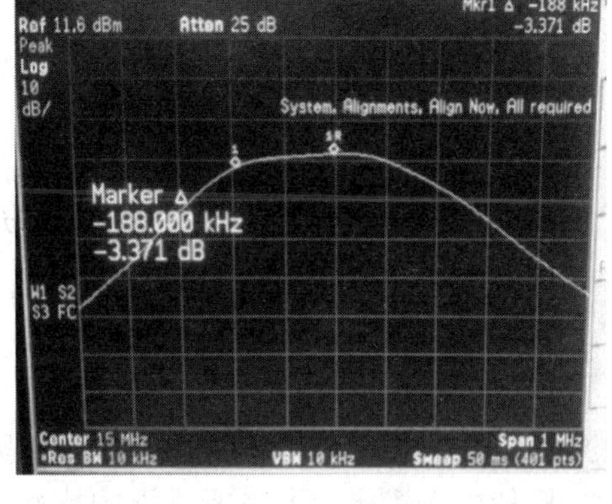

图 6-29　−3 dB 点 2

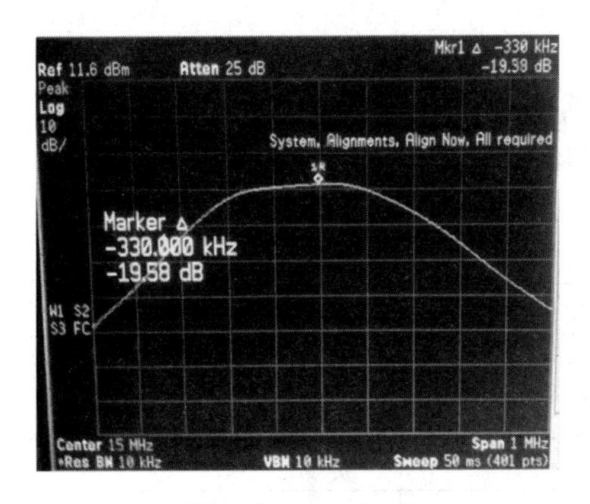

图 6-30　−20 dB 点 1

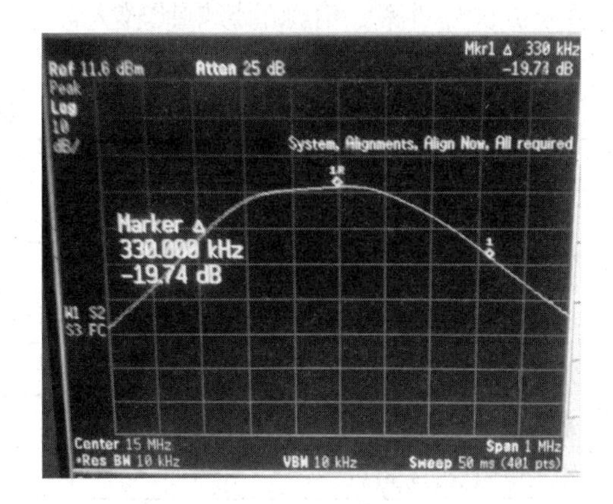

图 6-31　−20 dB 点 2

带宽为 125 + 185 = 310 kHz，矩形系数为(380 + 380)/310 = 2.4。

5) 最大不失真电压

输入端信号为 15 mV，输出最大不失真电压大于 1 V。

6) 功耗

使用 array 3645A 直流稳压源可直接读出电路功耗。根据设计要求，输出电压有效值应为 1 V，此时功耗约为 180 mW。

7) AGC

选用 AGC 功能，改变输入信号大小，在示波器中观察输出。在表 6-12 中，输入为信号源显示的是有效值输入，输出为示波器显示的峰峰值输出，控制范围约为 40 dB。

表 6-12　AGC 控制结果

输入/mV	3	10	20	30	40	50	100	200	300
输出/mV	1000	1000	1000	1000	1000	1000	1000	1000	1000
增益/dB	41.4	30.9	24.9	21.4	18.9	16.9	10.9	4.9	1.4

3. 测试结果分析

由测试结果 1 可知，衰减器衰减量约 40 dB。

由测试结果 2 可知，谐振频率为 15.008 MHz，带内波动小于 2 dB，满足题目的所有要求。

由测试结果 3 可知，系统增益最大达到 80 dB。

由测试结果 4 可知，带宽为 310 kHz，矩形系数为 2.45。

由测试结果 5 可知，最大不失真电压超过 1 V。

由测试结果 6 可知，功耗在 180 mW 左右。

由测试结果 7 可知，AGC 控制范围为 40 dB。

五、结论

由测试数据可知，本系统指标都满足题目的要求。由于测试环境中有大量的电子设备，频谱分析仪受干扰比较大，所以幅频特性的测试结果存在一定的误差。另外，幅频特性受频谱分析仪分辨率、信源的影响比较大。

最终实现效果如表 6-13 所示。

表 6-13　最 终 结 果

基本要求	发挥要求	实际完成
衰减器衰减 40 dB，特性阻抗 50 Ω		实现
谐振频率(15 ± 0.1)MHz		实现
增益不小于 60 dB	增益不小于 80 dB	实现
带宽：$2\Delta f_{0.7} = 300$ kHz		实现，$2\Delta f_{0.7} = 310$ kHz
带内波动不大于 2 dB		实现
输入电阻 $R_{in} = 50\ \Omega$		实现
失真：负载电阻为 200 Ω，输出电压有效值 1 V 时，波形无明显失真		实现
功耗：3.6 V 稳压电源供电，最大功耗不超过 360 mW		实现 3.6 V 稳压电源供电，功耗约为 180 mW
	矩形系数 $K_{r0.1}$：在最大增益情况下尽可能减小矩形系数	$K_{r0.1} = \dfrac{2\Delta f_{0.1}}{2\Delta f_{0.7}} = 2.4$
	AGC 控制范围大于 40 dB	实现

6.3　简易数字信号传输性能分析仪(E 题)

6.3.1　赛题要求

一、任务

设计一个简易数字信号传输性能分析仪，实现数字信号传输性能测试；同时，设计三个低通滤波器和一个伪随机信号发生器，用来模拟传输信道。

简易数字信号传输性能分析仪的框图如图 6-32 所示。图中，V_1 和 $V_{1\text{-clock}}$ 是数字信号发生器产生的数字信号和相应的时钟信号；V_2是经过低通滤波器滤波后的输出信号；V_3是伪随机信号发生器产生的伪随机信号；V_{2a}是V_2信号与经过电容C的V_3信号之和，作为数字信号分析电路的输入信号；V_4和$V_{4\text{-syn}}$是数字信号分析电路输出的信号和提取的同步信号。

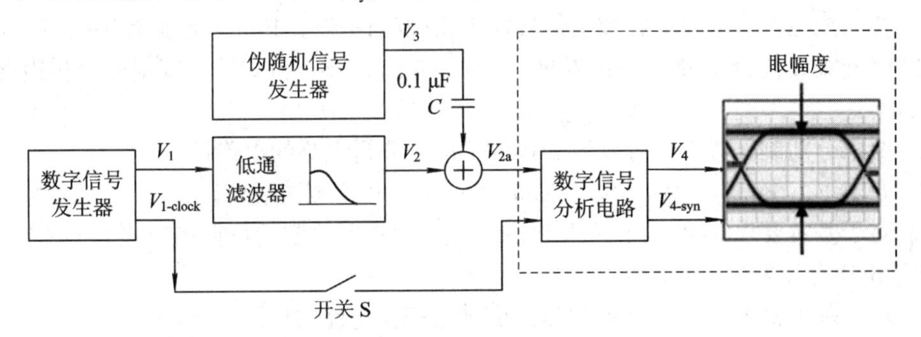

图6-32 简易数字信号传输性能分析仪框图

二、要求

1. 基本要求

(1) 设计并制作一个数字信号发生器：

① 数字信号V_1为$f_1(x) = 1 + x^2 + x^3 + x^4 + x^8$的m序列，其时钟信号为$V_{1\text{-clock}}$；

② 数据率为10～100 kb/s，按10 kb/s步进可调。数据率误差绝对值不大于1%；

③ 输出信号为TTL电平。

(2) 设计三个低通滤波器，用来模拟传输信道的幅频特性：

① 每个滤波器带外衰减不少于40 dB/十倍频程；

② 三个滤波器的截止频率分别为100 kHz、200 kHz、500 kHz，截止频率误差绝对值不大于10%；

③ 滤波器的通带增益A_F在0.2～4.0范围内可调。

(3) 设计一个伪随机信号发生器，用来模拟信道噪声。

① 伪随机信号V_3为$f_2(x) = 1 + x + x^4 + x^5 + x^{12}$的m序列；

② 数据率为10 Mb/s，误差绝对值不大于1%；

③ 输出信号峰峰值为100 mV，误差绝对值不大于10%。

(4) 利用数字信号发生器产生的时钟信号$V_{1\text{-clock}}$进行同步，显示数字信号V_{2a}的信号眼图，并测试眼幅度。

2. 发挥部分

(1) 要求数字信号发生器输出V_1采用曼彻斯特编码。

(2) 要求数字信号分析电路能从V_{2a}中提取同步信号$V_{4\text{-syn}}$并输出；同时，利用所提取的同步信号$V_{4\text{-syn}}$进行同步，正确显示数字信号V_{2a}的信号眼图。

(3) 要求伪随机信号发生器的输出信号V_3幅度可调，V_3的峰峰值范围为100 mV～TTL电平。

(4) 改进数字信号分析电路，在信噪比尽量低的条件下，该电路能从V_{2a}中提取同步信号$V_{4\text{-syn}}$，并正确显示V_{2a}的信号眼图。

(5) 其他。

三、说明

(1) 在完成基本要求时，将数字信号发生器的时钟信号 $V_{1\text{-clock}}$ 送给数字信号分析电路(图6-29中开关S闭合)；而在完成发挥部分时，$V_{1\text{-clock}}$ 不允许送给数字信号分析电路(开关S断开)。

(2) 要求分别制作数字信号发生器和数字信号分析电路的电路板。

(3) 要求 V_1、$V_{1\text{-clock}}$、V_2、V_{2a}、V_3 和 $V_{4\text{-syn}}$ 信号预留测试端口。

(4) 对于基本要求(1)和(3)中的两个m序列，根据所给定的特征多项式 $f_1(x)$ 和 $f_2(x)$，采用线性移位寄存器发生器来产生。

(5) 对于基本要求(2)的低通滤波器，应使用模拟电路实现。

(6) 眼图显示可以使用示波器，也可以使用自制的显示装置。

(7) 发挥部分(4)要求的“信噪比尽量低”，即在保证能正确提取同步信号 $V_{4\text{-syn}}$ 的前提下，尽量提高伪随机信号 V_3 的峰峰值，使其达到最大，此时数字信号分析电路的输入信号 V_{2a} 的信噪比为允许的最低信噪比。

四、评分标准

评分标准见表6-14。

表6-14 评分标准

	项目	主要内容	满分
设计报告	方案论证	比较与选择 方案描述	2
	理论分析与计算	低通滤波器设计 m序列数字信号 同步信号提取 眼图显示方法	6
	电路与程序设计	系统组成 原理框图与各部分的电路图 系统软件与流程图	6
	测试方案与测试结果	测试结果完整性 测试结果分析	4
	设计报告结构及规范性	摘要 正文结构规范 图表的完整与准确性	2
	小计		20
基本要求	实际制作完成情况		50
发挥部分	完成第(1)项		8
	完成第(2)项		15
	完成第(3)项		6
	完成第(4)项		16
	其他		5
	小计		50

6.3.2　全国一等奖作品 1

全国一等奖作品 1 的相关信息见表 6-15。

表 6-15　全国一等奖作品 1

作品来源	2011 年全国大学生电子设计竞赛
参赛题目	简易数字信号传输性能分析仪
参赛队员	王云龙、杨瑞峰、戚晓慧
赛前辅导教师	田忠骏、陈国军、朱义君
文稿整理辅导教师	田忠骏
获奖等级	全国一等奖

摘要：系统主要由信号(噪声)发生、信道模拟和数字信号分析电路构成。信号(噪声)发生电路产生 10～100 kb/s，步进为 10 kb/s 的数字信号以及 10 Mb/s 的伪随机序列噪声；通信信道由截止频率分别为 100 kHz、200 kHz 和 500 kHz，通带增益 0.1～5 倍可调的 LPF 来模拟；信号分析电路能在 −6 dB 信噪比下提取同步信号。系统以两块 EP2C 系列 FPGA 为核心，性能稳定可靠，各项指标均达到或超过了题目要求。

关键词：m 序列；眼图；曼彻斯特编码；同步

一、方案设计与论证

1．数字信号发生部分

方案一：单片机实现数字信号发生。

单片机操作方便，控制简单，输出易达到 TTL 电平，但是内部资源和外部 I/O 接口较少，且不易产生 10 Mb/s 噪声。

方案二：DSP 实现数字信号发生。

普通 DSP 内部通常未集成锁相环，产生序列数据率误差较大。

方案三：FPGA 实现数字信号发生。

FPGA 内部资源充足且 I/O 接口丰富，可通过内部构建累加器和移位寄存器来实现 m 序列的产生；其内部核集成 PLL，分频电路产生的数据稳定可靠且误差很小；外围电路简单，调试方便。

本系统选用 FPGA 实现数字信号发生器。

2．接收信号分析部分

方案一：单片机实现。

单片机虽然一般自带 AD/DA 功能，方便数据采集处理，但速度通常难以满足要求；单片机处理浮点型数据占用资源太多且调试困难。

方案二：利用 DSP 进行 FFT 实现。

利用 DSP 对信号进行 FFT 变换，速度快且受噪声影响小，容易实现低信噪比下信号的同步；但 DSP 通常需要外加电路实现稳定的同步输出，相对较复杂。

方案三：FPGA 构建 DLL 环实现。

FPGA 构建延迟锁定环(Delay-Locked Loop，DLL)实现同步信号的捕获，搜索时间短，捕获准确，较易实现低信噪比的信号同步提取。

本系统采用方案三对接收信号进行分析处理。

3．总体方案描述

系统包括信号发生模块、滤波器模块和信号分析模块三个部分，并配以液晶、数码管和按键实现显示和控制。整体系统方案如图 6-33 所示。

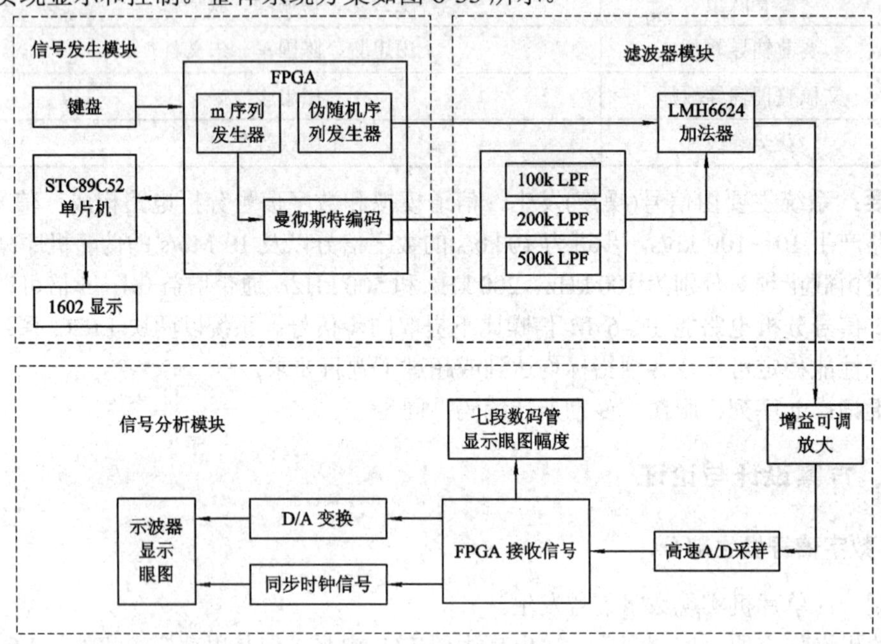

图 6-33　系统整体方案

二、理论分析与计算

1．低通滤波器

使用 Filter Solution10.0 设计三阶巴特沃斯型 *RC* 有源低通滤波器，设计的三个低通滤波器的阻带带宽分别为 100 kHz、200 kHz 和 500 kHz，如图 6-34 所示。

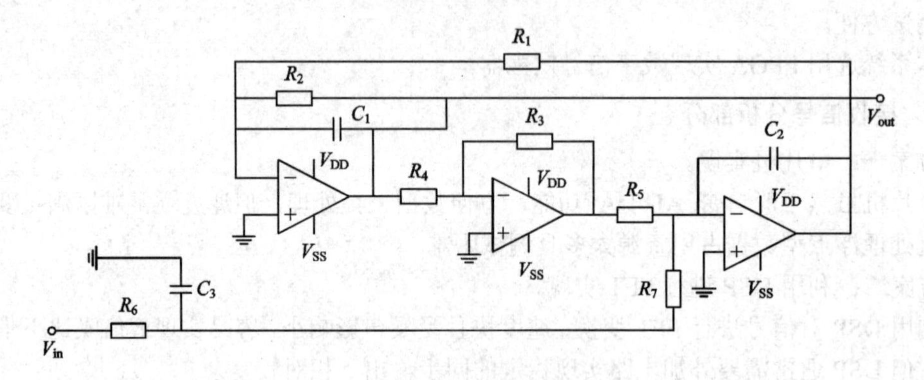

图 6-34　三阶 *RC* 有源低通滤波器

2. m 序列数字信号

伪随机序列可由线性反馈移位寄存器来产生。一般地，n 级线性反馈移位寄存器可能产生的最长周期等于(2^n-1)，其中，最长的序列称为最长线性反馈移位寄存序列，简称 m 序列。产生 m 序列可根据给出的特征多项式，利用移位寄存器和模 2 累加器搭建。

数字信号 V_1 为 $f(x) = 1 + x^2 + x^3 + x^4 + x^8$ 的 m 序列，其发生器框图如图 6-35 所示。

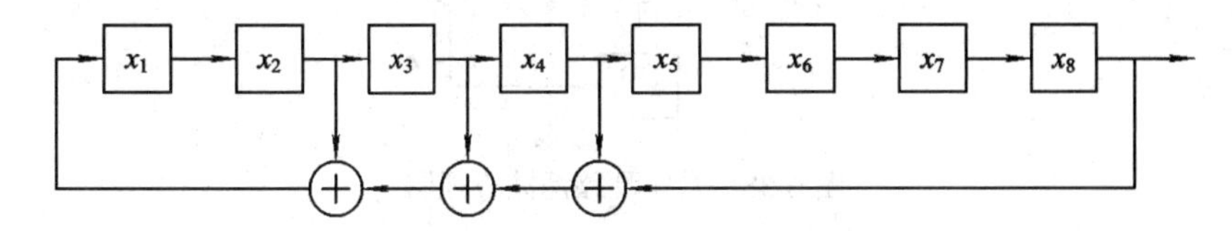

图 6-35　V_1 的 m 序列发生器框图

数字信号 V_1 对应的二进制序列为 100011101。

数字信号 V_2 为 $f(x) = 1 + x + x^4 + x^5 + x^{12}$ 的 m 序列，其发生器框图如图 6-36 所示。

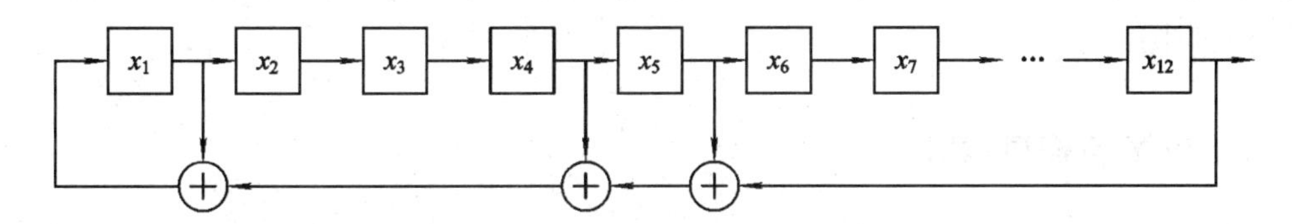

图 6-36　V_2 的 m 序列发生器框图

数字信号 V_2 对应的二进制序列为 1000000110011。

设计时可在 FPGA 中直接利用移位寄存器来实现，信号的数据率可通过系统时钟的分频来实现，可设置的 10 kb/s 步进可调，数据率的误差可由稳定的时钟来保证。

3. 同步信号提取

采用改进的 DLL 环捕获接收信号，并完成信号的跟踪，同时提取同步时钟。通过 DLL 算法首先对信号进行捕获，捕获后再完成信号的精确同步，典型的 DLL 环实现原理框图如图 6-37 所示。

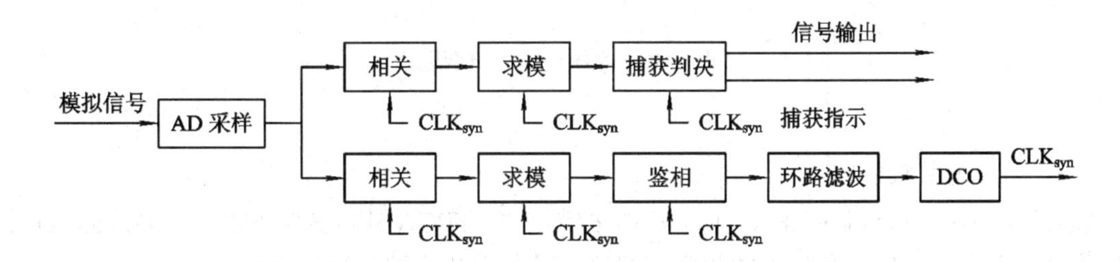

图 6-37　DLL 环实现原理框图

伪随机序列具有很好的自相关性能，当滑动的结果使得两码组的相位同步时，就可以判断初始捕获。当相关器的输出低于门限值时，时钟将驱动本地码产生一个滑动量，然后继续相关运算，该操作需要到检测出相关信号或超过不确定检测时间窗口为止。初始捕获完成后将进入跟踪环节。

为准确对信号相位进行校准和跟踪，还构建了二阶数字环路滤波器，来抑制高频分量和噪声，其中图 6-38 为一阶数字环路滤波器，而二阶数字环路滤波器可由两个一阶数字环路滤波器串联得到。

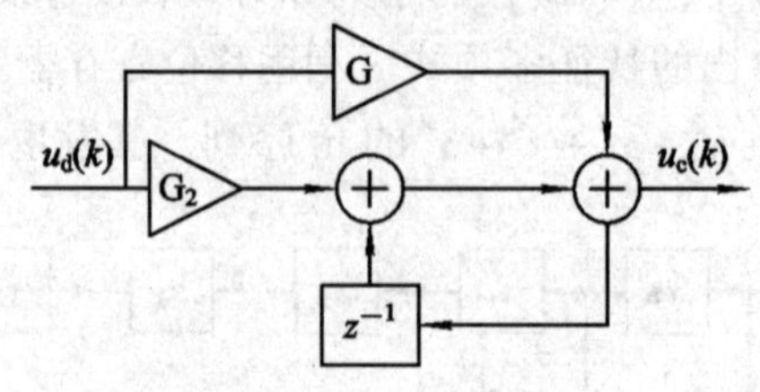

图 6-38　数字环路滤波原理图

4. 眼图显示方法

观察数字信号与伪随机序列的叠加信号 V_{2a} 时，分别将捕获的同步时钟和信号送至示波器。在示波器的余晖作用下，扫描所得的每一个码元波形将重叠在一起，示波器上就能将眼图显示出来，眼图可用来观测码间干扰和信道噪声等，调整输入的信噪比可观测到不同效果的眼图。

三、电路与程序设计

1. 系统组成与原理框图

系统由信号发生部分、模拟信道部分和信号分析部分组成。系统的电路组成框图如图 6-39 所示。

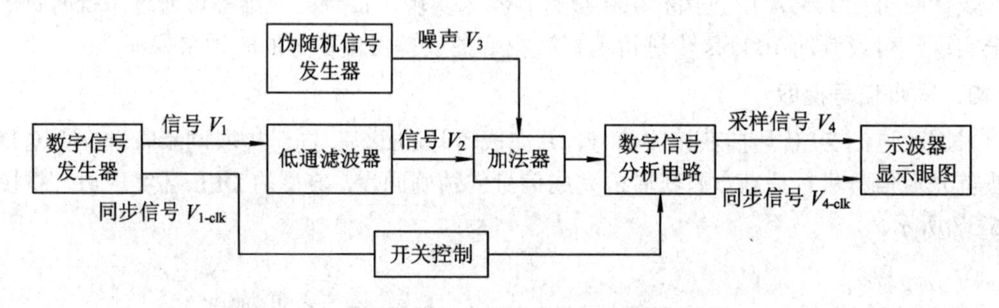

图 6-39　系统电路组成框图

2. 单元电路图

1) 信号发生电路

信号由 Altera 公司的 EP2C5T144C8N 控制产生，FPGA 外接 STC89C52、AD9765、LCD 等器件，用来显示信号和噪声的频率、幅度。信号发生电路原理图如图 6-40 所示。

2) 信号分析处理电路

在信号分析处理电路中，由 AD8138 将输入的信号衰减至 AD 动态范围内再进行采样，由 FPGA 对信号进行处理，提取同步信号。时钟、数据输出外接 74HC00 以提高 TTL 电平及数码管显示眼幅度。信号分析处理电路原理图如图 6-41 所示。

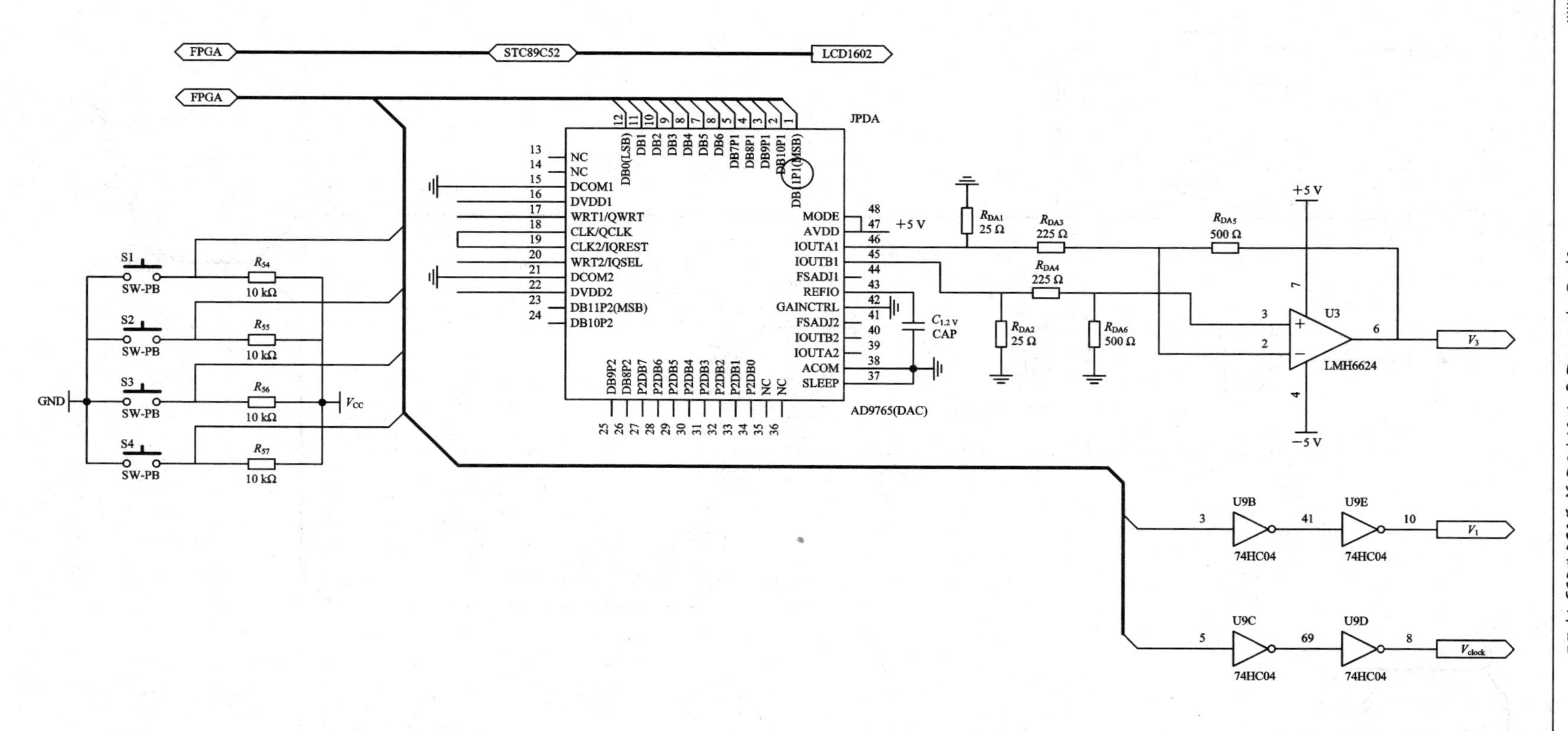

FPGA
STC89C52
LCD1602
FPGA
JPDA
AD9765(DAC)
MODE
AVDD
IOUTA1
IOUTB1
FSADJ1
REFIO
GAINCTRL
FSADJ2
IOUTB2
IOUTA2
ACOM
SLEEP
NC
NC
DCOM1
DVDD1
WRT1/QWRT
CLK/QCLK
CLK2/IQREST
WRT2/IQSEL
DCOM2
DVDD2
DB11P2(MSB)
DB10P2
+5 V
C1.2 V CAP
RDA1 25 Ω
RDA2 25 Ω
RDA3 225 Ω
RDA4 225 Ω
RDA5 500 Ω
RDA6 500 Ω
U3
LMH6624
−5 V
V3
U9B
U9E
74HC04
V1
U9C
U9D
Vclock
S1 SW-PB
S2 SW-PB
S3 SW-PB
S4 SW-PB
R54 10 kΩ
R55 10 kΩ
R56 10 kΩ
R57 10 kΩ
GND
VCC

图 6-40　信号发生电路

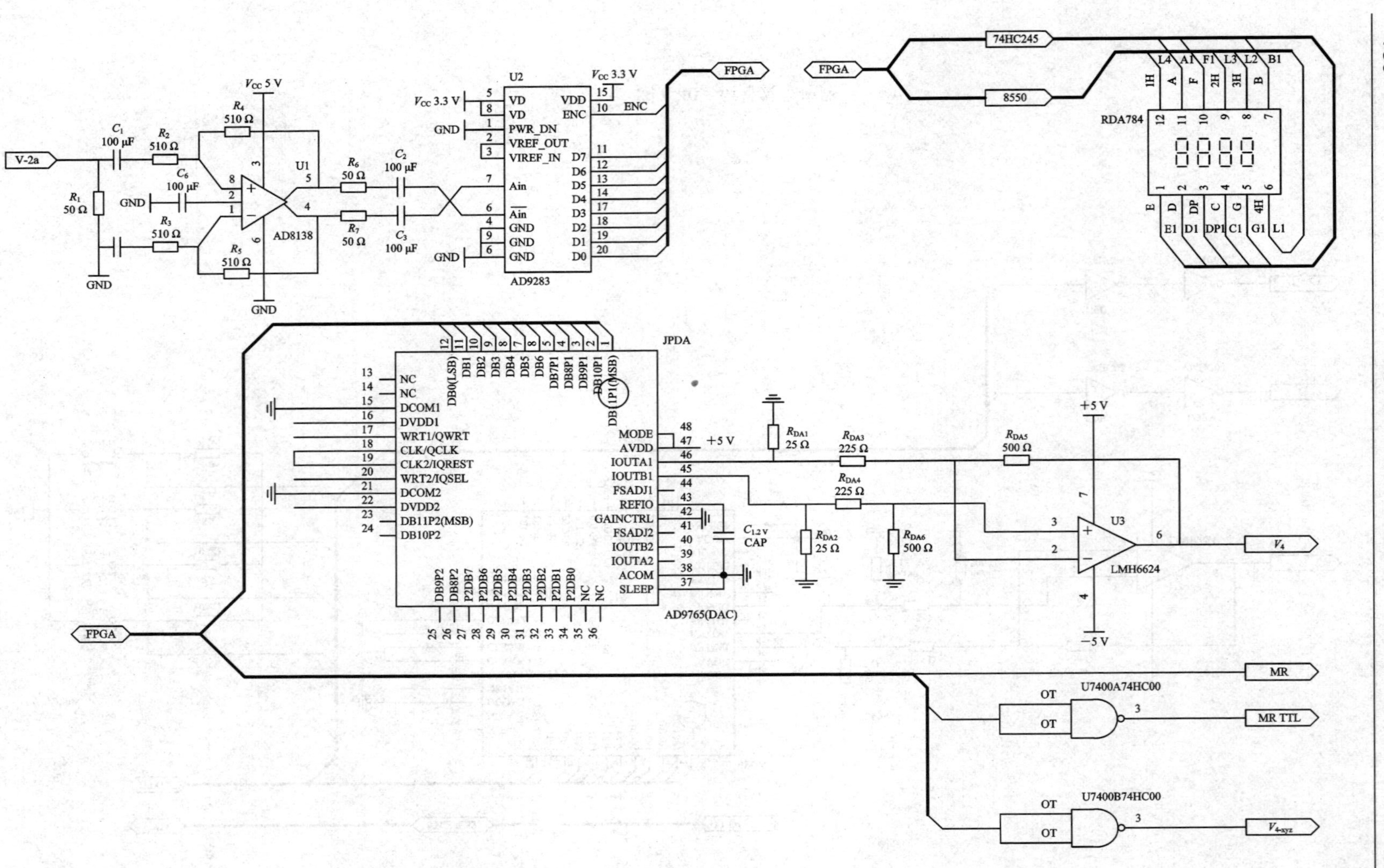

图 6-41　信号分析处理电路

3. 系统软件与流程图

系统软件部分主要由信号发射端和信号接收端组成，两部分软件流程图分别如图 6-42 和图 6-43 所示，信号流程图如图 6-44 和图 6-45 所示。

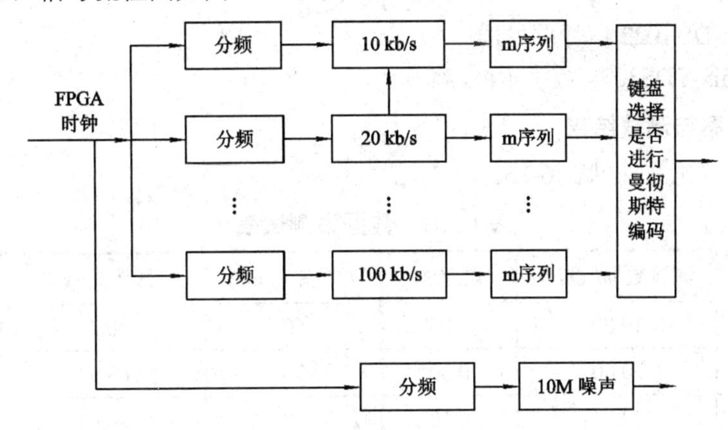

图 6-42　信号发射端软件流程图

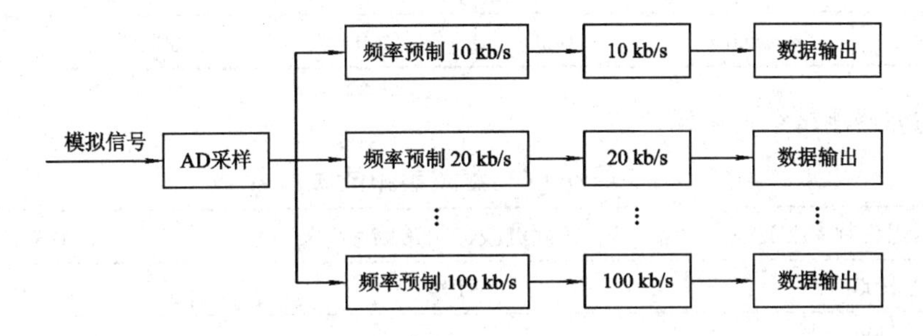

图 6-43　信号接收端软件流程图

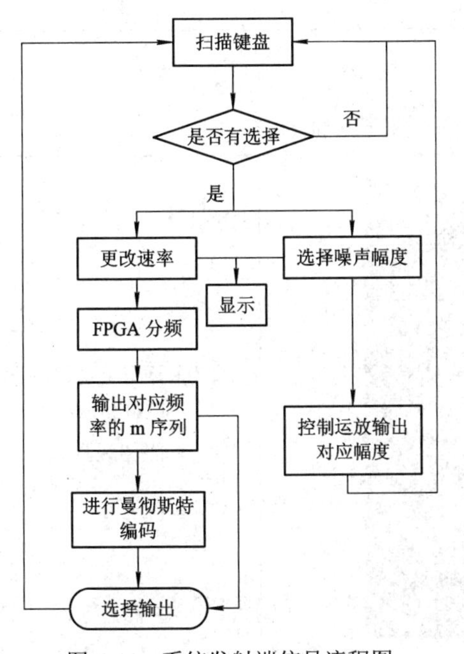

图 6-44　系统发射端信号流程图

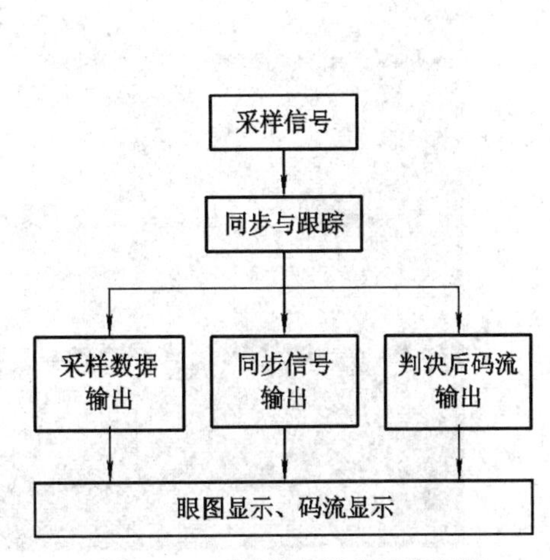

图 6-45　系统接收端信号流程图

四、测试方案与测试结果

1．测试仪器

(1) RIGOL-DG1022 信号发生器；

(2) Tektronix-TDS3034 数字示波器。

2．测试方案与测试结果

(1) 数据率测试结果见表 6-16。

表 6-16　数据率测试表

数据率/(kb/s)	测试数据/(kb/s)	误差/%	数据率/(kb/s)	测试数据/(kb/s)	误差/%
10	10.00	0.00	60	60.25	0.04
20	20.00	0.00	70	69.92	0.01
30	29.94	0.13	80	80.03	0.04
40	40.00	0.00	90	90.09	0.01
50	50.00	0.00	100	100.00	0.00

(2) 滤波器测试结果见表 6-17。

表 6-17　滤波器测试表

滤波器阻带频率/kHz	实际滤波器阻带频率/kHz	误差/%
100	104.0	4.0
200	206.0	3.0
500	515.0	3.0

(3) 眼图观测结果见表 6-18。

表 6-18　不同信噪比下眼图观测显示

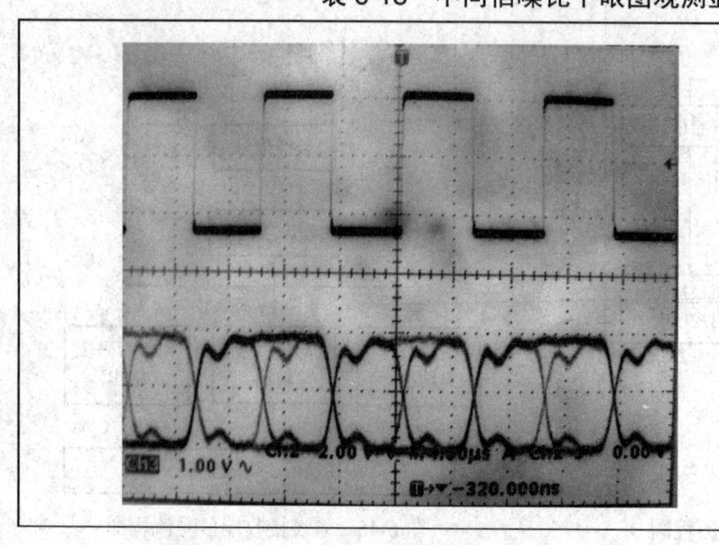	200 k LPF 下，信号 4 V、噪声 0.1 V 眼图观测

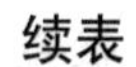

续表

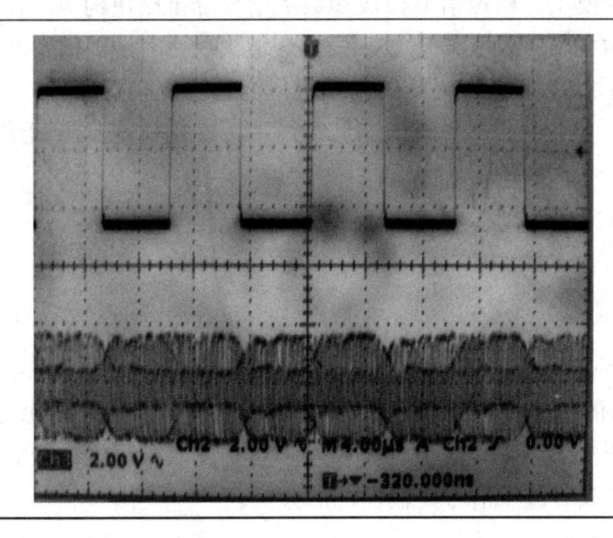	200k LPF 下，信号 2.5V、噪声 5 V 眼图观测

(4) 测试结果分析。

实际作品完成情况如表 6-19 所示。题目的要求全部实现并有所发挥，整体效果理想。

表 6-19　测试结果分析表

	项　目	完 成 情 况
基本要求	产生 m 序列	产生 10～100 kb/s，步进为 10 kb/s 可调的数字信号；误差 < 1%
	是否达到 TTL 电平	达到 TTL 电平
	低通滤波器	截止频率最大误差 < 10%，增益可调范围：输入 1 V 条件下实现 0.1～5 倍可调；十倍频程带外衰减 > 40 dB
	产生伪随机序列	产生 10 Mb/s 幅度可调伪随机序列，误差 < 5%
发挥部分	信号曼彻斯特编码	实现
	信号同步	10～100 kb/s 全部同步成功，无明显抖动
	噪声幅度可调	100 mV～5 V
	低信噪比观测眼图	– 6 dB 信噪比下显示眼图
	其他	实现对接收信号的判决、曼彻斯特码的码流输出；附加对眼幅度的测试显示

6.3.3　全国一等奖作品 2

全国一等奖作品 2 相关信息见表 6-20。

表 6-20　全国一等奖作品 2 相关信息

作品来源	2011 年全国大学生电子设计竞赛
参赛题目	简易数字信号传输性能分析仪
参赛队员	张知微、刘亚奇、赵泽亚
赛前辅导教师	欧阳喜、汪洋、马金全
文稿整理辅导教师	欧阳喜
获奖等级	全国一等奖

摘要：系统由数字信号发生模块、模拟信道模块和数字信号分析模块构成。在数字信号发生模块中，由 FPGA 产生数字信号及噪声信号。模拟信道模块由有源滤波器和叠加电路构成。数字信号分析模块通过 DSP 对含有噪声的信号进行滤波并提取同步信号，与 DA 输出的原信号同步进入示波器，产生眼图。系统电路结构简单，性能稳定，测试结果达到题目要求的各项指标。

关键词：FPGA；同步信号；DSP；眼图

一、系统方案论述

系统主要包括信号产生电路、模拟信道电路及信号分析电路三部分。信号产生电路实现数字信号、伪随机信号及编码信号的产生和电平变换功能。模拟信道电路实现低通滤波、信号放大和叠加等功能。信号分析电路实现数字滤波和同步信号提取等功能，能够在低信噪比的情况下正确显示眼图，完成对数字信号传输性能的分析。

1．低通滤波电路的比较与选择

方案一：选择集成滤波器芯片。

采用集成滤波器芯片，准确度可以满足要求，但外部电路的实现较为复杂且价格高。

方案二：选择无源滤波器。

无源滤波器是利用电容和电感元件的电抗随频率的变化而变化的原理构成的。它的电路简单，可靠性高，但通带内信号能量有损耗，滤波特性受系统参数影响大。

方案三：选择有源滤波器。

有源滤波器通带内增益较为稳定、阻带衰减快，控制精度高，设计更具灵活性且具有一定的放大功能。

本题所需要的通频带范围较窄，但对阻带衰减要求较高，有源滤波器能够满足要求，且外围电路简单，因此我们采用有源滤波器实现低通滤波。此外，由于题目要求的滤波器通带增益 A_F 可调，所以我们在滤波器后搭建了增益可变的放大模块，从而构成了增益可调的滤波电路。

2．信号产生方案的设计

题目要求产生数字信号 V_1 及伪随机信号 V_2。由于伪随机信号的数据率需要达到 10 Mb/s，单片机或一般的 DSP 较难实现，因此使用 FPGA 产生数字信号及伪随机信号。

由于 FPGA 的输出信号电平为 3.3 V，因此，为实现题目要求的输出信号 TTL 电平，需要将 FPGA 输出电平进行变换，方案采用 74HC14 芯片实现该功能。

3．数字信号分析电路的设计

数字信号分析电路的核心是提取同步信号。首先将叠加的信号进行 AD 采样。然后进行数字滤波，提取同步信号，最后将同步信号及叠加的信号一起输出。由于用 DSP 处理数字信号速度快，具有浮点处理能力，精度高，且编程简单、环境友好。因此我们选用 DSP 来实现以上的功能(设计电路见本作品后面的附图 6-54)。

系统总体实现框图如图 6-46 所示。

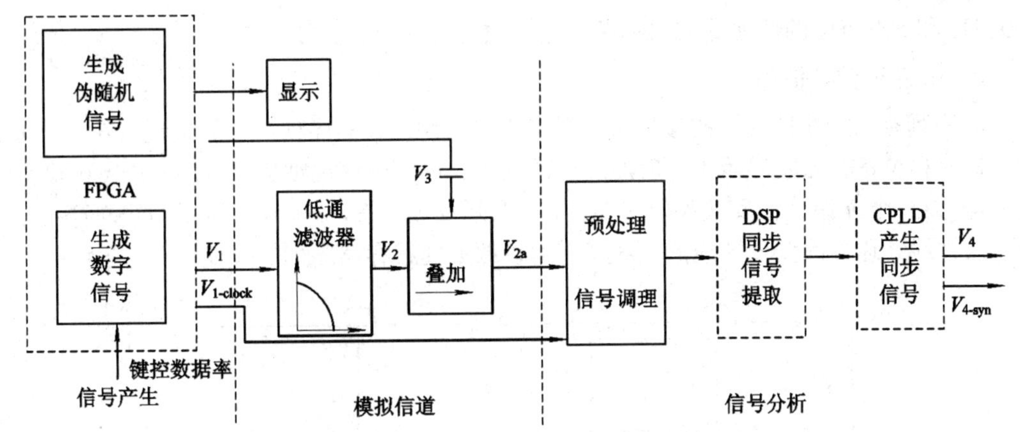

图 6-46　数字信号传输性能分析仪组成框图

二、理论分析与设计

1. 低通滤波器设计

为了实现带外衰减不少于 40 dB/十倍频程，滤波器至少采用两阶的低通有源滤波器。图 6-47 为二阶低通滤波器的原理图，改变比值 R_f/R_1 可获得所需要的增益。

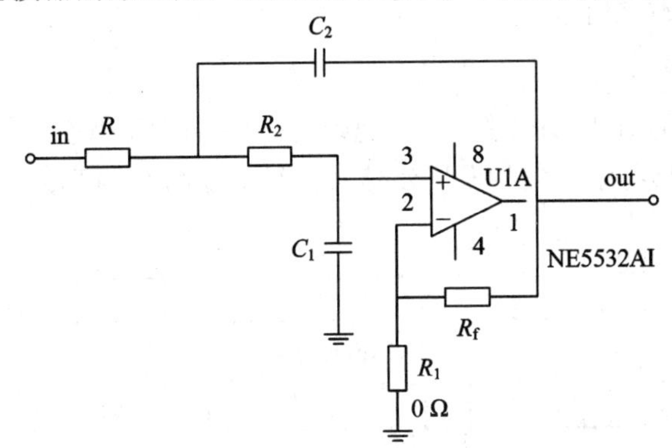

图 6-47　二阶低通滤波器原理图

通过分析电路上电压、电流的关系，可以得到该电路的频率特性：

$$A(s)=\frac{A(0)\omega_0^2}{s^2+\dfrac{\omega_0}{Q}s+\omega_0^2}$$

其中：ω_0 为滤波器的截止频率；$A(0)$表示同相放大器的低频增益；Q 表示滤波器的等效品质因数。截止频率与电阻、电容的关系可以由下面的公式表示：

$$\omega_0=\frac{1}{\sqrt{C_1C_2R_1R_2}}$$

为实现不小于 40 dB/十倍频的截止频率和带外衰减，我们通过两个二阶的有源低通滤波器级联来构建四阶滤波器。根据以上表达式，可以计算出截止频率分别为 100 kHz、

200 kHz 和 500 kHz 的低通滤波器相关电路参数。

2．m 序列数字信号

m 序列是由带线性反馈的移位寄存器产生的周期最长的序列。一般来说，在一个 n 级的二进制移位寄存器发生器中，所能产生的最大长度的码序周期为 2^n-1(除去全 0 状态)。图 6-48 为一个 n 级线性反馈移位寄存器，c_i 表示反馈状态，$c_i=0$ 表示反馈线断开；$c_i=1$ 表示反馈线连通。改变反馈线的接线状态可以改变此移存器序列的周期。

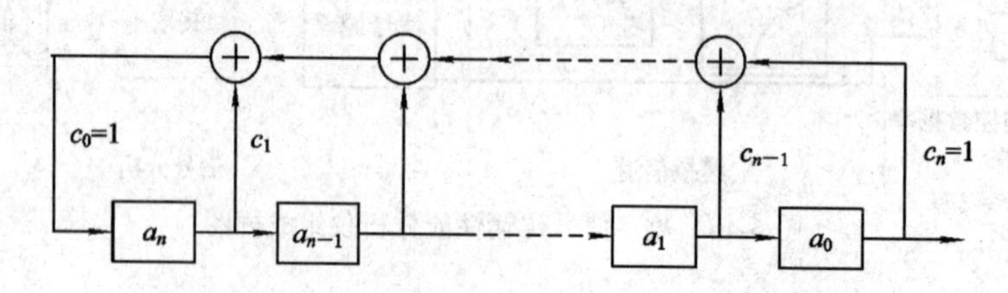

图 6-48　n 级线性反馈移位寄存器

原信号的多项式为 $f_1(x)=1+x^2+x^3+x^4+x^8$，抽头系数 $c_0=c_2=c_3=c_4=c_8=1$，其余系数为 0。噪声信号的多项式为 $f_2(x)=1+x+x^4+x^5+x^{12}$，移位寄存器阶数为 12，$c_0=c_1=c_4=c_5=c_{12}=1$，其余系数为 0。经过线性反馈移位寄存器移位后的信号从 FPGA 中输出，即可产生题目要求的数字信号。

3．同步信号提取

数字信号采用曼彻斯特编码时，编码规则为："0"码用"01"表示，"1"码用"10"表示。原信号、曼彻斯特编码信号及同步信号的波形如图 6-49 所示。

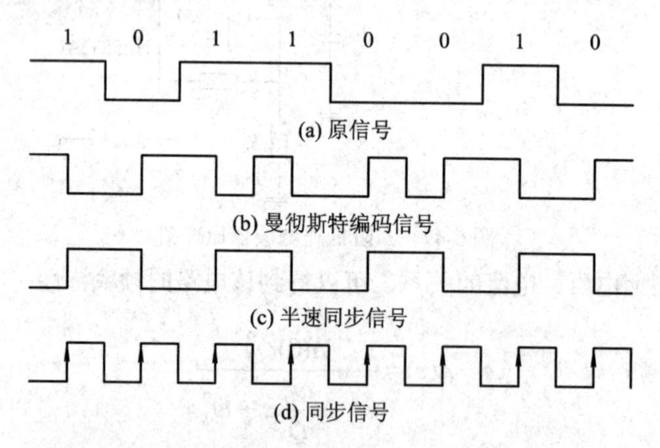

图 6-49　原信号、曼彻斯特编码信号及同步信号的波形

同步信号提取的过程可以分为频率同步和相位同步。

频率同步需要根据输入信号的频率变化进行自适应调整。由于曼彻斯特编码避免了长 0 和长 1 的出现，且长间隔的持续时间为短间隔持续时间的两倍，频率同步可以通过高速时钟计数得到长间隔的持续时间，因此经过统计平均后可得到精确的频率值。

相位同步是为了确保同步信号的跳变边沿与码元跳变边沿一致，从而得到稳定的同步信号。比较编码信号与同步信号上升沿的位置可知，正确的同步信号上升沿变化遵循以下规律：

(1) 编码信号波形每经过一个长间隔，同步信号翻转。

(2) 编码信号波形经过两个连续变化的短间隔，同步信号翻转。

根据以上变化规律，接收端可实时检测当前编码信号的上升沿和下降沿。结合已得到的频率值，以短间隔持续时间的 1.5 倍作为门限值，若接收信号跳变间隔大于门限值，则认为经过了一个码元时间，同步信号翻转；当接收信号跳变间隔小于门限值时，同步信号不翻转，只有在接收到连续两个短间隔时同步信号才翻转，这时得到的同步信号与编码信号具有一致的跳变边沿，但其速率为编码信号速率的一半，如图 6-49(c)所示。因此，在同步信号的跳变中点再进行一次跳变，可以产生同频的同步信号。

4. 眼图显示方法

用示波器一个端口跨接 V_4，另一个端口跨接 $V_{4\text{-syn}}$，用于提供示波器的水平扫描周期，选择上升沿触发，此时在示波器显示的图形即为 V_{2a} 的眼图，从眼图上可以观察信号受信道噪声的影响情况。

三、电路与程序设计

1. 电路设计

1) 低通滤波器

低通滤波器部分用于将 FPGA 输出的信号 V_1 进行滤波和放大。系统采用双通道运算放大器 NE5532(带宽增益积为 10 MHz)，实现两级二阶有源滤波器，并通过线性衰减电路与运算放大器 LF357 电路联合使用，实现增益在 0.2～4.0 范围内可调。截止频率为 200 kHz 的低通滤波器原理图如图 6-50 所示。

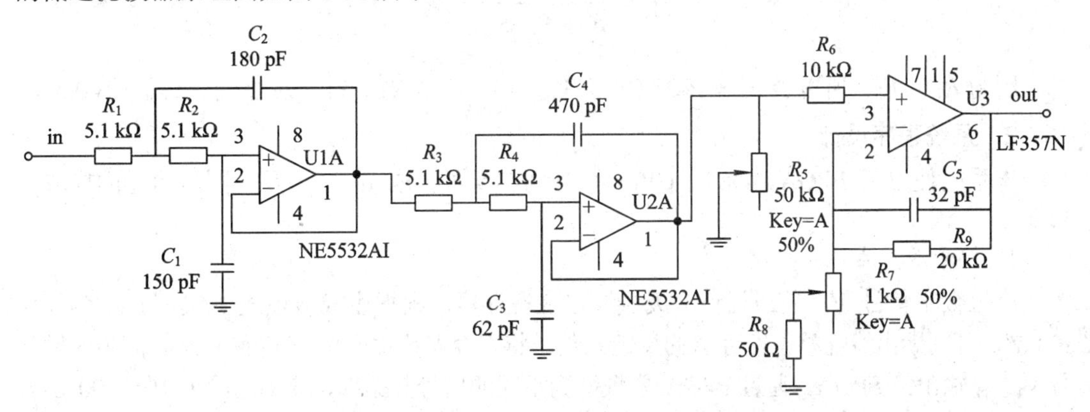

图 6-50　截止频率为 200 kHz 的低通滤波器电路图

经过低通滤波器输出的数字信号(经放大后最高 20 V)与伪随机信号(最高 5 V)叠加后的信号最大可达 25 V。为将信号送入 DSP 处理，需先将信号进行调理(信号调理电路见本作品后面的附图 6-55)，将电平调整到 ADC 的可输入范围，再将处理后的信号送入数字分析电路部分。

2) 噪声电平调整电路

FPGA 采用 50M 高精度晶振，内部带有锁相环稳定时钟频率，通过分频可产生数据率为 10 Mb/s 的伪随机序列，且误差绝对值不大于 1%。为了实现幅度 100 mV TTL 可调，选用一个阻值为 4.7 kΩ 高精度电阻和一大一小两个高精度电位器(阻值分别为 100 kΩ 和 200 Ω)，三者构成线性分压电路，通过大电位器进行粗调和小电位器细调达到误差绝对值不大于 10%的标准，线性分压电路如图 6-51 所示。

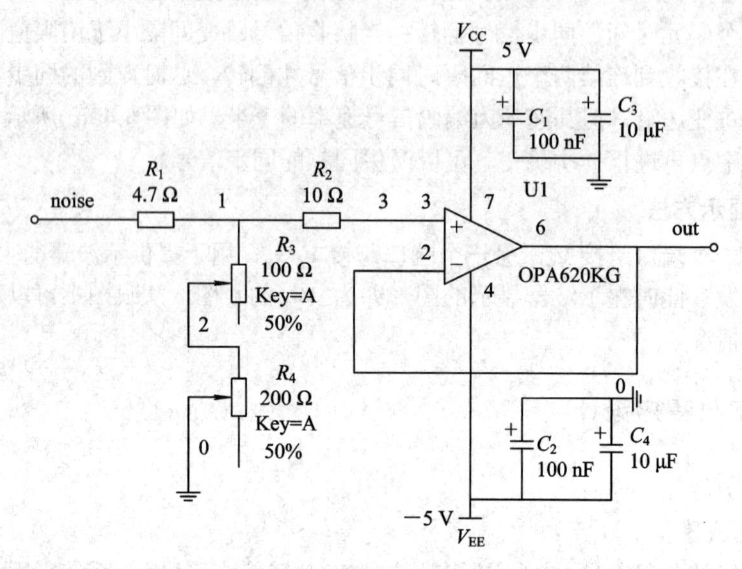

图 6-51　线性分压电路

线性分压电路的输出电压可表示为

$$V_{out}=\frac{R_3+R_4}{R_1+R_3+R_4}\cdot V_{in}$$

因为 $R_1 \ll R_3$，所以当 $R_3 = 100$ kΩ时，$V_{out} \approx 5$ V；当 $R_3 + R_4 = 96$ Ω 时，$V_{out} = 100$ mV。

2．系统程序设计

本系统使用了 FPGA、DSP、CPLD，分别实现了生成 m 序列及对同步信号的提取等功能。

1) 信号源产生

产生数字信号 V_1 需要设计 8 级线性移位寄存器，根据生成多项式 $f_1(x) = 1 + x^2 + x^3 + x^4 + x^8$，可判断出线性移位寄存器的反馈系数。将寄存器移位产生的 V_1 信号及其同步时钟信号 $V_{1\text{-clock}}$ 输出给 FPGA，通过 FPGA 分频得到不同的信号数据率，速率范围为 10～100 kb/s，按 10 kb/s 步进调整。

伪随机信号 V_3 的产生与 V_1 类似，根据生成多项式 $f_2(x) = 1 + x + x^4 + x^5 + x^{12}$，可计算出移位寄存器的反馈系数，以 10 Mb/s 的数据率产生信号。

对数字信号 V_1 进行曼彻斯特编码，用“01”替代“0”，用“10”替代“1”，编码后信号按分频速率与原信号同时输出。

2) 低通数字滤波器

在提取同步信号之前，应先对输入 DSP 的信号进行滤波。可设计一个 FIR 数字低通滤波器，用于滤去噪声，以便更好地提取同步信号。

根据 FIR 滤波器的频率特性，利用 Matlab 计算出滤波器系数。我们设置 FIR 滤波器的阶数为 64 阶。该滤波器的幅频特性曲线如图 6-52 所示。

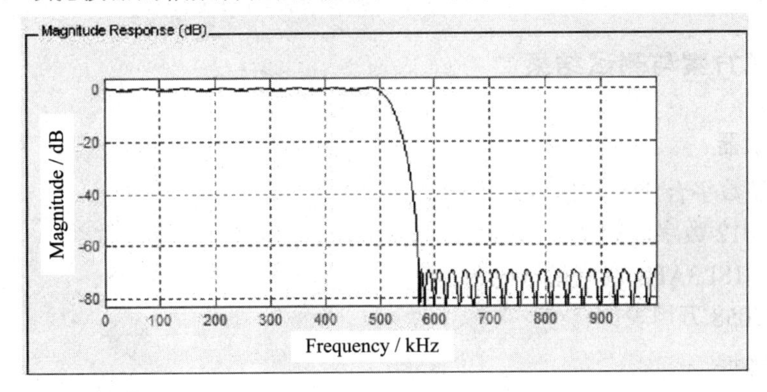

图 6-52　低通滤波器的幅频特性曲线

3) 数字比较器

通过对高低电平的多次统计，分别求出高低电平的平均值，并将两个平均值的中点作为判决门限，高于判决门限的判为“1”，低于判决门限的判为“0”，从而得到一个矩形方波。

4) 同步信号的提取

若存在外部同步信号 $V_{1\text{-clock}}$，则将其直接赋给数字信号分析电路的输出同步信号 $V_{4\text{-syn}}$；若不存在外部同步信号，则 DSP 从编码信号中提取同步信息。同步信号提取流程如图 6-53 所示。

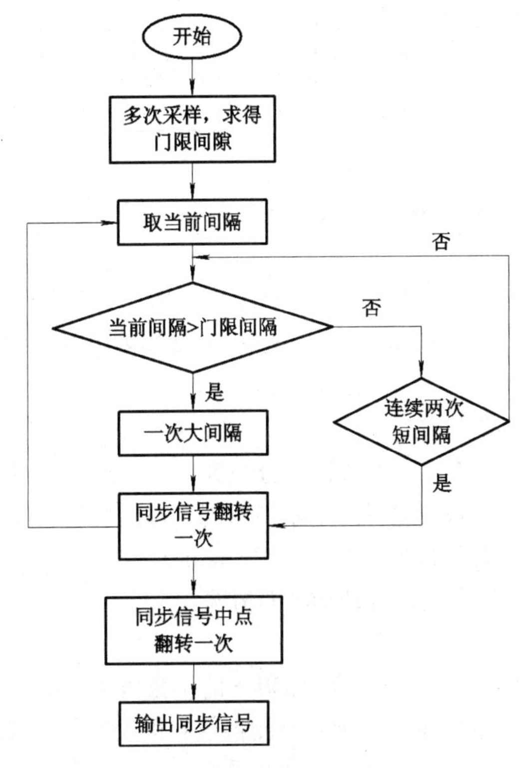

图 6-53　同步信号提取流程

为了兼容老式示波器，可进一步在 CPLD 中根据同步信号的矩形波产生出锯齿波同步信号 $V_{4\text{-syn}}$。

四、测试方案与测试结果

1．测试仪器

(1) F40 型数字合成函数信号发生器；

(2) TDS1012 数字示波器；

(3) DF1731SL3ATB 直流稳压电源；

(4) D7-92058 万用表。

2．测试数据

1) 生成数字信号 V_1 的测试

(1) 信号的波形和电平测量。正确连接电路后加电，通过示波器观察信号的波形和电平，可以看出信号幅度为 5.1 V 的 m 序列信号。

(2) V_1 数据率准确度测量。按键控制输出信号的数据率，从 10 kb/s 开始，以 10 kb/s 为步进，调整信号数据率，观测信号实测数据率，多次测量记录并计算误差。数据记录于表 6-21 中。

表 6-21　数字信号 V_1 数据率的测量

理想数据率/(kb/s)	10	30	60	100
实测数据率/(kb/s)	10	30	60	100
误差绝对值/%	0	0	0	0

(3) V_1 曼彻斯特编码测试。

测试方法：通过示波器观察信号 V_1 的波形，同时比较此时的码速率，分析 V_1 是否成功实现了曼彻斯特编码。

由测试结果可知，V_1 的码速率增长为编码前的 2 倍，且不存在长“0”和长“1”，只存在两种间隔，且长间隔是短间隔的两倍，因此 V_1 的输出为经曼彻斯特编码后的信号。

2) 低通滤波器的测试

(1) 截止频率及带外衰减测试。

测试方法：正确连接电路，将滤波器部分与其他电路断开。用函数信号发生器产生多个单频的峰峰值为 3 V 的正弦波信号，用示波器观测输出信号的峰峰值。应注意，测试范围到 10 倍截止频程，以检测其带外衰减的情况。表 6-22 记录了 100 kHz、200 kHz、500 kHz 截止频率滤波器的带内幅值变化及带外衰减的情况。

(2) 通带增益测试。

增益测试：输入幅度为 5 V，频率为 60 kHz 的正弦信号，手动调节线性衰减电路及运算放大器 LF357 电路中的电位器，用示波器测得信号幅值可在 830 mV～20 V 的范围内连续调节，从而实现增益在 0.2～4 的范围内连续调节。

表 6-22　不同滤波器的频带响应测试结果

100 kHz	频率/kHz	10	50	95	100	500	1000
	峰峰值/mV	3000	2640	2300	2190	12	10
	滤波器截止频率为 101 kHz，十倍频时滤波衰减 49 dB						
200 kHz	频率/kHz	10	100	150	200	900	2000
	峰峰值/mV	3000	2990	2500	2130	12	11
	滤波器截止频率为 203 kHz，十倍频时滤波衰减 48 dB						
500 kHz	频率/kHz	10	50	450	500	900	5000
	峰峰值/mV	3000	3000	2430	2100	120	10
	滤波器截止频率为 500 kHz，十倍频时滤波衰减 49 dB						

3) 伪随机信号 V_3 的测试

(1) 信号的波形和电平测试。

正确连接电路后加电，通过示波器观察信号的波形和电平。可以看出信号 V_3 是电平为 96 mV 的 m 序列信号。

(2) V_3 数据率准确度及增益范围测试。

控制输出 10 MHz 的 V_3 信号时，实测频率为 9.997 MHz，误差绝对值小于 1%，满足题目要求。

手动调节电位器，控制 V_3 的输出幅度，经过测量可得，V_3 的无失真幅度范围为 88 mV～5 V。

4) 眼图的观测

(1) 编码前数字信号 V_{2a} 的眼图显示。

未进行曼彻斯特编码前，利用数字信号发生器产生的时钟信号 $V_{1\text{-clock}}$ 进行同步，显示数字信号 V_{2a} 的眼图，输入 10 MHz、100 mV 的伪随机信号。测试方法：设置 V_1 的数据率为 60 kb/s，分别显示 100 kHz、200 kHz 和 500 kHz 滤波的眼图，并测量眼幅度。结果见表 6-23 所示。

表 6-23　不同滤波器的眼图及眼幅度

滤波截止频率/kHz	100	200	500
是否能正确显示眼图	是	是	是
眼幅度/V	4.98	5.04	5.03

(2) 编码后数字信号 V_{2a} 的眼图显示。

① 提取同步信号及眼图显示测试。选择截止频率为 200 kHz 的低通滤波器，令输入信号 V_1 的幅度分别为 5 V，50 kHz 及 5 V，100 kHz。经过测试，发现均可提取到同步信号。50 kHz 时同步信号频率为 49.999 kHz，眼图显示正常。100 kHz 时同步信号为 99.9995 kHz，眼图显示正常。

② 信噪比测试。令输入信号 V_1 的幅度为 5 V，数据率为 50 kb/s，调整输入噪声的大小，并观察不同噪声下信号 V_{2a} 的眼图。记录下眼图清晰时刻下可输入噪声的最大值。

经过测量，我们发现，当噪声大于 2.3 V 时，眼图难以正常显示。

五、总结

本系统中，FPGA、DSP、CPLD 配合使用，通过合理的设计，实现了数字信号发生器、低通滤波器、数字信号分析电路的设计制作。本设计的创新之处在于设计了精确度较高的同步提取算法，为眼图的测量奠定了良好的基础。同时，为了与老式模拟滤波器兼容，利用 CPLD 生成了周期的锯齿波信号。信号产生部分利用 LCD 实现信号数据率的同步显示，便于现场测试及观察。为了减少外部干扰，我们使用屏蔽线，在信号接入端采用 SMA，并在输入端使用驱动芯片 74LS244，以提高供电电流并稳定波形。

六、参考文献

[1] 樊昌信，曹丽娜. 通信原理[M]. 6 版. 北京：国防工业出版社，2011.
[2] 常建平，李海林. 随机信号分析[M]. 北京：科学出版社，2006.
[3] 黄智伟. 全国大学生电子设计竞赛电路设计[M]. 北京：北京航空航天大学出版社，2006.

七、附图

附图如图 6-54、图 6-55 所示。

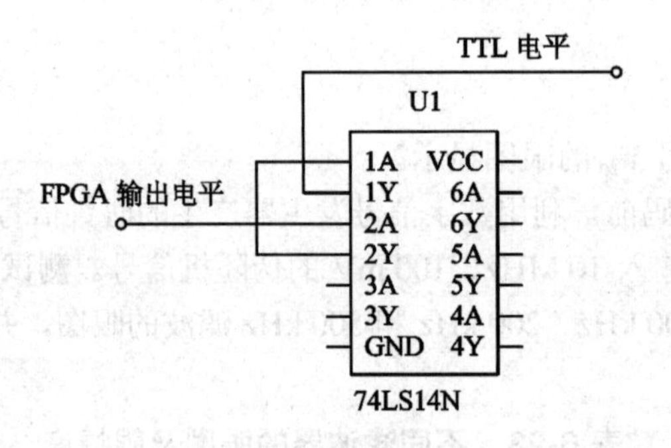

图 6-54 电平转换电路

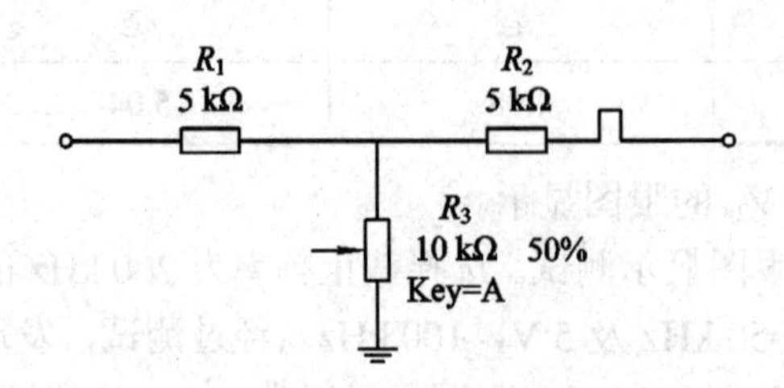

图 6-55 信号调理电路

6.4　数字频率计(F 题)

6.4.1　赛题要求

一、任务

设计并制作一台闸门时间为 1 s 的数字频率计。

二、要求

1．基本要求

(1) 频率和周期测量功能。

① 被测信号为正弦波，频率范围为 1 Hz～10 MHz；

② 被测信号有效值的电压范围为 50 mV～1 V；

③ 测量相对误差的绝对值不大于 10^{-4}。

(2) 时间间隔测量功能。

① 被测信号为方波，频率范围为 100 Hz～1 MHz；

② 被测信号峰峰值的电压范围为 50 mV～1 V；

③ 被测时间间隔的范围为 0.1 μs～100 ms；

④ 测量相对误差的绝对值不大于 10^{-2}。

(3) 测量数据刷新时间不大于 2 s，测量结果稳定，并能自动显示单位。

2．发挥部分

(1) 频率和周期测量的正弦信号频率范围为 1 Hz～100 MHz，其他要求同基本要求(1)和(3)。

(2) 测量频率和周期时，被测正弦信号的最小有效值电压为 10 mV，其他要求同基本要求(1)和(3)。

(3) 增加脉冲信号占空比的测量功能，要求如下：

① 被测信号为矩形波，频率范围为 1 Hz～5 MHz；

② 被测信号峰峰值的电压范围为 50 mV～1 V；

③ 被测脉冲信号占空比的范围为 10%～90%；

④ 显示的分辨率为 0.1%，测量相对误差的绝对值不大于 10^{-2}。

(4) 其他(例如，进一步降低被测信号电压的幅度等)。

三、说明

本题时间间隔测量是指 A、B 两路同频周期信号之间的时间间隔 $T_{A\text{-}B}$。测试时可以使用双通道 DDS 函数信号发生器，提供 A、B 两路信号。

四、评分标准

评分标准见表 6-24。

表 6-24 评分标准

	项目	应包括的主要内容	分数
设计报告	系统方案	比较与选择 方案描述	3
	理论分析与计算	宽带通道放大器分析 各项被测参数测量方法的分析 提高仪器灵敏度的措施	8
	电路与程序设计	电路设计 程序设计	4
	测试方案与测试结果	测试方案及测试条件 测试结果完整性 测试结果分析	3
	设计报告结构及规范性	摘要 设计报告正文的结构 图表的规范性	2
	小计		20
基本要求	完成(1)		32
	完成(2)		14
	完成(3)		4
	小计		50
发挥部分	完成(1)		21
	完成(2)		8
	完成(3)		16
	其他		5
	小计		50
	总分		120

6.4.2 全国一等奖作品

全国一等奖作品信息见表 6-25。

表 6-25 全国一等奖作品信息

作品来源	2015 年全国大学生电子设计竞赛
参赛题目	数字频率计(F 题)
参赛队员	王金锐、唐敏、黄振华
赛前辅导教师	陈国军、郑娜娥
获奖等级	全国一等奖

摘要：本题设计一个闸门时间为 1 s 的数字频率计，以 CycloneII FPGA 芯片 EP2C20F256C7N 为核心，采用 VHDL 编程实现。高频通道测量频率、时间间隔部分采用 AD8370 进行放大，DS92LV010 进行整形，测量占空比部分采用 TLC3501 进行整形；低频通道采用 LM358 进行放大、TLC352 进行整形；显示模块采用 DC80480B070_04 触控显示屏。采用等精度测量方法，实现 1 Hz～100 MHz 的频率范围以及 10 mV～1 V 有效值电压的正弦信号频率、周期的测量；实现 0.1 μs～100 ms 时间间隔范围、100 Hz～5MHz 频率范围、50 mV～1 V 峰峰值电压矩形波时间间隔、占空比的测量。测试结果表明，大部分测量指标达到或超过题目发挥部分要求。

关键词：FPGA；等精度测量法；频率；时间间隔；占空比

一、总体方案选择与论证

数字频率计由频率粗测，信号放大、整形、信号测量和结果显示等部分组成。其中，信号测量部分由系统核心处理芯片完成。

1．高频测量频率、周期、时间间隔电路的芯片选型

方案一：采用 AD600 放大、74245 整形。

方案二：采用 AD8370 放大、DS92LV010 整形。

高频信号测量频率和周期，首先需要对信号进行放大。AD8370 具有低噪声，增益可精确控制，带宽 750 MHz 且价格低廉的特点；DS92LV010 是双运放、高速、低功耗、大带宽的总线收发器，带宽可达到 100 MHz 以上。采用 AD8370 和 DS92LV010，既利用了其大带宽，又可减小电路噪声对小信号测量的影响，故选择方案二。

2．高频测量占空比电路的芯片选型

方案一：采用 LM319 整形。

方案二：采用 TLV3501 整形。

高频信号测量占空比时，为减小信号的失真，电路前段不进行放大，故需采用另外一种电路。TLV3501 是低电压供电的高速比较器，带宽为 38 MHz 左右，满足高频信号占空比测量的要求，故选择方案二。

3．低频放大、整形电路的芯片选型

方案一：采用 LM324 放大、TL081 整形。

方案二：采用 LM358 放大、TLC352 整形。

LM358 内含两个高增益、小带宽、内部频率补偿的运算放大器；TLC352 具有超稳定、低输入的特点。采用 LM358 和 TLC352，可利用其低频小带宽滤除高频信号，两级放大提供足够增益，因此可以满足电路设计要求，故选择方案二。

4．系统核心处理的芯片选型

方案一：基于单片机的数字电路实现，采用 C8051F021 作为系统核心控制部件。该方案电路比较简单，但以 C8051F021 为核心产生的基准信号频率不高，稳定性不强，难以提高计数器的工作频率，降低了测量的精度，故不采用。

方案二：使用可编程逻辑器件 CycloneII EP2C20F256C7N 作为控制及数据处理的核心。

EP2C20F256C7N 内部集成四个 PLL 锁相环，并且核心时钟的频率可以达到 120 MHz，能实现高速测频，解决单片机测频中因为输出频率低而无法精确测量的问题，故采用该方案。

5．信号测量方法的选择

方案一：直接计数测量方法。将输入信号按频率划分为高频和低频两种，分别使用直接测频法和直接测周期法对其频率和周期进行测量，使用计数式测量时间间隔和占空比。该方法虽然能减少 ±1 个数字计数误差，但难以对低频和高频实现等精度测量，且在中间频率附近不能达到较高的测量精度，故不采用。

方案二：等精度测量方法，通过设置预置闸门信号，实现实际闸门信号与被测信号的同步，测量整数倍个被测信号的周期，换算得出被测信号的频率，或两通道的时间间隔和占空比。该方法兼顾高频和低频，可保证测量精度和测量速度。在闸门时间一定的情况下，标准频率越高，分辨率越高，误差越小，可以充分发挥 FPGA 高精度时钟的优势。

综上所述，设计数字频率计总体方案为：利用 FPGA 对二分频后的输入信号进行频率粗测，将原信号分为高频和低频信号；高频通道测量频率、时间间隔的部分采用 AD8370 放大，DS92LV010 作比较器整形，测量占空比部分采用 TLV3501 整形；低频通道采 LM358 放大，TLC352 整形；测量部分以 CycloneII EP2C20F256C7N 为核心，使用等精度测量方法对信号的频率、周期、时间间隔、占空比进行测量，将得到的测量值输入显示电路；结果显示采用型号为 DC80480B070_04 的 LCD 触控显示屏。

二、理论分析与计算

1．被测信号频率粗测方法的分析

采用滑动小窗机制实现对被测信号频率的粗测。其原理是：滑动窗口的大小固定不变，其位置连续变化，查询范围限定在滑动窗口中的二分频后的待测信号波形。去抖处理后，通过统计不同小窗中被测信号连续出现的“0”电平个数和“1”电平个数中的最大值，与窗长进行换算可以实现对被测信号频率的粗略估计。

具体过程为：采用 $T_w = 1$ s 固定不变的滑动窗口，窗口位于初始位置时，使用计数器统计被测信号在小窗内持续出现的“0”电平个数和“1”电平的个数，将其中的较大值 N_{max} 存入锁存器中，记作 N_{max}。连续改变窗口的位置，当窗口位于第 i 个位置时，采用同样的方法得到 N_{imax}，将 N_{imax} 与存储在锁存器中的 N_{max} 值进行比较，取 $N_{max} = \max\{N_{max}, N_{imax}\}$，并将新的 N_{max} 值更新到锁存器中。完成以上步骤后，N_{max} 值更新为不同小窗中被测信号连续出现的“0”电平个数和“1”电平个数中的最大值，设被测信号频率的粗测值为 f_{xest}，则 f_{xest} 满足以下关系：

$$f_{xest} = \frac{N_{max}}{T_w} \tag{6-3}$$

取阈值为 $f_0 = 100$ kHz，频率大于 f_0 的被测信号输入高频通道，否则输入低频通道。因实际电路中的高低频通道频率覆盖范围在 f_0 左右有重合部分，因此 f_0 附近频率值的信号在高、低频通道中均可得到适当处理。

2．宽带通道放大器分析及灵敏度提高措施

(1) 对宽带通道放大器的分析。

电路中高频通道为达到 1 kHz～100 MHz 被测信号的测量范围，须采用宽带通道放大器。AD8370 为采用差分输入的低噪声、可实现增益精确控制、大宽带的可控增益放大器。其显著特点是输入可选择增益范围(小范围：−11～+17 dB。大范围：+6～+34 dB)，噪声系数为 7 dB，带宽由低频至 750 MHz，具有优良的抗失真性能和较宽的带宽。

在宽输入动态范围应用中，AD8370 可提供两种输入范围，分别对应高增益模式和低增益模式。AD8370 的增益随频率值和控制字的变化如图 6-56 所示。

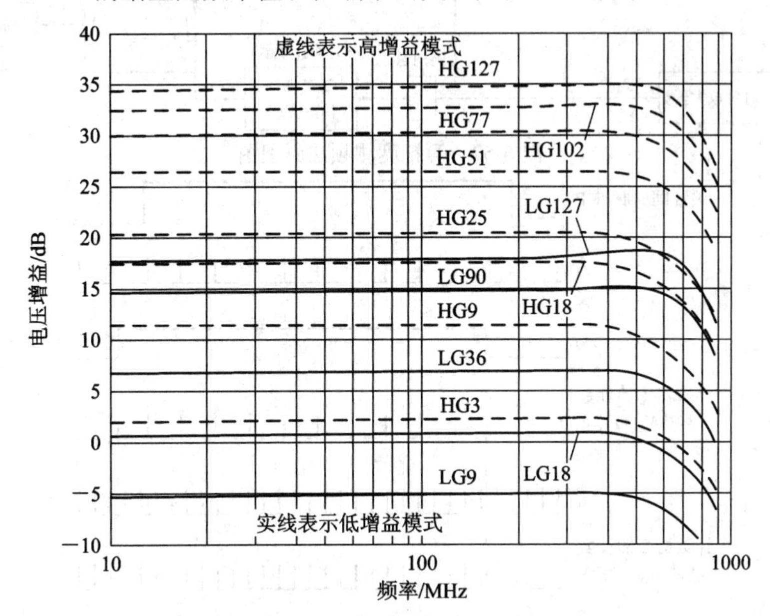

图 6-56　AD8370 电压增益随频率及控制字变化趋势图

由图 6-56 可知，在 130 MHz 的测量范围内，电压增益为一定值，能够实现对输入信号的线性放大，可覆盖题目中最大频率范围 100 MHz。

(2) 对提高仪器灵敏度的分析。

提高数字频率计的灵敏度，一方面利用放大器对小信号进行放大，便于对信号进行计数；另一方面要提高信号的信噪比，降低噪声。根据题意，被测信号为正弦波时的有效值电压范围为 10 mV～1 V，为方波峰峰值的电压范围为 50 mV～1 V。为满足电路后续处理要求，至少需要将信号电压放大到数百毫伏。

为充分提高仪器灵敏度，在高频通道中使用 FPGA 对 AD8370 的增益控制字进行设置，可达到大增益的要求。将 AD8370 的增益控制字设置为 HG127，电压增益达到最大，其值为 34 dB。为降低噪声，采用 AD8370 单端输入方式，输出为差分方式，抑制共模噪声。

低频通道中因 LM358 增益带宽积有限，为提高放大倍数，对低频信号采用两级放大，提高低频信号的测量灵敏度。

3. 等精度测频法测量频率、周期的分析

等精度测频法，又称多周期同步测频法。实际闸门时间 T_d 与预置闸门时间 $T_c = 1$ s 之间相差小于一个信号周期的长度，通过测量被测信号多个周期内基准频率信号 f_c 的计数次数，换算得出被测信号的频率。设被测信号为 f_x，其测量原理框图如图 6-57 所示，测量原理波形如图 6-58 所示。

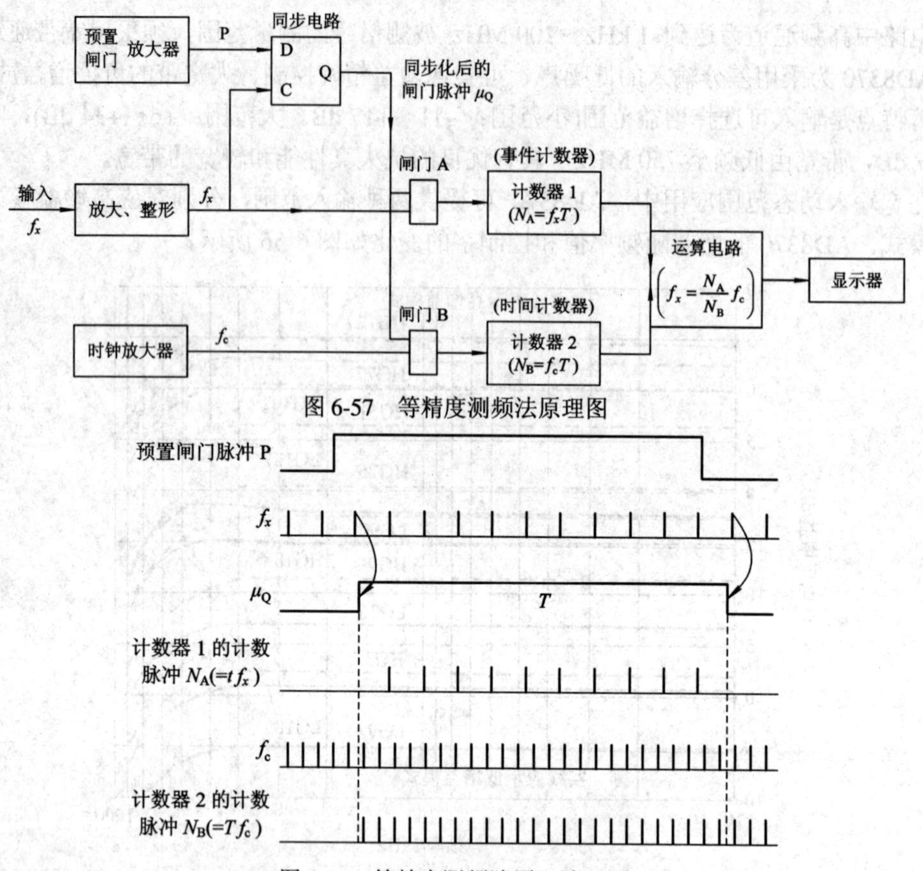

图 6-57　等精度测频法原理图

图 6-58　等精度测频法原理波形图

在等精度测频法测量频率的电路中，D 触发器是上升沿触发的，其中，C、P 接被测信号，D 接预置闸门信号，输出 Q 为实际闸门信号，且只有在被测信号上升沿到来时才满足 Q = D。

具体工作过程为：若预置闸门信号为低电平，则无论被测信号的上升沿是否到来，Q = D，实际闸门信号均为无效的低电平，计数器不工作；当预置闸门信号跳变为高电平时，若被测信号的上升沿到来，则触发器的输出发生跳变，闸门同时开启计数器 1、2，分别对基准频率信号和被测信号进行计数；当预置闸门信号跳变为低电平时，计数器并不立即结束计数，而是等到被测信号的上升沿到来，使 D 触发器的输出跳变为低电平，关闭闸门，将计数器 1、2 同时关闭，计数停止，至此一次测量过程完成。

假设计数器基准频率信号和被测信号的计数值分别为 N_A、N_B，则被测信号的频率 f_x 和周期 T_x 的表达式如下：

$$f_x=\frac{N_A}{N_B}f_c=\frac{N_A}{T} \tag{6-4}$$

$$T_x=\frac{N_B}{N_A}T_c \tag{6-5}$$

等精度测频法在测频阶段，实际闸门时间与被测信号之间是整数倍的关系，根据与时基信号保持同步的原理，消除了在被测信号计数器端口所产生的 ±1 个数字误差，从而提高了测量精度。不论被测信号 f_x 的取值是多少，只要实际闸门时间和基准频率信号不变，测量精度就不变，因此该方法可以实现全频段内等精度、高精度的测量。

4．等精度法对时间间隔及占空比测量的分析

采用等精度法测量时间间隔的方法是：根据两个通道上升沿之间的时差产生一个新的周期性脉冲信号，通过计算与使用一个通道同步后的闸门脉冲对应的整数个差脉冲信号内的基准频率信号的个数，换算得到两通道间的时间间隔。等精度法测量原理框图如图 6-59 所示，测量原理波形如图 6-60 所示。

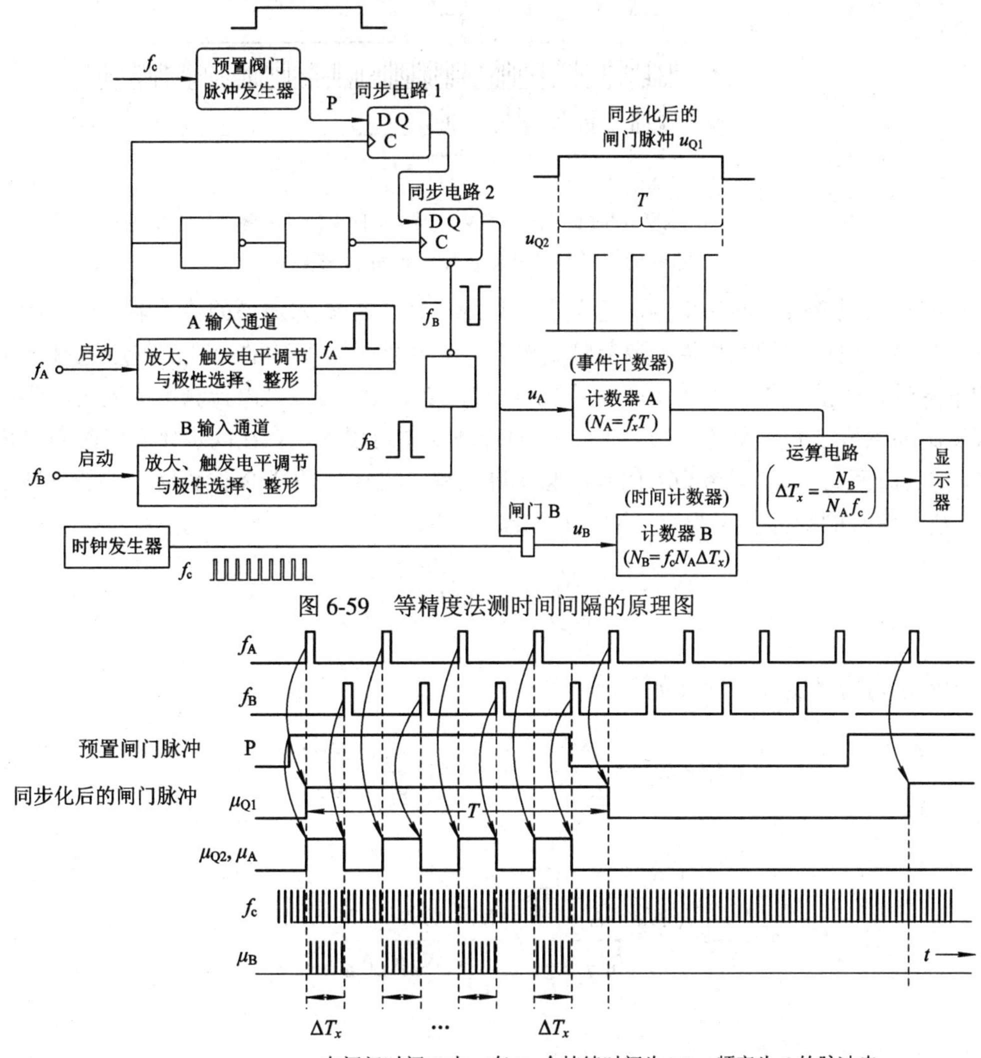

图 6-59 等精度法测时间间隔的原理图

图 6-60 等精度法测时间间隔原理波形图

图 6-59 所示的等精度法测量时间间隔电路在等精度测频电路的基础上增加一个由 D 触发器构成的同步电路 2 和一个 B 输入通道，B 通道输出经过反相后连接同步电路 2 的复位端。同步电路 2 的触发时钟由输入通道 A 的输出经两级反相器延迟后得到。

在同步化闸门时间 T 内，有 N_E 个持续时间为ΔT_x、频率为 f_c 的基准频率脉冲串，假设经计数器 B 计数后所得的计数值为 N_F，则两通道间时间间隔如下：

$$\Delta T_x = \frac{N_{\mathrm{F}}}{N_{\mathrm{E}} f_{\mathrm{c}}} \tag{6-6}$$

在上述基础上，仍采用等精度方法测量占空比，原理波形图如图 6-61 所示。

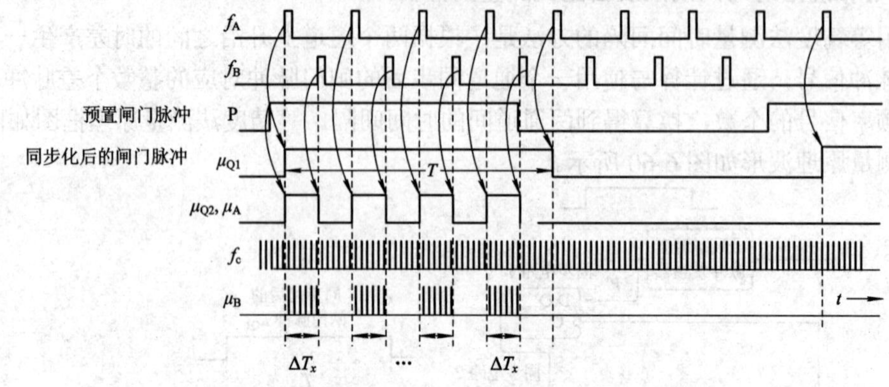

在闸门时间 T 内，有 N_A 个持续时间为ΔT_x、频率为 f_c 的脉冲串

图 6-61 等精度法测占空比原理波形图

在测量两通道时间间隔电路的基础上，将 A、B 两个输入通道的输入端连在一起，并分别选择两个通道的触发极性，调节触发电平，使用通道 A 脉冲的上升沿与通道 B 相应脉冲的下降沿之间的时差，产生另一个周期性脉冲信号。同理，可以计算出两通道时间间隔与被测脉冲宽度之和，设之为ΔT_y。由工作原理波形图可以看出，在同步化闸门时间 T 内有 N'_{E} 个持续时间为ΔT_y、频率为 f_c 的基准频率脉冲串，设经计数器 B 计数后所得的计数值为 N'_{F}，被测信号的脉冲宽度为 τ，占空比为 α，则有

$$\Delta T_y = \frac{N'_{\mathrm{F}}}{N'_{\mathrm{E}} f_{\mathrm{c}}} = \tau + \Delta T_x \tag{6-7}$$

因此，可得脉宽和占空比如下：

$$\tau = \Delta T_y - \Delta T_x = \frac{N'_{\mathrm{F}}}{N'_{\mathrm{E}} f_{\mathrm{c}}} - \frac{N_{\mathrm{F}}}{N_{\mathrm{E}} f_{\mathrm{c}}} = \left(\frac{N'_{\mathrm{F}}}{N'_{\mathrm{E}}} - \frac{N_{\mathrm{F}}}{N_{\mathrm{E}}}\right) T_{\mathrm{c}} \tag{6-8}$$

$$\alpha = \frac{\tau}{T_x} = \frac{\left(\frac{N'_{\mathrm{F}}}{N'_{\mathrm{E}}} - \frac{N_{\mathrm{F}}}{N_{\mathrm{E}}}\right) T_{\mathrm{c}}}{\frac{N_{\mathrm{B}}}{N_{\mathrm{A}}} T_{\mathrm{c}}} = \frac{N_{\mathrm{A}}\left(N_{\mathrm{E}} N'_{\mathrm{F}} - N'_{\mathrm{E}} N_{\mathrm{F}}\right)}{N_{\mathrm{B}} N_{\mathrm{E}} N'_{\mathrm{E}}} \tag{6-9}$$

三、硬件电路设计

1. 信号放大、整形模块设计

高频通道测量频率、周期、时间间隔部分使用 AD8370 构成放大电路，使用 FPGA 设置其增益控制字为 HG127，使之电压增益达到最大，两片 AD8370 共同构成差分处理部分。将 DS92LV010 作为比较器使用，实现波形整形。具体电路如图 6-62 所示。

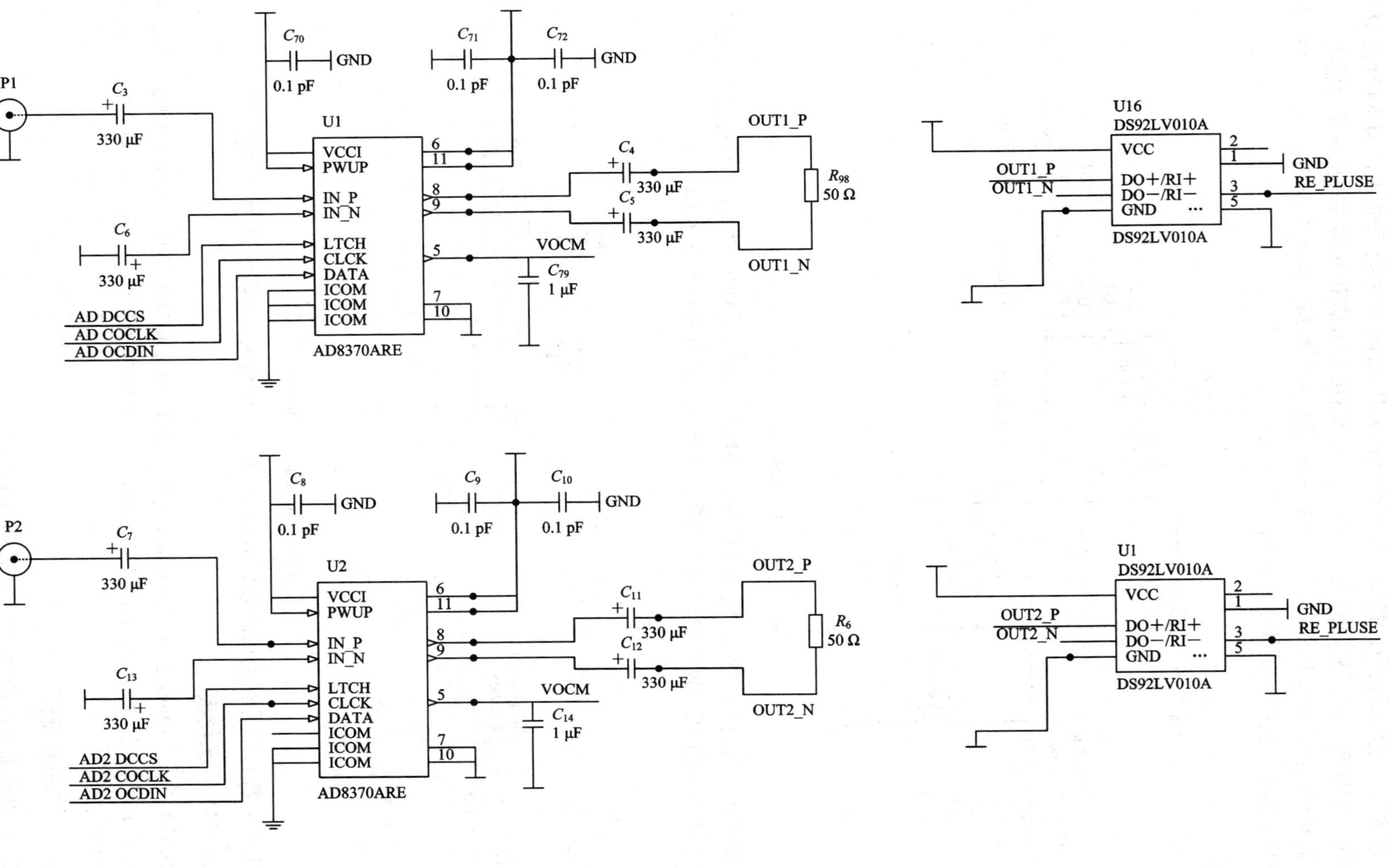

图 6-62　高频通道的放大、整形模块

在放大、整形模块中，模拟信号经滤波电容从 AD8370 的 1 脚输入，AD8370 的 16 脚经滤波电容接地，两者共同构成差分输入；AD8370 的 8 脚和 9 脚共同构成差分输出。

高频通道测量占空比部分采用 TLV3501 进行波形整形，接两个反相器 74AC14B 使输出波形上升沿更陡峭，具体电路如图 6-63 所示。

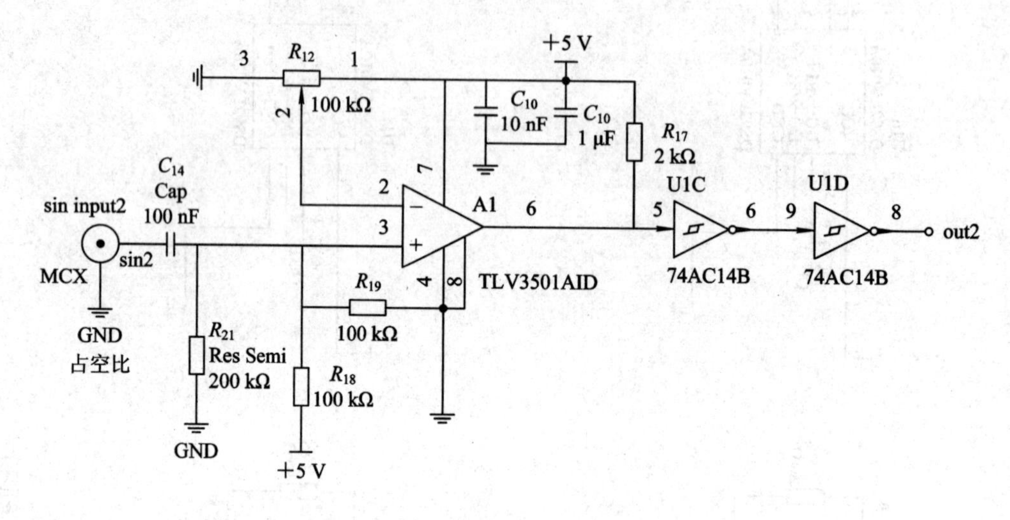

图 6-63　高频通道测量占空比部分的整形模块

低频通道使用 LM358 构成放大电路，使用两级放大。使用 TLC352 对被测信号整形，接两个反相器 74AC14B 使输出波形上升沿更陡峭，具体电路如图 6-64 所示。

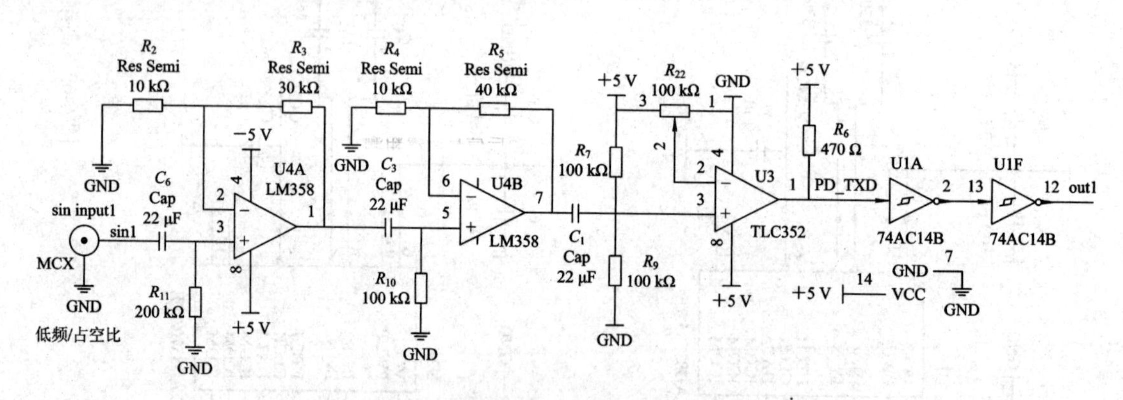

图 6-64　低频通道的放大整形模块

其中，模拟信号经无源滤波后由 LM358 的 3 脚输入，7 脚过滤波电容后输出。

2. FPGA 系统板

FPGA 采用 Altera 公司 CycloneⅡ系列 EP2C20F256C7N 芯片，作为控制及数据处理的核心，FPGA 芯片内部集成四个锁相环，可以把外部时钟倍频，核心时钟频率可以达到 120 MHz 以上。

3. 显示电路设计

LCD 触摸显示屏的接口电路如图 6-65 所示。

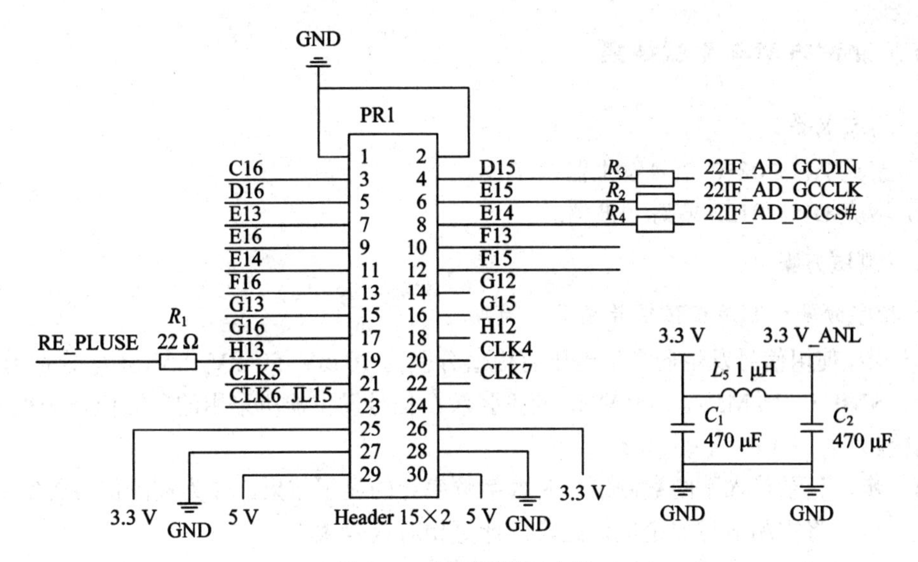

图 6-65　显示屏接口电路

通过接口电路，控制屏幕显示数字频率计对被测信号的测量参数。

四、软件流程

系统软件流程如图 6-66 所示。

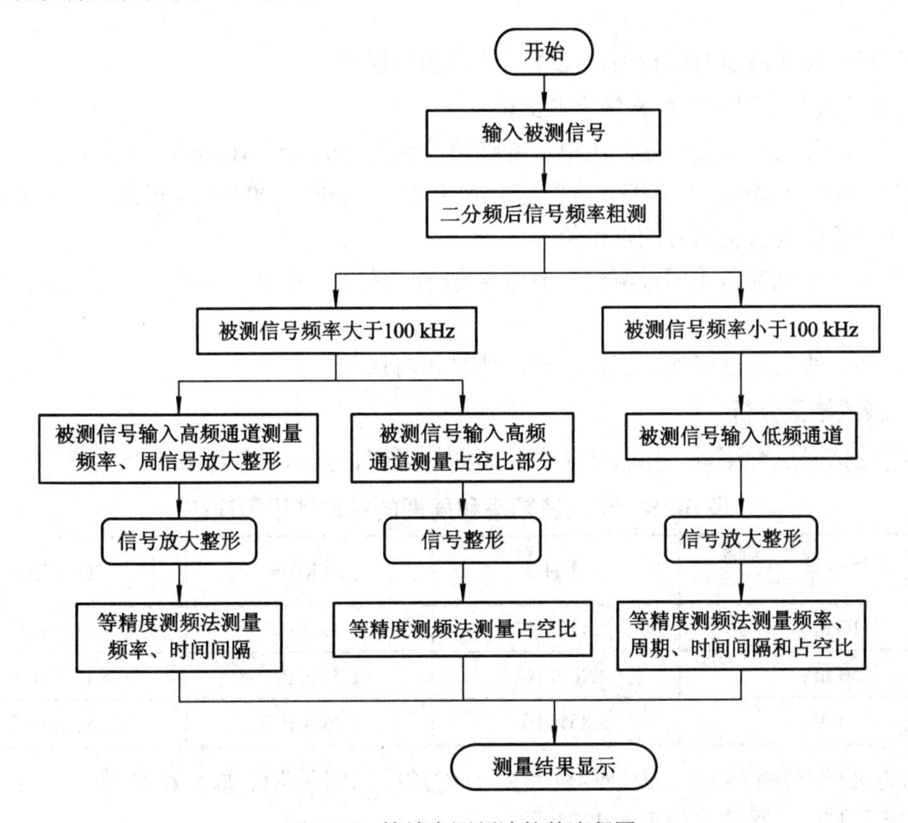

图 6-66　等精度测频法软件流程图

五、测试方案与测试结果

1. 测试仪器

(1) 泰克 AFG3021C 信号发生器；

(2) 泰克 DPO2012B 双踪示波器。

2. 测试方案

1) 数字频率计测量正弦信号频率、周期

第一步，使用信号发生器产生电压有效值分别为 10 mV、50 mV、1 V，频率分别为 1 Hz、100 Hz、5 MHz、10 MHz、100 MHz 的正弦波，信号发生器所采用的参数值作为被测信号的理论值。

第二步，记录输入不同被测信号时数字频率计的显示结果，作为被测信号的实测值。

第三步，将实测值与理论值作比较，计算相对误差大小。

2) 数字频率计测量方波信号时间间隔

第一步，使用信号发生器产生电压峰峰值分别为 50 mV、100 mV、500 mV、1 V，频率分别为 100 Hz、10 kHz、1 MHz，两通道相位差为 π，占空比分别为 10%、50%、90%的矩形波，信号发生器所采用的参数值作为被测信号的理论值。

第二步，记录输入不同被测信号时数字频率计的显示结果，并将其作为被测信号的实测值。

第三步，将实测值与理论值作比较，计算相对误差。

3) 数字频率计测量矩形波信号占空比

第一步，使用信号发生器产生电压峰峰值分别为 50 mV、100 mV、500 mV、1 V，频率分别为 1 Hz、1 MHz、5 MHz，占空比分别为 10%、50%、90%的矩形波，信号发生器所采用的参数值作为被测信号的理论值。

第二步，记录输入不同被测信号时数字频率计的显示结果，并将其作为被测信号的实测值。

第三步，将实测值与理论值作比较，计算相对误差。

3. 测试结果分析

对正弦信号进行测量，正弦波频率和周期的频率计显示误差如表 6-26 所示。

表 6-26 正弦波频率和周期的频率计显示误差

峰峰值 \ 频率	1 Hz	10 MHz	100 MHz
10 mV	4.43×10^{-5}	1.39×10^{-5}	7.71×10^{-5}
50 mV	4.20×10^{-5}	1.31×10^{-5}	6.17×10^{-5}
1 V	2.85×10^{-5}	1.29×10^{-5}	6.81×10^{-6}

对方波信号进行测量，方波相位差为 π 时的时间间隔误差如表 6-27 所示，在不同占空比情况下的误差平均值如表 6-28 所示。

表 6-27　方波相位差为 π 时的时间间隔误差表

峰峰值＼频率	100 Hz	1 MHz
50 Mv	7.89×10^{-3}	2.05×10^{-3}
1 V	3.01×10^{-3}	1.88×10^{-3}

表 6-28　在不同占空比情况下的误差平均值

占空比	峰峰值	频率	误差平均值
10%	50 mV	5 MHz	7.87×10^{-3}
50%	50 mV	5 MHz	2.57×10^{-3}
90%	100 mV	5 MHz	2.76×10^{-3}

详细的测试结果见本作品后面的附录 1～3。

4．测试结论

经测试，本设计能够满足赛题要求，实现对 1 Hz～100 MHz 频率范围，10 mV～1 V 有效值电压的正弦信号频率、周期的测量，对 100 Hz～5 MHz 频率范围，50 mV～1 V 峰峰值电压矩形波时间间隔、占空比的测量。测量结果在误差允许范围之内，测量精度较好。

综上所述，本设计大部分测量指标达到或超过题目发挥部分要求。

六、参考文献

[1]　黄志伟．全国大学生电子设计大赛制作实训[M]．北京：北京航空航天大学出版社，2011.

[2]　徐秀妮．基于 VHDL 语言的全同步数字频率计[D]．西安：长安大学，2011.

[3]　张宏亮．基于数字频率计的 FPGA 开发应用研究[D]．郑州：信息工程大学，2009.

[4]　张有志．全国大学生电子设计大赛培训教程[M]．北京：清华大学出版社，2013.

[5]　曾凡泰，陈美金．VHDL 程序设计[M]．北京：清华大学出版社，2001.

七、附录

附录 1　正弦波频率、周期的测量

正弦波频率的频率计显示见表 6-29。

表 6-29　正弦波频率的频率计显示

有效电压＼频率	1 Hz	100 Hz	5 MHz	10 MHz	100 MHz
10 mV	1.00004 Hz	100.00223 Hz	5.00019 MHz	10.00039 MHz	100.00772 MHz
50 mV	1.00004 Hz	100.00229 Hz	5.00013 MHz	10.00026 MHz	100.00747 MHz
500 mV	1.00003 Hz	100.00215 Hz	5.00008 MHz	10.00013 MHz	100.00498 MHz
1 V	1.00003 Hz	100.00213 Hz	5.00003 MHz	10.00019 MHz	100.00278 MHz

正弦波频率和周期的频率计显示误差见表 6-30。

表 6-30　正弦波频率和周期的频率计显示误差

频率 / 有效电压	1 Hz	100 Hz	5 MHz	10 MHz	100 MHz
10 mV	4.00×10^{-5}	2.23×10^{-5}	3.80×10^{-5}	3.90×10^{-5}	7.72×10^{-5}
50 mV	4.00×10^{-5}	2.29×10^{-5}	2.60×10^{-5}	2.60×10^{-5}	7.47×10^{-5}
500 mV	3.00×10^{-5}	2.15×10^{-5}	1.60×10^{-5}	1.30×10^{-5}	4.98×10^{-5}
1 V	3.00×10^{-5}	2.13×10^{-5}	0.60×10^{-5}	1.90×10^{-5}	2.78×10^{-5}

正弦波周期的频率计显示见表 6-31。

表 6-31　正弦波周期的频率计显示

频率 / 有效电压	1 Hz	100 Hz	5 MHz	10 MHz	100 MHz
10 mV	0.999 96 s	9.999 78 ms	199.992 40 ns	99.996 10 ns	9.999 23 ns
50 mV	0.999 96 s	9.999 78 ms	199.994 80 ns	99.997 40 ns	9.999 43 ns
500 mV	0.999 97 s	9.999 79 ms	199.997 45 ns	99.988 72 ns	9.999 50 ns
1 V	0.999 97 s	9.999 79 ms	199.997 45 ns	99.998 10 ns	9.999 72 ns

附录 2　方波时间间隔的测量

相位差为 π 时的时间间隔见表 6-32。

表 6-32　相位差为 π 时的时间间隔

频率 / 峰峰值	100 Hz	10 kHz	1 MHz
50 mV	5.0418 ms	49.8995 μs	501.0621 ns
100 mV	5.0261 ms	50.2018 μs	500.1832 ns
500 mV	5.0166 ms	50.0428 μs	500.1329 ns
1 V	5.0167 ms	50.0741 μs	500.0261 ns

相位差为 π 时的时间间隔误差见表 6-33。

表 6-33　相位差为 π 时的时间间隔误差

频率 / 峰峰值	100 Hz	10 kHz	1 MHz
50 mV	8.37×10^{-3}	2.10×10^{-3}	1.88×10^{-3}
100 mV	5.22×10^{-3}	4.03×10^{-3}	3.66×10^{-3}
500 mV	3.32×10^{-3}	8.40×10^{-3}	2.66×10^{-3}
1 V	3.34×10^{-3}	1.48×10^{-3}	2.05×10^{-3}

附录 3　矩形波占空比的测量

占空比为 10%时显示波形的占空比见表 6-34。

表 6-34　占空比为 10%时显示波形的占空比

峰峰值 \ 频率	1 Hz	1 MHz	5 MHz
50 mV	9.7%	9.8%	10.2%
100 mV	9.8%	9.9%	9.9%
500 mV	10.1%	10.3%	9.9%
1 V	9.9%	10.1%	10.3%

占空比为 10%时的显示误差见表 6-35。

表 6-35　占空比为 10%时的显示误差

峰峰值 \ 频率	1 Hz	1 MHz	5 MHz
50 mV	3×10^{-2}	2×10^{-2}	2×10^{-2}
100 mV	2×10^{-2}	1×10^{-2}	1×10^{-2}
500 mV	1×10^{-2}	3×10^{-2}	1×10^{-2}
1 V	1×10^{-2}	1×10^{-2}	3×10^{-2}

占空比为 50%时显示波形的占空比见表 6-36。

表 6-36　占空比为 50%时显示波形的占空比

峰峰值 \ 频率	1 Hz	10 kHz	1 MHz	5 MHz
50 mV	50.6%	50.5%	50.2%	49.7%
100 mV	50.5%	49.6%	50.0%	50.2%
500 mV	50.0%	50.4%	49.7%	50.0%
1 V	50.0%	50.3%	50.1%	50.0%

占空比为 50%时的显示误差见表 6-37。

表 6-37　占空比为 50%时的显示误差

峰峰值 \ 频率	1 Hz	10 kHz	1 MHz	5 MHz
50 mV	1.2×10^{-2}	1×10^{-2}	4×10^{-3}	6×10^{-3}
100 mV	1×10^{-2}	8×10^{-3}	0	4×10^{-3}
500 mV	0	8×10^{-3}	6×10^{-3}	0
1 V	0	6×10^{-3}	2×10^{-3}	0

占空比为90%时显示波形的占空比见表6-38。

表6-38　占空比为90%时显示波形的占空比

峰峰值＼频率	1 Hz	10 kHz	1 MHz	5 MHz
50 mV	88.9%	90.3%	90.2%	89.3%
100 mV	89.7%	90.1%	90.1%	89.5%
500 mV	90.2%	90.4%	90.1%	90.2%
1 V	90.1%	90.1%	90.4%	90.2%

占空比为90%时的显示误差见表6-39。

表6-39　占空比为90%时的显示误差

峰峰值＼频率	1 Hz	10 kHz	1 MHz	5 MHz
50 mV	1.22×10^{-2}	3.3×10^{-3}	2.2×10^{-3}	7.7×10^{-3}
100 mV	3.3×10^{-3}	1.1×10^{-3}	1.1×10^{-3}	5.5×10^{-3}
500 mV	2.2×10^{-3}	4.4×10^{-3}	1.1×10^{-3}	2.2×10^{-3}
1 V	1.2×10^{-3}	1.1×10^{-3}	4.4×10^{-3}	2.2×10^{-3}

6.5　自适应滤波器(E题)

6.5.1　赛题要求

一、任务

设计并制作一个自适应滤波器，用来滤除特定的干扰信号。自适应滤波器的工作频率为10～100 kHz，其电路应用如图6-67所示。

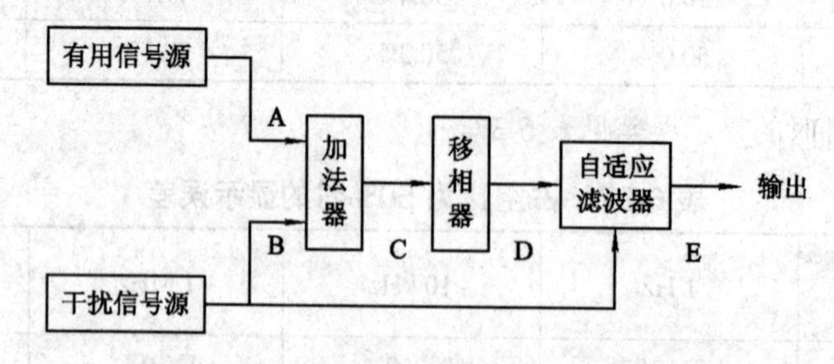

图6-67　自适应滤波器电路应用示意图

在图6-67中，有用信号源和干扰信号源为两个独立信号源，输出信号分别为有用信号A和干扰信号B，且频率不相等。自适应滤波器根据干扰信号B的特征，采用干扰抵消等方法，滤除混合信号D中的干扰信号B，以恢复有用信号A的波形，其输出为信号E。

二、要求

1．基本要求

(1) 设计一个加法器，使 C = A + B，其中有用信号 A 和干扰信号 B 的峰峰值均为 1～2 V，频率范围为 10～100 kHz。预留便于测量的输入输出端口。

(2) 设计一个移相器，在频率范围为 10～100 kHz 的各点频上，实现点频 0°～180°手动连续可变相移。移相器幅度放大倍数控制在 1 ± 0.1，移相器的相频特性不做要求。预留便于测量的输入、输出端口。

(3) 单独设计制作自适应滤波器，两个输入端口用于输入信号 B 和 D；一个输出端口用于输出信号 E。当信号 A、B 为正弦信号，且频率差大于或等于 100 Hz 时，输出信号 E 能够恢复信号 A 的波形，信号 E 与 A 的频率和幅度误差均小于 10%。滤波器对信号 B 的幅度衰减小于 1%。预留便于测量的输入、输出端口。

2．发挥部分

(1) 当信号 A、B 为正弦信号，且频率差大于或等于 10 Hz 时，自适应滤波器的输出信号 E 能恢复信号 A 的波形，信号 E 与 A 的频率和幅度误差均小于 10%。滤波器对信号 B 的幅度衰减小于 1%。

(2) 当信号 B 分别为三角波和方波信号，且与 A 信号的频率差大于或等于 10 Hz 时，自适应滤波器的输出信号 E 能恢复信号 A 的波形，信号 E 与 A 的频率和幅度误差均小于 10%。滤波器对信号 B 的幅度衰减小于 1%。

(3) 尽量减小自适应滤波器电路的响应时间(不大于 1 秒)，提高滤除干扰信号的速度。

(4) 其他。

三、说明

(1) 自适应滤波器电路应相对独立，除规定的三个端口外，不得与移相器等存在其他通信方式。

(2) 测试时，移相器信号相移角度可以在 0°～180°的范围内手动调节。

(3) 信号 E 中信号 B 的残余电压测试方法为：信号 A、B 按要求输入，滤波器正常工作后，关闭有用信号源，使 $U_A = 0$，此时测得的输出为残余电压 U_E。滤波器对信号 B 的幅度衰减为 U_E/U_B。若滤波器不能恢复信号 A 的波形，则该指标不测量。

(4) 滤波器电路的响应时间测试方法为：在滤波器能够正常滤除信号 B 的情况下，关闭两个信号源。重新加入信号 B，用示波器观测信号 E 的电压，同时降低示波器水平扫描速度，使示波器能够观测 1～2 秒内信号包络幅度的变化。测量信号 E 从加入信号 B 开始，至幅度衰减 1%的时间即为响应时间。若滤波器不能恢复信号 A 的波形，则该指标不测量。

四、评分标准

评分标准见表 6-40。

表 6-40 评 分 标 准

	项 目	主要内容	分数
设计报告	系统方案	自适应滤波器总体方案设计	4
	理论分析与计算	滤波器理论分析与计算	6
	电路与程序设计	总体电路图 程序设计	4
	测试方案与测试结果	测试数据完整性 测试结果分析	4
	设计报告结构及规范性	摘要 设计报告正文的结构 图表的规范性	2
	小计		20
基本要求	完成(1)		6
	完成(2)		24
	完成(3)		20
	小计		50
发挥部分	完成(1)		10
	完成(2)		20
	完成(3)		15
	其他		5
	小计		50
	总分		120

6.5.2 全国二等奖作品

全国二等奖作品见表 6-41。

表 6-41 全国二等奖作品

作品来源	2017 年全国大学生电子设计竞赛
参赛题目	自适应滤波器(E 题)
参赛队员	胡昱东、韩卓茜、杨秋寒
赛前辅导教师	陈国军、陈松
获奖等级	全国二等奖

摘要：本设计以 Cyclone 系列 FPGA 芯片 EP1C12Q240C8N 为核心，主要由加法器、移相器、电压跟随器、信号衰减器和自适应滤波器等组成。其中，加法器部分采用 AD818 芯片进行设计，通过由 OP37 芯片设计的跟随器输出；移相器部分采用 OP37 芯片进行设计，通过两次移相实现对混频信号的 0°～180° 移相功能；自适应滤波器部分采用改进的最小均方误差自适应(Least Mean Square，LMS)滤波算法，实现对各种给定干扰信号的滤除。测试

结果表明，大部分测量指标达到或超过题目发挥部分要求。

关键词：FPGA；AD818；OP37；最小均方误差自适应滤波算法

一、总体方案选择与论证

自适应滤波器电路总体系统由加法器、移相器、电压跟随器、信号衰减器、自适应滤波器等部分组成。其中，自适应滤波器的设计在系统核心处理芯片中设计完成。

1．加法器的电路选择

方案一：采用 LM324 芯片实现加法器。

方案二：采用 AD818 芯片实现加法器。

加法器需要将有用信号源与干扰信号源相加。由于干扰信号源可能是三角波、方波，所以要求加法器芯片的带宽足够大，而 AD818 芯片具有低差分增益和相位误差、低成本、低功耗以及高输出驱动特性，并且它的 3 dB 带宽为 130 MHz，相比之下，更适合题目要求，故选择方案二。

2．移相器的电路选择

方案一：采用无源桥式 *RC* 移相电路。

方案二：采用有源 *RC* 移相电路。

采用无源桥式 *RC* 移相电路，虽然可以在不改变有效值的情况下改变相位，但是电路需要两个精密电位器的阻值相等，手动调节实现起来较为困难。而采用有源 *RC* 移相电路，不仅可以在不改变有效值的条件下改变相位，而且电路中只使用了一个精密电位器，使调节相位更加便捷，解决了无源桥式 *RC* 移相电路调节困难的问题。故选择方案二。

3．移相器、电压跟随器和信号衰减电路的芯片选型

方案一：采用 OP07 芯片。

方案二：采用 OP37 芯片。

OP07 芯片是一种低噪声、非斩波稳零的双极性运算放大器。OP37 芯片是一种低噪声、精密的高速运算放大器。OP37 芯片不仅具有 OP07 芯片的低失调电压和漂移特性，而且速度更高、噪声更低、增益带宽积更大且价格低廉，优势明显。故选择方案二。

4．系统核心处理的芯片选型

方案一：基于单片机的数字电路采用 C8051F021 作为系统核心控制部件。该方案电路设计简单，但是以 C8051F021 为核心的时钟频率不高，稳定性不强，难以提高 ADC/DAC 芯片的工作频率，降低了对信号的采样密度与采样精度，内部可使用资源少，无法支持数字滤波计算，故不采用。

方案二：使用可编程逻辑器件 CycloneII EP1C12Q240C8N 作为系统核心控制部件。EP1C12Q240C8N 内部时钟频率为 50 MHz，频率高、稳定性强、功耗低，能够满足题目要求，故本设计采用其作为系统核心处理芯片。

5．自适应滤波方法的选择

方案一：多种滤波器组合滤波法。利用低通、高通、带通、带阻滤波器的组合滤波器对混频移相后的信号进行直接滤波。该方法简单直观，但由于无法预知两个信号的频率，

无法确定滤波器参数，故不采用。

方案二：直接计算方法。将混频移相后的信号直接经过低通滤波器后，将滤得的低频信号经过搬移后恢复有用信号。该方案虽然有理论支持，但由于有用信号与干扰信号的频率范围为 10～100 kHz，无法判断混频信号中的差频和干扰信号谐波频率之间的大小关系，无法确定过低通滤波器后保留的信号是否为有用信号，故不采用。

方案三：移相比较滤波。通过给定步长对已知干扰信号进行移相，并将其与混频移相信号进行比较，直至确定混频移相信号移动的相位。然后将混频信号移回原有相位，再与干扰信号做减法运算，得到有用信号。该方法能够将混频信号还原为有用信号，但是由于计算量大，对 FPGA 的资源占用率大，CycloneII EP1C12Q240C8N 的资源不足以支持，故不采用。

方案四：复数最小均方误差(LMS)自适应滤波法。计算线性滤波器输出对输入信号的响应，通过比较输出与期望响应产生的估计误差，自动调整滤波器参数。该方法性能稳定，收敛速度快，抗干扰能力强，硬件实现较简单。

综上所述，设计自适应滤波器的总体方案为：加法器部分利用 AD818 芯片将有用信号 A 和干扰信号 B 相加后，经过 OP37 芯片组成的跟随器将信号传递到移相器。移相器部分采用两个 OP37 芯片构成的移相电路，使信号相位能够从 0°～180° 手动调节。自适应滤波器部分以 CycloneII EP1C12Q240C8N 为核心，利用复数 LMS 算法，对混频信号进行滤波，最终将得到的有用信号输出。

二、理论分析与计算

1. 加法器参数设置

题目要求对频率为 10～100 kHz、峰峰值为 1～2 V 的两个信号相加输出，本设计采用根据 AD818 设计的同相求和运算电路。

为了实现差分输入，同相端阻抗 R_P 和反相端阻抗 R_N 需满足 $R_N = R_P$。

其中：

$$R_P = R_1 \mathbin{//} R_2 \mathbin{//} R_3,\quad R_N = R \mathbin{//} R_f \tag{6-10}$$

通过计算即可得到各电阻的阻值大小。

2. 移相器参数设置

题目要求移相器在 10～100 kHz 范围内，实现点频 0°～180° 范围内手动连续可变相移，并且移相器的幅度放大倍数要控制在 1 ± 0.1 范围内。

本设计采用有源移相电路，其中改变的相位为

$$\varphi = 2\arctan(\omega RC) \tag{6-11}$$

其中：

$$0^\circ < \varphi < 180^\circ,\quad \omega = 2\pi f \tag{6-12}$$

得到

$$0^\circ < \arctan(2\pi fRC) < 89.9^\circ$$

$$\frac{0}{2\pi f} < RC < \frac{572.957}{2\pi f} \tag{6-13}$$

令 $C = 100$ pF，当 $f = 10$ kHz 时，得到

$$0 < R < 91.1889\ \mathrm{M\Omega} \tag{6-14}$$

若采用一级移相，则理论上可以实现 0°～180°的相移，但考虑到反正切函数的特点，相移越接近 180°，需要的 RC 越大，实际越难实现，因此采用两级移相电路，每级移相 90°即可，实现简单。

在两级移相电路中，若每级的电阻阻值为 0，则信号直接与接地电容连接，导致移相电路输入信号消失。因此，本设计在滑动变阻器前增加一个小电阻，用来消除上述影响。

3. 衰减电路参数设置

题目要求有用信号 A 和干扰信号 B 的峰峰值均为 1～2 V，混频之后的峰峰值为 2～4 V，由于 ADC 芯片采样大信号容易截顶，采样小信号容易失真，所以衰减电路使用 OP37 反相比例运算电路将信号衰减一半，以适应 ADC 芯片的采样，使其不发生失真。

4. 改进的 LMS 算法

LMS 算法由于实现简单且对信号统计特性变化具有稳健性，因而获得极为广泛的应用。采用的 LMS 滤波器结构如图 6-68 所示。

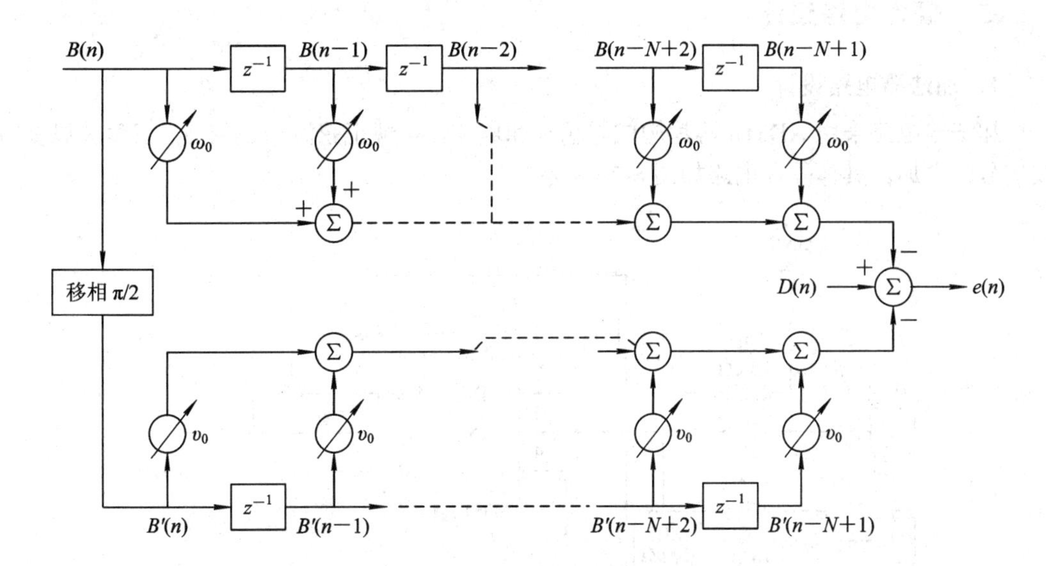

图 6-68　LMS 滤波器结构图

图 6-68 中：$D(n)$表示自适应滤波器的输入信号；$B(n)$表示干扰信号；$e(n)$表示误差信号，即自适应滤波器的输出信号；N 表示滤波器阶数。假设$\omega(n)$、$\nu(n)$分别表示同相和正交支路的滤波器抽头权值，则 $y(n)$满足：

$$y(n) = \omega(n)B(n) + \nu(n)B'(n) \tag{6-15}$$

则有

$$e(n) = D(n) - y(n) \tag{6-16}$$

为了有效滤除与有用信号具有相同频率范围的干扰信号，本设计对传统 LMS 算法进行了改进。改进 LMS 算法的信号流图如图 6-69 所示。

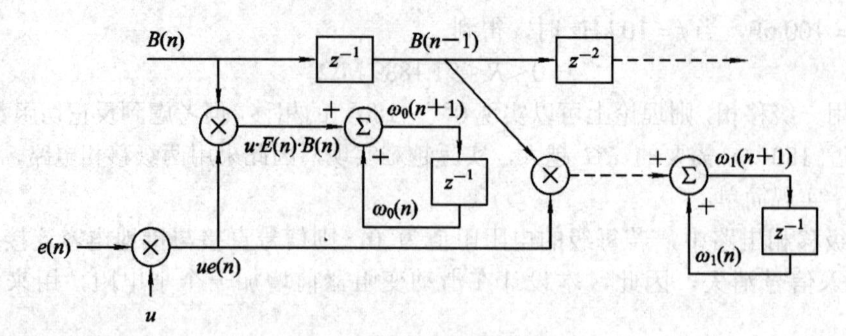

图 6-69　改进 LMS 算法的信号流图

则下一时刻同相权矢量$\omega(n+1)$和正交权矢量$\nu(n+1)$可表示如下：

$$\omega(n+1)=\omega(n)+\mu B(n)e(n) \tag{6-17}$$

$$\nu(n+1)=\nu(n)+\mu B'(n)e(n) \tag{6-18}$$

式(6-17)和式(6-18)中，μ表示学习步长。

滤波器阶数 N、学习步长μ和滤波效果直接相关。为了便于 FPGA 实现，同时考虑题目需求，本设计设置滤波器阶数 N 为 7，步长自适应调整。

三、硬件电路设计

1．加法器电路设计

加法器电路采用 AD818 芯片构成同相求和电路，实现正弦波与正弦波、三角波以及方波信号的叠加。具体硬件电路如图 6-70 所示。

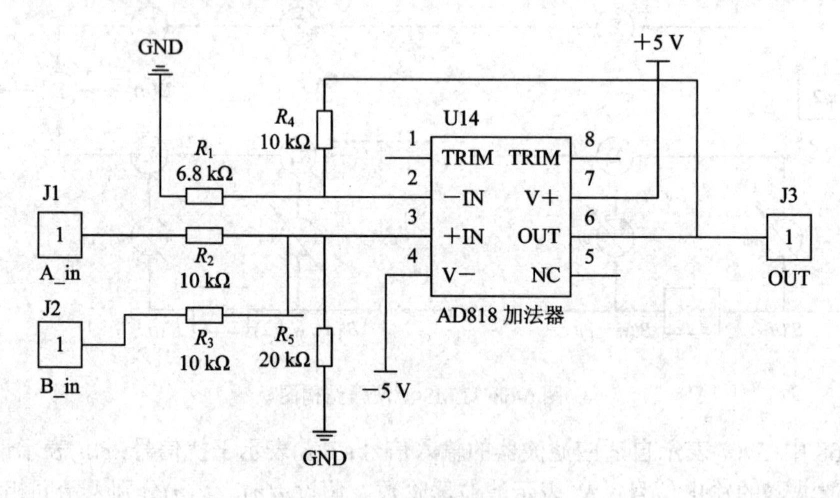

图 6-70　加法器硬件电路图

在图 6-70 中，有用信号源和干扰信号源分别经过电阻从 AD818 芯片的 3 脚接入，AD818 芯片的 2 脚经电阻 R_1 接地，并且经过电阻 R_4 接输出引脚 6，实现信号的等比例相加。

2．移相器电路设计

移相器电路由两片 OP37 芯片构成，因此其幅度放大倍数较小，通过调整滑动变阻器的阻值，可以实现相位的改变。具体硬件电路如图 6-71 所示。

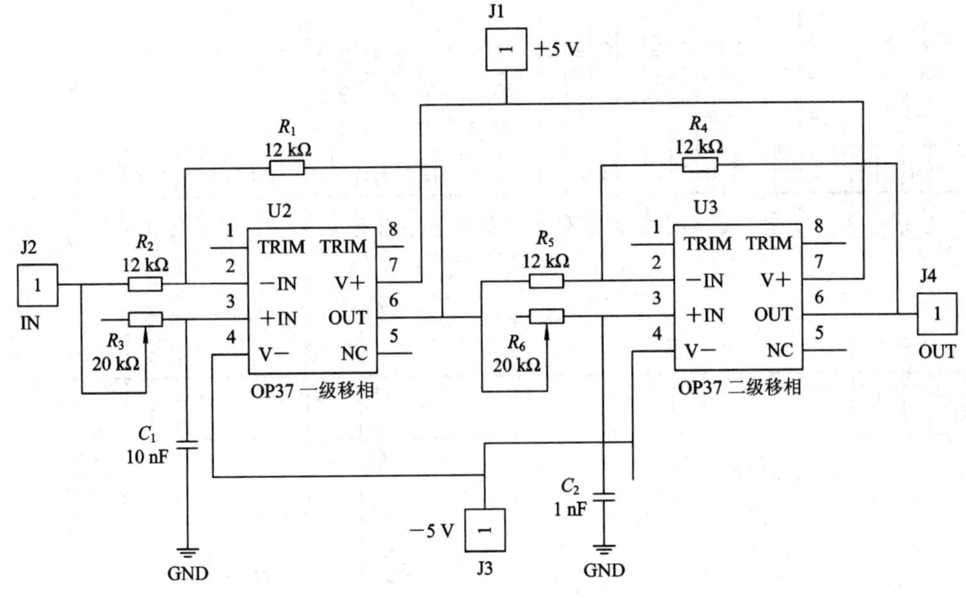

图 6-71　移相器硬件电路

3. 衰减电路设计

由于有用信号源和干扰信号源叠加后的信号幅值较大，所以使用由 OP37 芯片构成的反相比例运算电路，将混频后的信号衰减一半。具体电路如图 6-72 所示。

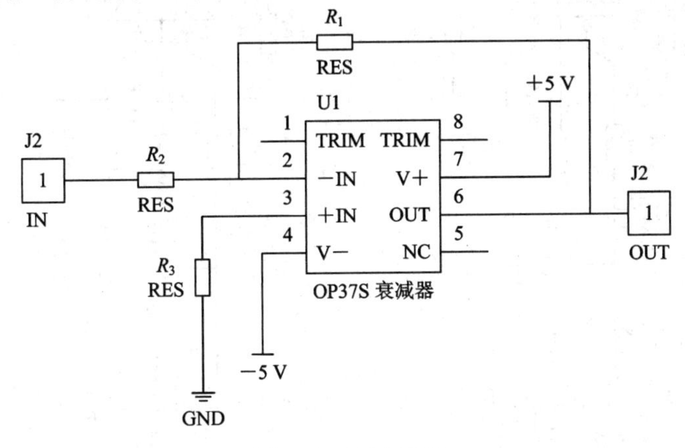

图 6-72　衰减电路

4. FPGA 系统板

1) AD 采样电路设计

由于本设计需要对混频信号、干扰信号进行独立采样，因此采用双通道 8 位单模数转换器芯片 AD9288。该芯片具有低成本、低功耗、小尺寸等特点，以 100 MS/s 的转换速率工作，能够满足采样要求。AD 采样的电路设计如图 6-73 所示。

2) DA 转换电路的设计

由于本设计需要对混频、滤波后的有用信号进行还原，因此采用双通道 12 位数模转换器芯片 AD9765。DA 转换电路如图 6-74 所示。

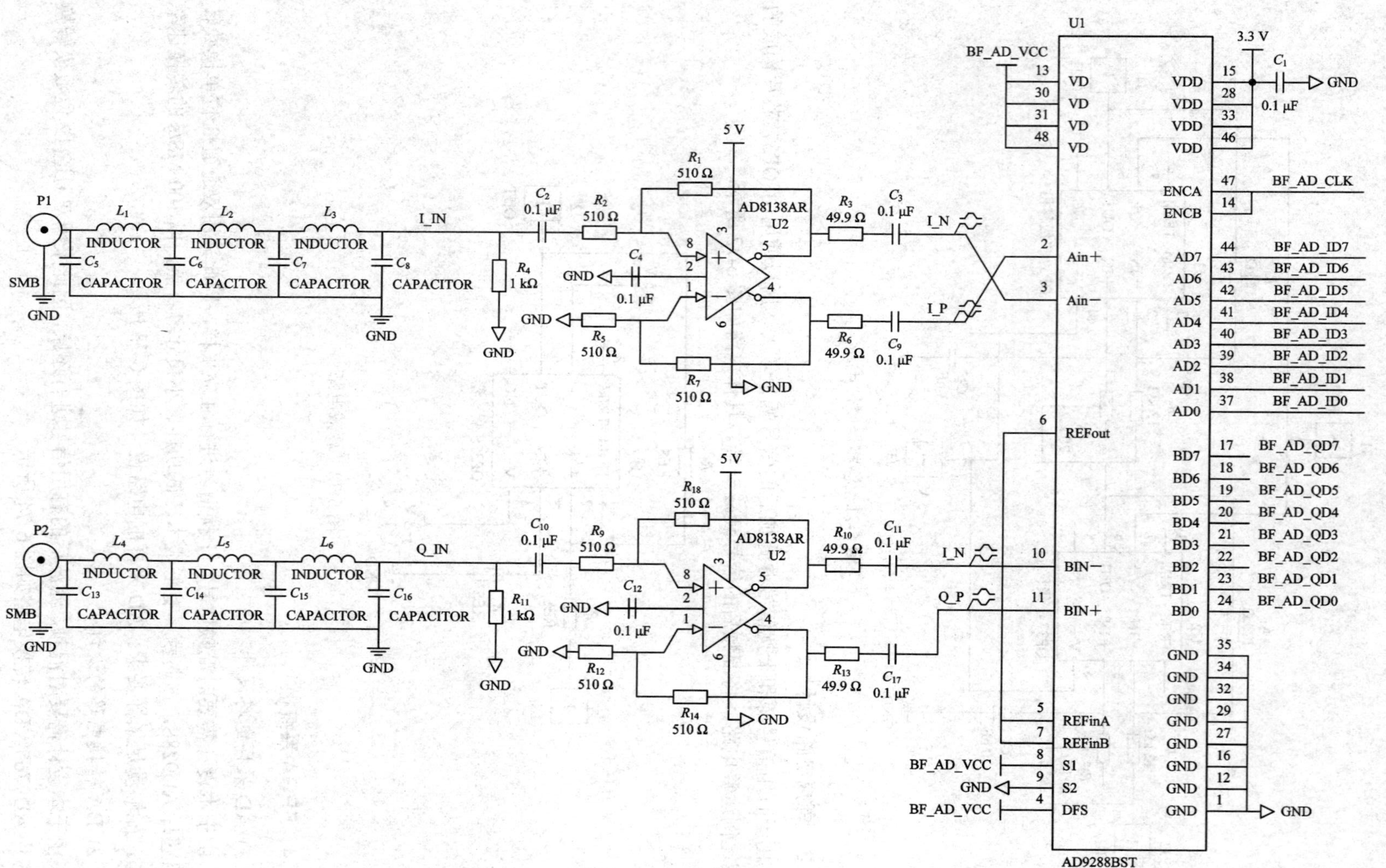
P1
P2
SMB
GND
INDUCTOR
CAPACITOR
I_IN
Q_IN
0.1 μF
510 Ω
1 kΩ
5 V
AD8138AR
U2
49.9 Ω
I_N
I_P
Q_P
U1
BF_AD_VCC
VD
VDD
3.3 V
ENCA
ENCB
BF_AD_CLK
Ain+
Ain−
AD7
AD6
AD5
AD4
AD3
AD2
AD1
AD0
BF_AD_ID7
BF_AD_ID6
BF_AD_ID5
BF_AD_ID4
BF_AD_ID3
BF_AD_ID2
BF_AD_ID1
BF_AD_ID0
REFout
BD7
BD6
BD5
BD4
BD3
BD2
BD1
BD0
BF_AD_QD7
BF_AD_QD6
BF_AD_QD5
BF_AD_QD4
BF_AD_QD3
BF_AD_QD2
BF_AD_QD1
BF_AD_QD0
BIN−
BIN+
REFinA
REFinB
S1
S2
DFS
AD9288BST

图 6-73　AD 采样电路

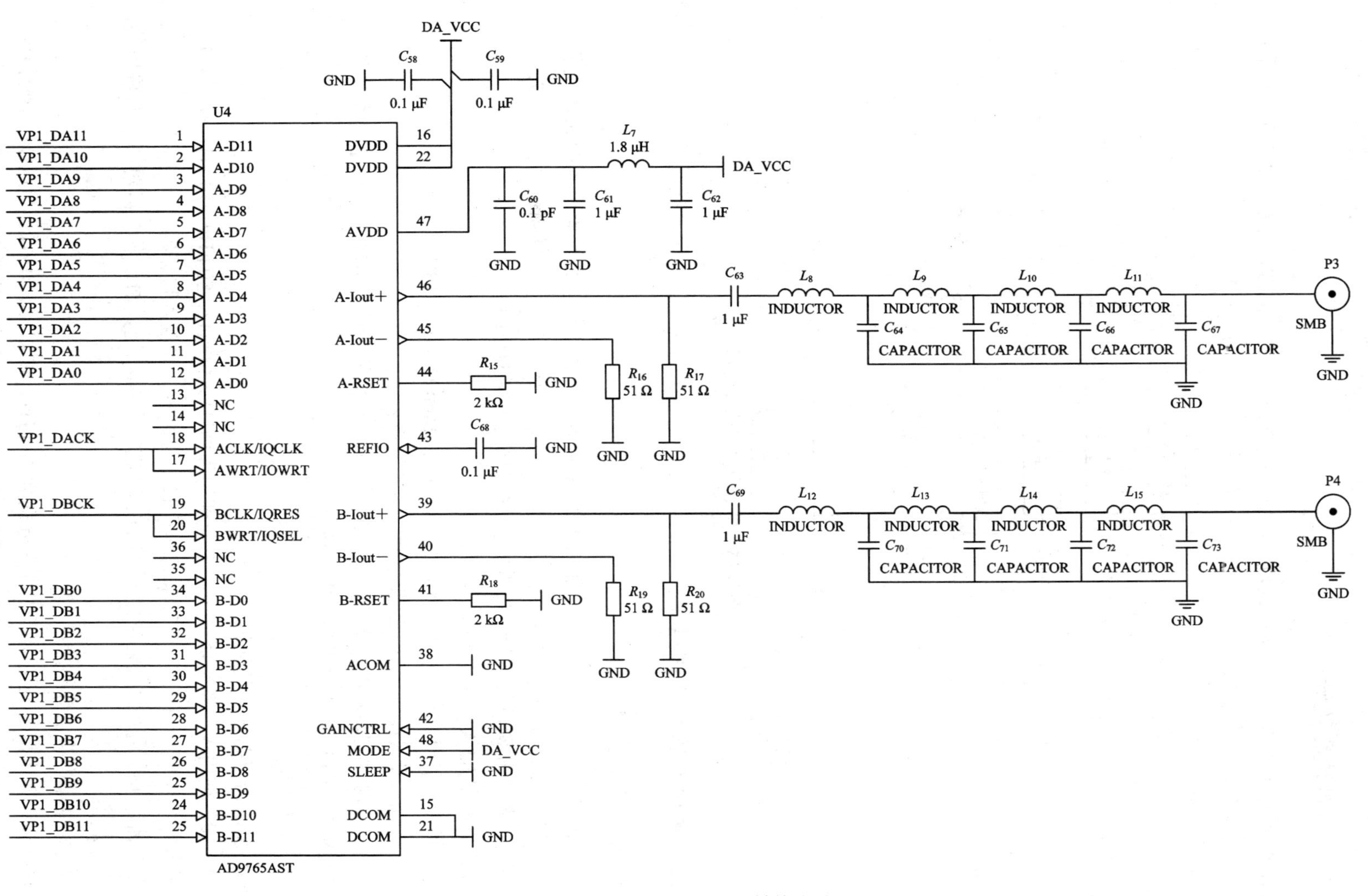
U4
AD9765AST
A-D11
A-D10
A-D9
A-D8
A-D7
A-D6
A-D5
A-D4
A-D3
A-D2
A-D1
A-D0
NC
ACLK/IQCLK
AWRT/IOWRT
BCLK/IQRES
BWRT/IQSEL
B-D0
B-D1
B-D2
B-D3
B-D4
B-D5
B-D6
B-D7
B-D8
B-D9
B-D10
B-D11
DVDD
AVDD
A-Iout+
A-Iout−
A-RSET
REFIO
B-Iout+
B-Iout−
B-RSET
ACOM
GAINCTRL
MODE
SLEEP
DCOM
VP1_DA11
VP1_DA10
VP1_DA9
VP1_DA8
VP1_DA7
VP1_DA6
VP1_DA5
VP1_DA4
VP1_DA3
VP1_DA2
VP1_DA1
VP1_DA0
VP1_DACK
VP1_DBCK
VP1_DB0
VP1_DB1
VP1_DB2
VP1_DB3
VP1_DB4
VP1_DB5
VP1_DB6
VP1_DB7
VP1_DB8
VP1_DB9
VP1_DB10
VP1_DB11
DA_VCC
GND
C_{58} 0.1 μF
C_{59} 0.1 μF
C_{60} 0.1 pF
C_{61} 1 μF
C_{62} 1 μF
L_7 1.8 μH
C_{63} 1 μF
C_{69} 1 μF
C_{68} 0.1 μF
R_{15} 2 kΩ
R_{18} 2 kΩ
R_{16} 51 Ω
R_{17} 51 Ω
R_{19} 51 Ω
R_{20} 51 Ω
L_8 INDUCTOR
L_9 INDUCTOR
L_{10} INDUCTOR
L_{11} INDUCTOR
L_{12} INDUCTOR
L_{13} INDUCTOR
L_{14} INDUCTOR
L_{15} INDUCTOR
C_{64} CAPACITOR
C_{65} CAPACITOR
C_{66} CAPACITOR
C_{67} CAPACITOR
C_{70} CAPACITOR
C_{71} CAPACITOR
C_{72} CAPACITOR
C_{73} CAPACITOR
P3
P4
SMB

图 6-74　DA 转换电路

四、软件流程设计

本设计的软件部分主要采用改进的 LMS 算法完成自适应滤波，其流程如图 6-75 所示。

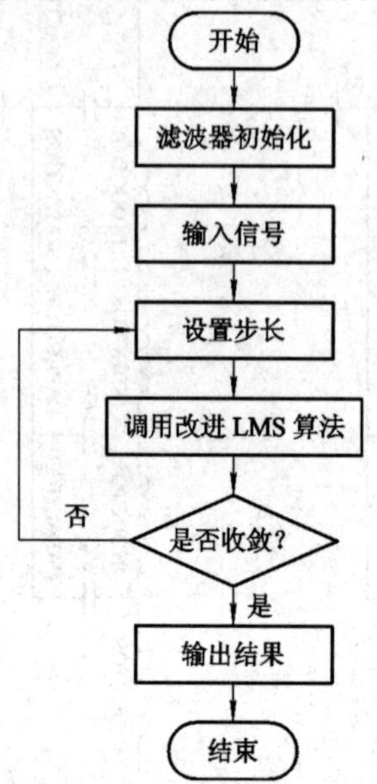

图 6-75　自适应滤波软件流程

五、测试方案与测试结果

1. 测试仪器/工具

本系统包含有 AD/DA 采样功能的 FPGA 自编程硬件设计电路，整个系统比较复杂，因此采用自底向上的调试方法。首先对各个单元电路进行仿真与硬件调试，在调试好的基础上再进行系统联调，最后进行硬件的编程固化与系统的组装。

本系统调试的软/硬件环境如下：

(1) 系统设计开发软件：Quartus Ⅱ 13.0 和 Altium Designer 13.1。

(2) FPGA 调试设备：EP1C12Q240C8N 开发板。

(3) 其他测试实验设备：泰克 DPO2012B 双踪示波器、泰克 AFG3021C 信号发生器、兆信 RXN-3010D-II 双路稳压稳流电源等。

2. 测试方案

(1) 加法器电路部分的测试。

第一步：使用信号发生器产生频率分别为 10 kHz、30 kHz、50 kHz、70 kHz、100 kHz，峰峰值分别为 1.0 V、1.3 V、1.7 V、2.0 V 的正弦信号，并输入移相器。

第二步：将信号发生器的两路信号与加法器输入端相连，通过示波器对加法器输出端信号进行观察。

(2) 移相器电路部分的测试。

第一步：使用信号发生器产生频率分别为 10 kHz、30 kHz、50 kHz、70 kHz、100 kHz、峰峰值分别为 1.0 V、1.3 V、1.7 V、2.0 V 的正弦信号，并输入移相器。

第二步：将双踪示波器频道一与移相器输入端相连，频道二与移相器输出端相连，调节电位器并通过示波器进行观察。

第三步：通过观察示波器波形的变化，确定移相器是否能够对单频点信号进行 0°～180°范围内的移相功能。

第四步：通过示波器记录移相器输出信号的幅度，与输入信号进行比较。

第五步：记录结果，计算放大倍数。

(3) 自适应滤波器部分的测试。

第一步：使用信号发生器将有用信号输入加法器。

第二步：在频率差大于或等于 100 Hz 的情况下，将正弦波干扰信号输入加法器；在频率差大于或等于 10 Hz 的情况下，分别将正弦波、三角波、方波干扰信号输入加法器。

第三步：观察、记录混频信号经过自适应滤波器后的输出信号 E 的频率和幅度。

第四步：关闭有用信号源，记录此时输出的残余电压，计算滤波器对信号 B 的幅度衰减。

第五步：测量自适应滤波器电路的响应时间。

第六步：记录结果并进行计算。

3. 测试结果分析

(1) 加法器电路测试结果。

通过双踪示波器对加法器输入端与输出端进行测量，所设计的加法器能够实现对频率为 10～100 kHz、峰峰值为 1～2 V 范围内的正弦波与正弦波、三角波、方波相加。

(2) 移相器电路测试结果。

移相器电路的相移测量结果见本作品后面的附录 1。

移相器输出端口幅度测量结果见本作品后面的附录 2。

(3) 自适应滤波器测试结果。

① 基础部分的测试。当输入信号频率差大于或等于 100 Hz，信号 B 为正弦波信号时，测试结果见本作品后面的附录 3。

② 发挥部分的测试。当输入信号频率差大于或等于 10 Hz 时，信号 B 分别为正弦波、三角波、方波信号时，测试结果见本作品后面的附录 4。

4. 测试结论

通过对测试数据的计算，所设计的自适应滤波器满足对有用信号与干扰信号频率差大于或等于 10 Hz 的信号滤波。恢复出的信号幅值和频率误差均小于 10%，且干扰信号 B 的残留不大于 1%，自适应滤波器的响应时间小于 1 秒。测量结果在误差允许范围之内，测量精度较好。

综上所述，本设计大部分测量指标达到或超过题目发挥部分要求。

六、参考文献

[1] 清华大学电子学教研组．模拟电子技术基础[M]．北京：高等教育出版社，2006.

[2] 刘开健，吴光敏，张海波．LMS 算法的自适应滤波器 FPGA 设计与实现[J]．仪器仪表与分析监测，2008(4)：10-12.

[3] 齐海兵. 自适应滤波器算法设计及其 FPGA 实现的研究与应用[D]. 长沙：中南大学，2006.

[4] 冯冬青，孙长峰，费敏锐. 一种新的变步长 LMS 算法研究及其应用[D]. 郑州：郑州大学，2000.

七、附录

附录 1 移相器电路的相移测量结果

移相器 0～180° 范围内的相位移动见表 6-42。

表 6-42 移相器 0～180° 范围内的相位移动

频率 峰峰值	10 kHz	30 kHz	50 kHz	70 kHz	100 MHz
1.0 V	能够实现	能够实现	能够实现	能够实现	能够实现
1.3 V	能够实现	能够实现	能够实现	能够实现	能够实现
1.7 V	能够实现	能够实现	能够实现	能够实现	能够实现
2.0 V	能够实现	能够实现	能够实现	能够实现	能够实现

附录 2 移相器输出端口幅度测量结果

移相器幅度放大倍数见表 6-43。

表 6-43 移相器幅度放大倍数

输入信号		输出信号		幅度差/%
频率/kHz	峰峰值/V	频率/kHz	峰峰值/V	
10	1	10	0.97	3.000
30	1.3	29.984	1.21	6.923
50	1.5	49.979	1.37	8.667
70	1.7	70.143	1.59	6.471
100	**2**	**99.944**	**1.89**	**5.500**

附录 3 输入信号频率差大于或等于 100 Hz，信号 B 为正弦信号时的测试结果

在输入信号频率差大于或等于 100 Hz，信号 B 为正弦信号时的测试结果(基础部分)见表 6-44。

表 6-44 在输入信号频率差大于或等于 100 Hz，信号 B 为正弦信号时的测试结果(基础部分)

信号 A		信号 B		信号 E		与 $E(n)$与 $A(n)$误差		$B(n)$的残留/%	响应时间/s
频率/kHz	峰峰值/V	频率/kHz	峰峰值/V	频率/kHz	峰峰值/V	频率误差/%	幅度误差/%		
10	1	10.1	2	10.21091	1.034	2.1091	3.4	0.8245	0.7624
10	2	10.3	1	10.18315	1.95	1.8315	2.5	0.5978	0.7144
50	1.3	47.7	1.7	48.7712	1.3195	2.4576	1.5	0.1548	0.5481
50	1.7	50.1	1.3	52.02105	1.6609	4.0421	2.3	0.4325	0.8745
100	1	99.9	2	96.7862	1.019	3.2138	1.9	0.3742	0.5782
100	2	99.7	1	99.8324	2.07	0.1676	3.5	0.3742	0.4379

附录 4　输入信号频率差大于或等于 10 Hz，B 为正弦波、三角波、方波信号时的测试结果

在输入信号频率差大于或等于 10 Hz，信号 B 为正弦信号时的测试结果(发挥部分)见表 6-45。

表 6-45　在输入信号频率差大于或等于 10 Hz，信号 B 为正弦信号时的测试结果(发挥部分)

信号 A		信号 B		信号 E		$E(n)$与 $A(n)$误差		$B(n)$的残留 /%	响应时间 /s
频率 /kHz	峰峰值 /V	频率 /kHz	峰峰值 /V	频率 /kHz	峰峰值 /V/	频率误差 /%	幅度误差 /%		
10	1	10.01	2	10.407 14	1.07	4.0714	7	0.7433	0.4197
10	2	10.03	1	10.378 18	1.89	3.7818	5.5	0.8124	0.6613
50	1.3	49.97	1.7	47.286 25	1.3832	5.4275	6.4	0.5478	0.7489
50	1.7	50.01	1.3	52.972 55	1.5793	5.9451	7.1	0.5472	0.4812
100	1	99.99	2	93.9947	1.035	6.0053	3.5	0.6723	0.7121
100	2	99.97	1	94.2812	1.926	5.7188	3.7	0.7114	0.4957

在输入信号频率差大于或等于 10 Hz，信号 B 为方波信号时的测试结果(发挥部分)见表 6-46。

表 6-46　在输入信号频率差大于或等于 10 Hz，信号 B 为方波信号时的测试结果(发挥部分)

信号 A		信号 B		信号 E		$E(n)$与 $A(n)$误差		$B(n)$的残留 /%	响应时间 /s
频率 /kHz	峰峰值 /V	频率 /kHz	峰峰值 /V	频率 /kHz	峰峰值 /V	频率误差 /%	幅度误差 /%		
10	1	10.01	2	10.648 79	1.07	6.4879	7	0.7165	0.6101
10	2	10.03	1	10.532 17	1.89	5.3217	5.5	0.6495	0.5912
50	1.3	49.97	1.7	46.9229	1.3897	6.1542	6.9	0.4578	0.4813
50	1.7	50.01	1.3	54.071 25	1.6031	8.1425	5.7	0.3585	0.5454
100	1	99.99	2	96.9971	1.04	3.0029	4	0.9127	0.5813
100	2	99.97	1	94.9838	1.93	5.0162	3.5	0.6123	0.6071

在输入信号频率差大于或等于 10 Hz，信号 B 为三角波信号时的测试结果(发挥部分)见表 6-47。

表 6-47　在输入信号频率差大于或等于 10 Hz，信号 B 为三角波信号时的测试结果(发挥部分)

信号 A		信号 B		信号 E		$E(n)$与 $A(n)$误差		$B(n)$的残留 /%	响应时间 /s
频率 /kHz	峰峰值 /V	频率 /kHz	峰峰值 /V	频率 /kHz	峰峰值 /V	频率误差 /%	幅度误差 /%		
10	1	10.01	2	10.525 41	1.081	5.2541	8.1	0.5478	0.6541
10	2	10.03	1	10.341 28	1.894	3.4128	5.3	0.4184	0.6414
50	1.3	49.97	1.7	47.693 75	1.3832	4.6125	6.4	0.4735	0.5435
50	1.7	50.01	1.3	53.063 75	1.6354	6.1275	3.8	0.8431	0.8464
100	1	99.99	2	92.9875	1.049	7.0125	4.9	0.3412	0.6135
100	2	99.97	1	93.7541	1.896	6.2459	5.2	0.5413	0.4874

6.6　中国研究生电子设计竞赛简介

中国研究生电子设计竞赛(以下简称“研电赛”)是由教育部学位与研究生教育发展中心、全国工程专业学位研究生教育指导委员会、中国电子学会联合主办的研究生学科竞赛，是学位中心主办的“中国研究生创新实践系列大赛”主题赛事之一。

研电赛是面向全国在读研究生的一项团体性电子设计创新创意实践活动，设置该竞赛的目的在于推动信息与电子类研究生培养模式改革与创新，培养研究生创新精神、研究与系统实现能力、团队协作精神，提高研究生工程实践能力，推进人才培养和技术研发的国际化，为优秀人才培养搭建交流平台、成果展示平台和产学研用对接平台。

研电赛每两年举办一次，自 2014 年第九届竞赛开始，改为一年举办一次。自 1996 年首届竞赛由清华大学发起并举办以来，始终坚持“激励创新、鼓励创业、提高素质、强化实践”的宗旨，经过二十年的发展，竞赛覆盖了全国大部分电子信息类研究生培养高校及科研院所，并吸引了港、澳、台地区和亚太地区的代表队参赛，在促进青年创新人才成长、遴选优秀人才等方面发挥了积极作用，在广大高校乃至社会上产生了广泛而良好的影响。

第十三届中国研究生电子设计竞赛于 2018 年 3 月启动，全国划分为东北、华北、西北、华中、华东、上海、华南、西南等八大分赛区，分初赛、决赛两个阶段，分赛区初赛于 2018 年 7 月举行，决赛于 2018 年 8 月举行。研电赛分为技术竞赛和商业计划书专项赛两大部分，以参赛队为基本报名单位，成功报名的队伍达 2437 支，其中技术类竞赛 1959 支，商业技术书类竞赛 478 支，参赛单位 235 家。技术竞赛采用开放式命题与企业命题相结合的方式，由参赛队自主选择作品命题。评审重点考察作品的创意和创新性、技术实现以及团队综合能力。开放式命题分为七个参赛方向，参赛队可自行选择参赛方向。

(1) 电路与嵌入式系统类：包括但不限于针对某一功能应用所开展的具有较强创新创意的电子电路软硬件设计、终端设备或嵌入式系统实现等，如基于 FPGA、DSP、CPU、嵌入式系统等开发的软硬件系统、智能硬件、新型射频天线、并行处理系统、仪器仪表等。

(2) 机电控制与智能制造类：包括但不限于实现自动控制与自主运行的创新创意通信网络应用模块或系统，如网络安全、无线通信、光纤通信、互联网、物联网、空间信息网、水下通信网络、工业控制网络、边缘计算等通信或网络设备、系统或软件等。

(3) 通信与网络技术类：包括但不限于基于各种通信及网络技术研究开发的创新创意网络应用软件或系统，如网络安全，物联网、无线网、工业互联网等通信或网络设备、系统或软件等。

(4) 信息感知系统与应用类：包括但不限于光电感知、传感器、微纳传感器与微机电系统、空间探测等传感与信息获取类软硬件系统，如工业传感、生物传感、生态环境传感、光电探测、遥感探测、定位导航等系统的设计与实现。

(5) 信号和信息处理技术与系统类：包括但不限于视频、图像、语音、文本、频谱信号处理和信息处理、特征识别以及信号检测及对抗的软硬件系统，如安防监控、音视频编解码、网络文本搜索与处理、雷达信号处理、信息对抗系统等。

(6) 人工智能类：包括但不限于自然语言处理、机器视觉、深度学习、机器学习、大数据处理、群体智能、决策管理等技术的软硬件系统或智能应用，如智能机器人、智慧城市、智能医疗、智能安防、自动驾驶、智慧家居等。

(7) 技术探索与交叉学科类：包括但不限于基于新材料、新器件、新工艺、新设计等构建的新型电子信息类软硬件系统，如面向生命健康、艺术创造、环境生态、清洁能源等的新型传感器、电子电路、处理器、通信网络设备、信息处理器以及应用系统等。

技术竞赛要求参赛队制作符合设计方案的演示实物，并向组委会提交技术论文、演示视频和作品照片等电子文件。企业命题、商业计划书专项赛以及研电赛的具体参赛办法、作品要求、评审办法等详见中国研究生电子设计竞赛官网(www.gedc.net.cn)。

6.7　中国研究生电子设计竞赛优秀作品实例

6.7.1　基于 GD32 的智能光通信定位头盔

基于 GD32 的智能光通信定位头盔参赛信息见表 6-48。

表 6-48　基于 GD32 的智能光通信定位头盔参赛信息

作品来源	2018 年中国研究生电子设计竞赛
队伍名称	皮一下就很开心
参赛队员	杨松涛、韩鹏、李祥志、赵铜城、张彦奎
指导教师	巴斌
获奖等级	全国总决赛一等奖、华中赛区一等奖

针对地下洞库和隧道等环境下实时通信、人员定位、指挥调度、灾害预警等方面的需求，设计并研发了基于 GD32 的智能光通信定位头盔。该嵌入式终端设备通过搭载可见光通信模块并依托相关的配套系统，有效解决了长期困扰地下洞库环境下的语音通信难、定位精度低、人员监测管理困难等技术难题。同时，配套系统采用通照一体的可见光通信基站，能够实现绿色照明和智慧照明，有效减少了能源的消耗和基站布设的成本，具有十分重要的商业应用与推广价值。

1. 系统的主要功能

系统的主要功能如下：

(1) 无线语音。用户通过佩戴嵌入光通信模块的智能作业头盔，可方便地实现无线通话功能，解决地下洞库环境下人员的沟通问题，提高作业效率。

(2) 人员定位。用户在就近接入基站时能够获取基站的位置信息。由于可见光通信在照明范围之外信号衰减速度快，各基站之间耦合程度低、重叠覆盖范围小，相较于传统的无线电例如 WiFi、蓝牙等定位手段，能够极大地提高定位精度，使得人员定位精度在一米左右，能够满足实际场景需求。

(3) 智能导航。基于人员定位功能，结合实际光基站安装位置信息，在事故发生时能够快速提供到达事故现场的路径结果，为快速救援提供保障。

(4) 数据通信。基于光通信技术，可将智能定位头盔中嵌入的各种传感器数据通过数据链路传输至服务器。

(5) 实时监控、态势感知。在服务器端以合理的方式，展示用户传感器数据，便于管理人员准确掌握事故现场人员的状态信息，并快速做出决策。

(6) 智能照明。集成通信与照明功能为一体的光基站能够在控制中心软件的操纵下，实现亮度和开关状态的调节，有效减小复杂地下洞库环境下照明能源的消耗。

硬件系统主要包括以下部分：

(1) 前端模拟子板：完成光信号的发送与接收，光电转换等；

(2) 光信号处理板：承载光通信空中接口，实现光信号汇聚与转发；

(3) 控制器子板：完成通信数据的封装、传输等。

2．作品设计关键技术

作品设计关键技术包括以下几个方面：

(1) 信号捕获/同步技术。为保证正确检测和判决所接收的码元，接收端根据码元同步脉冲或同步信息保证与发射端同步工作。

(2) 时分复用技术。将时间分割成互不重叠的时段(帧)，再将帧分割成互不重叠的时隙(信道)，使之与用户具有一一对应的关系。依据时隙区分来自不同地址的用户信号，从而完成时分多址连接接入。

(3) 扩频/解扩频技术。在传输信息之前对所传信号进行频谱的扩宽处理，以便利用宽频谱获得较强的抗干扰能力及较高的传输速率；同时，在相同频带上利用不同码型承载不同的用户信息，以提高频带的复用率。

(4) 信号接收自动增益控制。提高接收微弱信号的能力并避免大信号饱和失真问题。

(5) 可见光通信技术。本系统的空中接口部分采用可见光通信技术，该技术适用于地下洞库的复杂通信环境，无信道干扰，且能够为用户的通信和数据传输提供较大带宽。

3．作品的主要特点

本系统将可见光通信照明一体的优势与地下工程、溶洞等实际场景有效结合，并融合移动通信相关的核心技术，最终实现多用户高质量的通信数据业务，解决长期困扰人们的地下复杂环境下生产生活的难题，具有广阔的应用前景与市场价值。作品的主要特点如下：

(1) 实现通信照明设备高度集成化。传统通信设备要么无法随身携带(有线电话)，要么个头大、质量重(无线对讲等)，成为地下工作人员的负担。本作品则将终端固定在安全帽上，具有体积小、重量轻、功耗低等优势，不但方便地下工作人员的正常生产作业，还提供了更加智能便捷的通话、定位、导航等业务。

(2) 实现预警救援、态势感知的智慧工业生产。一方面，本作品能够通过挂载在终端设备上的各类传感器获取人员体征状况，实时回传，便于控制中心掌握人员动态，当遇到紧急情况时能以最快速度调动救援；另一方面，人体温度、心跳传感器与空气质量等传感器所回传的数据能够保存在数据库中，通过对过去数天、数月甚至数年的数据进行大数据分析，能够得到地下各区域环境安全态势信息以及安全防护的重点区域，为实现安全生产打下坚实基础。

(3) 绿色安全，低成本、高收益，适用范围广，推广价值高。可见光通信与传统无线通信无相互干扰，且不会对人体造成伤害，不仅适用于普通民用领域，在保密性高、电磁兼容要求高的军事领域也十分适用。可见光通信兼具照明与通信功能，契合地下复杂环境中的需求，使得光基站布设成本低，性价比高。

6.7.2 基于ADS-B的无人机自动避让系统

基于ADS-B的无人机自动避让系统参赛信息见表6-49。

表6-49 基于ADS-B的无人机自动避让系统参赛信息

作品来源	2018年中国研究生电子设计竞赛
队伍名称	天目小分队
参赛队员	王功明、邢小鹏、秦鑫、姜宏志
指导教师	陈世文、胡德秀
获奖等级	全国总决赛一等奖、华中赛区一等奖

广播式自动相关监视系统(Automatic Dependent Surveillance Broadcast，ADS-B)是国际民航组织推荐的新一代航空监视技术，已全面应用于全球范围内的运输航空。在各个国家民航管理部门的推动下，ADS-B技术正向通用航空领域覆盖。目前，市面上传统的ADS-B设备几乎都是针对载人航空器研发的，其价格高昂、体积大、质量重，无法应用于重量和体积都较为敏感的无人机上。本作品利用ADS-B技术作为检测手段，参考民用航空器的空中交通警戒和防撞系统(Traffic Collision Avoidance System，TCAS)的告警策略，基于FPGA平台设计了一种适用于无人机的冲突检测告警机载设备和用于无人机调度与集中管控的地面设备。

作品自主设计了一款基于ADS-B的无人机自动避让系统，它能够通过天线接收500 km范围内航路上民航发出的ADS-B OUT信号，并在地图上实时显示；同时模拟了无人机平台自动避开禁飞区和自动避让周围有人机的功能，解决了无人机自主安全监控和故障规避的难题，形成了具有处理速度快、成本低、灵敏度高、效果好等特点的新型ADS-B解码显示及无人机自动避让平台。

1. 作品设计工作内容

作品设计的主要工作包括以下几个部分：

(1) 模型构建与机制设计。为实现无人机的独立自动规避，需要考虑无人机的相互协作、告警信息传递等多方面的问题。如何实现高效且易于实时处理的规避模型、机制，是首先需要解决的技术难点问题，也是整个系统研制的出发点。

(2) 硬件设计。本作品的核心为一块以FPGA为核心的电路板，包含FPGA芯片、ADC芯片，同时集成了时钟电路、滤波器、低噪声放大器以及电源、网口模块，在电路完整性、电源适配性上都做了特殊考虑。对ADS-B信号预处理涉及Verilog语言的系统化设计以及时钟时序的协调控制等。

(3) 软件设计。在硬件设计的基础上，提供友好的显示界面与用户接口，实现跨平台、多任务的协同控制。基于 Microsoft Visual Studio 2010 开发了 ADS-B 解码软件和无人机航迹规划与显控软件，对网口发来的 ADS-B 信号进行解码显示，同时实现无人机自动路径规划和飞行冲突检测告警算法，以及对无人机飞控系统的控制。

2. 作品的主要特点

(1) 设计思路新颖。针对主被动手段应对无人机威胁有人机所面临的技术瓶颈，提出基于 ADS-B 新型技术手段来解决无人机感知避让问题。

(2) 算法移植高效。将 Dijkstra 最短路径算法和最小接近点(Point of Closest Approach，PCA)法应用到无人机感知避让环节，提供了高效的自主路径规划和冲突解决方案。

(3) 结构特色鲜明。既借助了 FPGA 并行运算的优势对 ADS-B 信息进行预处理，又利用了软件解码的灵活性，实现对 ADS-B 报文的快速高效解码，作用范围最远可达 500 km。

(4) 软硬件功能完善。自主设计了多用途的机载和地面设备，并开发了 ADS-B 解码软件和无人机航迹规划软件。

6.7.3 基于拟态架构的抗攻击 DNS 原型系统设计与试验

基于拟态架构的抗攻击 DNS 原型系统设计与试验参赛信息见表 6-50。

表 6-50 基于拟态架构的抗攻击 DNS 原型系统设计与试验参赛信息

作品来源	2018 年中国研究生电子设计竞赛
队伍名称	天域
参赛队员	任权、于倡和、谢记超、谷允捷、胡涛
指导教师	董永吉、贺磊
获奖等级	全国总决赛一等奖、华中赛区一等奖

DNS(Domain Name System，域名系统)劫持是一种网络中十分常见和凶猛的攻击手段，且用户通常难以察觉。DNS 劫持曾导致巴西最大银行——巴西银行近 1%的客户因受到攻击而使账户被盗。近年来，统计分析表明，传统 DNS 服务器存在大量安全漏洞，攻击者利用漏洞可轻易更改、删除服务器上的 DNS 记录，致使用户在使用域名进行访问时，受到钓鱼网站攻击。

针对上述问题，本作品基于邬江兴院士提出的拟态防御理论，通过改变传统 DNS 服务器的静态架构来解决因互联网漏洞后门引起的网络安全问题。拟态 DNS 服务器采用动态异构冗余基础架构，并引入基于多模裁决的负反馈控制机制，使功能等价条件下的结构表征具有更大的不确定性，使目标对象防御环境具有动态化、随机化、多样化的属性。同时，严格隔离异构执行体之间的协同途径能够尽可能地消除可利用的同步机制，最大限度地发挥非配合模式下多模裁决对“暗功能”的抑制作用以及对随机性故障的容忍度。这种方式既能充分降低基于目标对象漏洞后门、病毒木马等非配合式攻击的有效性，也能充分提高系统的可靠性与可用性，还能将协同攻击的逃逸概率控制在期望的阈值之下，具有“高可靠、高可用和高可信”多位一体的系统功效。

拟态 DNS 服务器能够基于系统架构技术在给定条件下，同时应对已知和未知的网络安全威胁，从而允许互联网设备中包含“有毒带菌”软硬构件，具有不依赖传统安全手段的内生安全增益，同时也具有高于传统静态同构/异构冗余技术的可靠性和可用性。在网络空间安全风险越来越大，各类信息安全事件层出不穷的环境下，本作品可以对猖獗的恶意攻击形成有效遏制与打击，对保护网络安全具有一定意义。实际攻击检验表明，本作品增加了域名劫持攻击难度，对多种攻击方式具有可靠的抵抗性和内生安全特性。

系统由拟态分发裁决单元、策略调度单元、主控单元和多个域名协议异构执行体组成。拟态分发裁决单元构成拟态域名递归服务器的数据平面，用于实现域名协议报文的安全检测、分发裁决和内部交换转发；策略调度单元、主控单元和域名协议异构执行体构成拟态域名服务器的管理控制平面，用于实现域名威胁感知和策略调度。

该系统可以通过选调器动态选取若干服务器并行处理请求，然后对各服务器的处理结果采用投票机制决定最终的有效响应，并且采用广义随机 Petri 网对系统可靠性与抗攻击性进行分析。首先，采用广义随机 Petri 网建立网络空间信息系统的抗攻击性和可靠性模型。然后，对单余度系统、非相似余度系统和拟态系统这三类典型信息系统，通过连续时间的马尔科夫链分析了系统状态及其稳态概率。通过仿真方法，验证了采用动态异构冗余的拟态架构在抗攻击性和可靠性方面的非线性增益。在评价指标方面，用逃逸概率、失效概率和感知概率三种概率综合刻画信息系统的抗攻击性。

对于拟态系统(3 余度)的攻击强度、重构速率以及异构不确定度的分析结果表明，拟态防御系统具有很高的稳态可用概率和稳态非特异性感知概率、很低的稳态逃逸概率，具备灵敏、准确且持久的抗攻击能力。拟态系统的可靠性和抗攻击性都明显优于单余度系统和非相似余度系统，能够用于构建同时具有“可靠性、可用性和安全性”特性的互联网信息系统。

6.7.4　高精度形变测量雷达设计与实现

高精度形变测量雷达设计与实现参赛信息见表 6-51。

表 6-51　高精度形变测量雷达设计与实现参赛信息

作品来源	2018 年中国研究生电子设计竞赛
队伍名称	至臻精测
参赛队员	靳科、刘亚奇、李公全
指导教师	赖涛、吴迪
获奖等级	华中赛区二等奖

调频连续波(Frequency Modulation Continuous Wave，FMCW)雷达具有重量轻、集成度高、成本低的优点，可实现较大的相对带宽，能够对目标进行高精度测量及高分辨率成像，这使得 FMCW 雷达在形变监测、遥感成像、液位测量等众多领域得到了广泛应用。

形变监测是指对重要地点如矿区、大坝、桥梁等进行形变测量，以防出现危险事故和重大损失。目前经典的形变测量技术主要有水准仪测量技术、GPS 测量技术、激光扫描法等方法。水准仪测量技术、GPS 测量技术等只能测量单点形变量，因此需要在目标区进行多测量点布设，耗费大量人力、物力，且目标区域大多难以实施布设；采用GPS测量技术还会受到可视卫星数量的限制。激光扫描法虽然解决了前者测量点布设难的缺点，但其测量精度较低，并且受天气的影响非常大，作用距离受限。相比之下，利用雷达可以对区域实现全天时、全天候、大范围、远距离、非接触、高精度的实时观测，因此，雷达正逐渐成为形变测量的重要手段。

本作品围绕雷达高精度形变测量，充分利用FMCW体制优势，设计了一套Ka波段宽带全相参FMCW雷达系统，详细分析了其设计指标、系统架构以及设计流程，在此基础上对系统进行了多方面测试，为形变测量提供了良好的性能指标和方法指导。

1．作品难点

(1) 高质量宽带信号源。

宽带信号的产生、发射、接收与处理一直是雷达领域的高难技术。为实现高精度测量与成像，要求射频链路必须拥有较高的工作频率和大绝对带宽。对于本系统而言，要求达到Ka波段及4.8 GHz带宽；同时，必须保证信号在产生、发射和接收过程中都保持良好的相频与幅频特性；最后，采用解线调(Dechirp)模式使得发射信号具有非常高的线性度，以保证脉冲压缩质量。

(2) 雷达相参性。

相参性体制主要指系统各个脉冲的发射初相在整个发射、接收期间一直保持稳定。非相参雷达只能利用接收信号的幅度信息来检测目标的距离和方位，限制了其使用范围，同时也不利于回波信号进行脉冲积累。相比之下，全相参雷达系统便于直接进行脉冲积累以突显微弱目标，同时通过接收信号的相位可以进行目标多普勒信息提取。因此，如何保证系统各个脉冲的发射初相稳定是系统设计的核心问题之一。

(3) 高灵敏度和大动态范围。

对于FMCW雷达接收机来说，既需要获得近距离目标的强回波，又需要远距离目标的微弱回波，导致中频信号动态范围相当大。同时，雷达要实现远距离探测，对于微弱目标必须保证具有较高的灵敏度。

(4) 实时形变反演。

形变监测通常要求雷达能够同时测量多个点目标上的实时形变量(如高铁过桥)，以获得快速运动物体对建筑本身产生的形变影响，达到检测建筑质量、预防危险发生的目的。所以，要求雷达系统具有高数据率，高速信号存储、传输及处理能力，从而得到物体的实时形变量。

2．作品难点解决与创新

针对作品设计中的难点问题，该系统采取的方式如下：

(1) 产生高质量宽带信号。

系统基于锁相环技术，通过HMC703LP4E芯片获得频段为8.6～9.8 GHz的高线性度锯齿调频信号，然后由基于ADA2050倍频模块的4倍频滤波链路得到34.4～39.2 GHz的Ka波段射频信号，采用两级级联滤波器对各次谐波滤波，以获得良好的相频与幅频特性，实现高频段大带宽信号的产生。

(2) 保证相参性。

系统将发射信号的一路耦合到接收通道中作为接收本振，使收发信号的相位差只与耦合传输线的波程有关，保证了毫米波发射接收的相参；trigger 信号频率为发射时钟频率以及 AD 采集时钟频率的公约数，从而保证数字系统的全相参。

(3) 高灵敏和大动态实现。

为保证雷达能够精确探测远距离微弱目标，首先在接收机中添加低噪声放大，尽量提高回波功率；其次，在中频电路中，设计自动频率增益控制电路，对高频(远距离目标)设置高增益，而对低频(近距离目标)减小增益，以保证弱目标探测。

(4) 保证实时性。

雷达本身具备多点测量能力，AD 采集的雷达回波数据在 FPGA 中进行打包处理，最后由网口通过 UDP 协议传输到上位机中。在上位机中，采用多线程技术及 FFT 等快速计算方法，实现 UDP 收包、数据处理和显示存储功能，从而达到实时形变反演的目的。

6.7.5　基于 FPGA 的 SDN 网络资源优化系统

基于 FPGA 的 SDN 网络资源优化系统参赛信息见表 6-52。

表 6-52　基于 FPGA 的 SDN 网络资源优化系统参赛信息

作品来源	2017 年中国研究生电子设计竞赛
队伍名称	Cyber-Tech
参赛队员	胡涛、胡鑫、高洁、于倡和、王少禹
指导教师	董永吉
获奖等级	华中赛区二等奖

自互联网问世以来，网络业务发展极为迅猛，截至 2017 年 1 月，全球互联网用户突破 42 亿。随着互联网规模的膨胀和网络业务类型的多元化，大量网络应用(如视频会议、VoIP 网络电话、远程教育等)对网络资源需求越来越高。同时，应用的爆炸式增长也使互联网结构僵化问题变得越来越突出，互联网的原有结构反而成为阻碍其进一步发展的最大障碍。近些年来，软件定义网络(Software Defined Networking，SDN)架构的引入为解决上述问题带来了新的契机。

SDN 的核心思想是“数”、“控”分离，数据平面和控制平面完全解耦，并且在控制平面实现了软件可编程。同时，基于 FPGA 实现的 SDN 交换机为底层数据平面改造提供了可能。然而，随着网络业务的越发复杂和 SDN 对数据平面管控粒度的细化，流量传输在时间和空间上严重失衡，并且包分类的规则集规模增大，给网络带宽、TCAM(Ternary Content Addressable Memory)表项存储容量带来了极大挑战。因此，优化网络资源以保障网络质量成为当下亟须解决的热点问题之一。

本作品通过对网络中流量传输过程进行研究，深入分析当前网络在体系架构、流表压缩和负载均衡等方面存在的不足，结合现有网络技术，提出了一种基于 FPGA 的 SDN 网络资源优化系统。在系统架构方面，设计了基于分布式管理和集中式控制的双向可编程网络架构，实现了网络服务的可定制化；在数据平面，设计了支持OpenFlow协议的SDN交换机——MySwitch，并依据数据包处理流程开发了三个相应的子模块，分别为包头解析器、表项压缩器和动作执行器，形成了一套完整的数据包处理方案；在控制平面，对应于底层交换机的表项压缩和动作执行硬件模块，设计了基于范围特征码的表项压缩算法和基于流量探测的链路负载均衡算法，通过软硬件的协同处理，优化了网络资源。

本作品基于FPGA开发板卡，采用SDN中转发和控制分离的总体架构。在数据平面，应用自主设计的可编程的硬件开发板构成底层网络拓扑，形成网络的基础设施。在控制平面，采用集中式控制器，完成网络状态采集、流请求处理和表项压缩、路由优化、QoS保障等网络服务。

测试结果表明，本作品具有较好的控制层兼容性，适用于现有的主流控制器；同时，就表项压缩而言，本作品能够实现高效的流表项压缩与整合，提高了TCAM空间利用率；在链路负载方面，也能较好地均衡不同链路上的负载分布，降低网络拥塞的产生概率，提高网络的服务质量，可以为用户带来更好的网络服务体验。整体而言，本作品实现的SDN网络资源优化系统具有以下特点：

(1) 集中式网络管理体系架构降低运维成本；

(2) 转发与控制功能分离，方便可编程交换机部署；

(3) 整合流表空间，提高数据包处理效率；

(4) 维护全网链路信息，制定有效的路由规划；

(5) 实时双向可编程，保证网络系统的灵活管理。

6.7.6 便携式频谱监测仪

便携式频谱监测仪参赛信息见表6-53。

表6-53 便携式频谱监测仪参赛信息

作品来源	2016年中国研究生电子设计竞赛
队伍名称	ZedAD
参赛队员	李公全、李春奇、毛天琪
指导教师	陈世文
获奖等级	华中赛区二等奖

随着信息技术的突破性发展，各种通信、广播、遥感、导航等无线电信号开始逐步而又全面地改变着我们的生活，同时也使得我们所处的电磁环境更加复杂多变。电磁空间已经成为继海、陆、空、天之外人类活动的第五维空间，电磁空间安全的概念日益深入人心。因此，能够便捷高效地对电磁空间进行实时监控的频谱检测设备，无论在军事还是民用领域，都具有广阔的应用前景。民用领域及考场、重要会议现场等重点场所需要实施超宽频段的电磁监控，捕捉识别作弊、窃听、遥控等异常信号，以保证电磁静默，实现信息安全；在军事方面，通过单兵设备实现小范围内战场的电磁监控，获得敌方通信、雷达等设备的无线电信息，引导我方电子战设备进行精确干扰，在不影响我军无线电设备正常使用的情

况下，获得非对称优势，对于现代战争中的巷战、突击战等复杂地形作战，具有极为重要的意义。然而，市场上通用的频谱监测设备存在体积大、质量重、功耗高、价格昂贵等缺点。因此，设计一种便携式频谱监测仪具有一定的实用价值。

本作品采用软件无线电架构进行设计，工作频率范围为 70 MHz～6 GHz，瞬时采集带宽范围为 200 kHz～56 MHz，分辨率带宽范围为 235～3750 Hz，全频段扫描时间小于 300 ms，采用 12 V 电池供电，可工作于扫频、突发信号监测、采集等三种模式，实现对设定频段信号的监测、采集和存储。

本作品由频谱监测仪硬件模块和上位机软件两部分组成。频谱监测仪硬件模块包含一块以 ZYNQ XC7Z020CLG484 双核 SoC 芯片为核心的 Zedboard 板卡、一块以 AD9361 射频捷变收发器为核心的 FMC 子卡，完成对信号的采集与处理，采集数据可通过网口传给上位机；上位机软件主要完成参数设置、时域波形与频谱显示、信号特征提取、系统控制等功能。

本作品在设计时综合分析了市场上现有产品的优缺点和各种实现方案，采用 Zedboard 板卡 FPGA+ARM 混合架构，以 AD9361 为射频前端核心芯片完成设计。利用 Vivado 在 FPGA 中对 IP 核进行封装，配置各种外设，ARM 与 FPGA 通过高性能接口 AXI 总线交互数据，进而利用预先封装好的 IP 核，在 FPGA 中搭建数据链路，完成对前端数据的接收、发送和对 AD9361 的控制。在 Windows 环境下开发上位机程序，完成用户交互界面和数据处理。在 TCP/IP 协议的基础上，通过网口搭建了嵌入式系统和上位机之间的通信，完成整个系统的数据交互。整体而言，本作品实现的便携式频谱监测仪具有以下特点：

(1) 借鉴了软件无线电思想，体积小、成本低；

(2) 信号覆盖频率范围大，瞬时带宽可达 56 MHz；

(3) 全频段快速扫描，通过设定某一信号频段可进一步提高扫描速率；

(4) 可采集存储原始 I/Q 数据，方便后续分析处理；

(5) 具有突发信号实时监测与特征提取功能。

参考文献

[1] 王志刚．现代电子线路(上册)[M]．北京：清华大学出版社，2003.

[2] 王志刚．现代电子线路(下册)[M]．北京：清华大学出版社，2003.

[3] 沈小丰，余琼蓉．电子线路实验(模拟电路实验)[M]．北京：清华大学出版社，2008.

[4] 高文焕，张尊侨．电子电路实验[M]．北京：清华大学出版社，2008.

[5] 周政新，洪晓鸥．电子设计自动化—实践与训练[M]．北京：中国民航出版社，1998.

[6] 华永平，陈松．电子线路课程设计—仿真、设计与制作[M]．南京：东南大学出版社，2002.

[7] 陈尚松，雷加．电子测量与仪器[M]．北京：电子工业出版社，2007.

[8] 卢坤祥．电子设备系统可靠性设计与实验技术指南[M]．天津：天津大学出版社，2011.

[9] 古天翔，王厚军．电子测量原理[M]．北京：机械工业出版社，2011.

[10] 郭炜，郭筝．SoC 设计方法与实现[M]．北京：电子工业出版社，2007.

[11] 臧春华．综合电子系统设计与实践[M]．北京：北京航空航天大学出版社，2009.

[12] 陈良．电子工程师常用手册[M]．北京：中国电力出版社，2010.

[13] 陆应华，等．电子系统设计教程[M]. 2 版．北京：国防工业出版社，2009.

[14] 徐玮，沈建良．单片机快速入门[M]．北京：北京航空航天大学出版社，2008.

[15] 国防科工委科技与质量司．无线电电子学计量[M]．北京：原子能出版社，2002.

[16] 姚爱红，张国印．基于 FPGA 的硬件系统设计实验与实践教程[M]．北京：清华大学出版社，2011.

[17] 徐文波，田耘．XilinxFPGA 开发实用教程[M]．北京：清华大学出版社，2012.

[18] Xilinx. Spartan-6 Family Overview, DS160(V2.0) [EB/OL]. 2011[2019-08-01]. https://www.xilinx.com/support/documentation/data_sheets/ds160.pdf.

[19] 芯驿电子科技(上海)有限公司．黑金 Spartan-6 开发板 Verilog 教程[EB/OL]. 2016[2019-08-01]. http://www.alinx.cn.

[20] NI. Integrated Design and Test Platform with NI Multisim, Ultiboard, and LabVIEW.[EB/OL]. 2012[2019-08-01].http://www.ni.com.

[21] 张新喜. Multisim 14 电子系统仿真与设计[M]. 2 版．北京：机械工业出版社，2017.

[22] 许维蓥，郑荣焕. Proteus 电子电路设计及仿真[M]. 2 版. 北京：电子工业出版社，2014.

[23] 黄杰勇. Altium Designer 实战攻略与高速 PCB 设计[M]. 北京：电子工业出版社，2015.